U0161948

乌兰布和沙漠动植物手册

主 编◎辛智鸣 张景波 孙静

中国林业出版社
China Forestry Publishing House

图书在版编目（CIP）数据

乌兰布和沙漠动植物手册 / 辛智鸣，张景波，孙静主编 .
-- 北京 : 中国林业出版社，2022.12

ISBN 978-7-5219-1794-9

Ⅰ . ①乌… Ⅱ . ①辛… ②张… ③孙… Ⅲ . ①乌兰布和沙
漠—植物—手册②乌兰布和沙漠—动物—手册 Ⅳ . ① Q948.44-
62 ② Q958.44-62

中国版本图书馆 CIP 数据核字 (2022) 第 141833 号

责任编辑　张健　于界芬

出版发行　中国林业出版社
　　　　　（100009，北京市西城区刘海胡同 7 号，电话 83223120）
电子邮箱　cfphzbs@163.com
网　　址　www.forestry.gov.cn/lycb.html
印　　刷　北京博海升彩色印刷有限公司
版　　次　2022 年 12 月第 1 版
印　　次　2022 年 12 月第 1 次印刷
开　　本　889mm×1194mm　1/32
印　　张　16
字　　数　450 千字
定　　价　198.00 元

乌兰布和沙漠动植物手册
编撰委员会

主　编　辛智鸣　张景波　孙　静

副主编　罗凤敏　马　媛　马　婵　李　星　王治萍

编　者　（以姓氏笔画为序）

马　婵　马　媛　马红艳　王一帆　王治萍
王海龙　巴特尔　朱德军　孙　静　李　星
李　星　李天卿　李志敏　李克军　辛智鸣
沈丽梅　张景丽　张景波　陈勇刚　尚　敏
罗凤敏　孟和吉日格勒　侯　军　侯必胜　袁腊云
常银记　黄雅茹　崔有强　梁阿磊　董飞龙
董　雪　谢　军

摄　影　（以姓氏笔画为序）

马学献　马　媛　马瑞平　王治责　王　斌
刘永平　刘思远　闫卫华　李　星　辛智鸣
苗　华　宫荫梧　郭　亮　崔　林

序

　　俯瞰我国沙漠分布图，乌兰布和的形状好似一头在黄河边畅饮的公牛。在蒙语中，乌兰布和正是"红色公牛"的意思，也许是称颂它曾牛马布野的雄壮豪迈，又或是形容这里风沙横扫大地的彪悍。

　　乌兰布和沙漠地处内蒙古阿拉善盟和巴彦淖尔市境内，其北至狼山脚下，东依黄河与鄂尔多斯隔河相望，东北接河套平原，南至贺兰山北麓，西至吉兰泰盐湖。南北最长170km，东西最宽110km，总面积约1万 km²。史上这里也曾拥有富庶草原。当地脍炙人口的长调《如此美丽的阿拉善》，将它描述为理想的游牧民族居住之地。但人类长期的不当开发，使这里脆弱的环境承受力濒于崩溃，草原早已不复存在。

　　乌兰布和沙漠是我国干旱与半干旱地区的分界线，也是亚洲中部荒漠区与草原区的分水岭。每年，西伯利亚寒流与蒙古气旋冷风从这片干燥的土地上掠过，卷起沙尘，越过内蒙古高原，横扫大半个中国。它因而成为东亚地区最大的沙尘源地之一。

可怕的是，在过去数十年内，它还"拉帮结派"，和巴丹吉林沙漠、腾格里沙漠在阿拉善境内围合，构成了一个庞大的沙漠群。

荒漠化是中国目前最严重的环境问题之一，也是全球共同面临的严峻挑战。气候难以改变，人类唯有以更聪明的方式利用资源，学会和荒漠共存共荣。

改革开放以来，乌兰布和沙漠的治理与保护工作受到党和国家各级政府、社会组织以及各界人民的高度关注，先后实施了国家重点生态县、天然林资源保护、退耕还林、三北防护林等一系列重点生态建设工程，卓有成效。从"沙逼人退"到"绿进沙退"，一批又一批的科研工作者不畏艰辛，深入沙漠腹地，创造了一个个"漠上花开"的生态奇迹。

人与自然和谐共生事关中华民族永续发展。习近平总书记在党的二十大报告中指出，要推进美丽中国建设，坚持山水林田湖草沙一体化保护和系统治理，统筹产业结构调整、污染治理、生态保护、应对气候变化，协同推进降碳、减污、扩绿、增长，推进生态优先、节约集约、绿色低碳发展。

荒漠化防治是人类功在当代、利在千秋的伟大事业。我们终究无法放弃"美丽的阿拉善"，沙漠治理也绝非一朝一夕之功。

北京市企业家环保基金会（简称"SEE 基金会"）自成立起就一直致力于荒漠地区植被恢复与保护利用工作，与乌兰布和沙漠也结下了不解之缘。为全面系统了解乌兰布和沙漠地区的生态现状，先后启动"乌兰布和沙漠天然梭梭林科学考察""乌兰布和沙漠梭梭林生态系统保护成效监测与评估"等项目。自 2020 年起，又在乌兰布和营造 0.65 万亩*以生态

---

* 1 亩 ≈666.67m^2

治理为核心，集科研、沙产业为一体的特色环境教育示范基地，对乌兰布和沙漠特别是沿黄区域的风沙、地下水、植被、生态恢复等指标进行动态监测。

左手沙漠，金色的沙丘连绵起伏；右手黄河，水鸟鸣叫、湿地纵横，实现了绿色变迁……地处荒漠与绿洲的边缘，乌兰布和沙漠既是极为重要的植物地理学分界线，更是整个阿拉善生态体系的缩影。

乌兰布和沙漠正在颠覆人们对沙漠的传统认知。今天，SEE 基金会联合中国林业科学研究院沙漠林业实验中心将乌兰布和沙漠前期科考成果集结成书，对该区域内动植物种群、分布、特征、现状等以图文并茂、分门别类的形式呈现，以期让公众全面而系统地认识这个充满生机的沙漠。希望它不仅可以成为科研人员开展野外调查工作时可随手查阅的实用工具，也成为一本向公众宣传、科普乌兰布和沙漠生物多样性的宝典。

本书自立项到出版，前后仅用时一年，得益于合作单位各位科研工作者常年的积累和沉淀。这些基础而宝贵的科学成果资料，印证着乌兰布和沙漠治理的科学有效性，铭刻着无数科学家在这片荒漠苦干实干、默默坚守的努力。本书收录的一草一木一物都是这份努力的结晶，也正是它们构筑起一道绿色生态屏障，将原本每年向城市靠近的风沙线，一步步向后赶退。乌兰布和开创了人类在沙漠中快速、规模化种植和修复生态的先例，更为全世界的沙漠治理展示了一种全新的可能。

治沙最难的就是等待。有时，一棵树种下去，四五年内也看不见它的成长，时间仿佛在此静止。大部分第一代治沙人或许到离开都没等到自己种下的树长成足以遮阴挡沙的大树，但他们仍然坚持种，一代代人接力一直种。

但愿这本书承载的这份坚守，也像播散到各地的一颗种子，我们等待它在更多人的心中萌芽。希望它为更多人打开一扇认识沙漠、了解沙漠、感受沙漠强大功能的窗口，唤醒公众自觉保护沙漠的意识，进而推动自然保护事业的良好发展，实现人与自然生产关系的改变，开启"人沙和谐"的新篇章。

书中难免有考虑不周的地方，随着外部环境的变化，动植物可能出现更迭演替。后续，我们将在此进一步展开研究和探索，为补充完善科学数据资料奠定坚实基础。

此刻，变化也许正在悄然发生。期待更多的植物从沙漠里生发出来，更多的动物在沙漠中安家，更多的微生物在此滋生。

阿拉善 SEE 生态协会副会长、SEE 基金会副理事长
SEE 基金会荒漠化防治项目管理委员会主席

2022 年 11 月

前 言

　　乌兰布和沙漠是中国八大沙漠之一，约1万 km²。该区域地貌类型多样，包括沙地、洪积扇、绿洲、湖泊、农田和草地等。在公众的传统印象中沙漠就是不毛之地，满眼黄沙，杳无人烟，沙尘漫天，寸步难行。如果到过乌兰布和沙漠的人就知道，这里既有寸草不生的高大沙丘，也有生机盎然的湿地湖泊，更有农牧民在此居住。因此，科学查清该区域内分布的植物和动物，对于保护生物多样性、防治荒漠化及合理利用沙漠资源十分重要。

　　2013—2020 年，在中国林业科学研究院基本业务费专项资金项目"乌兰布和沙漠植被调查与防沙治沙体系构建对策研究（CAFYBB2014MA016）"及子项目《中国沙漠志》（乌兰布和沙漠分卷）补充调查与编撰（CAFYBB2019ZD002-01）"的支持下，我们先后 5 次全面考察乌兰布和沙漠，获得了宝贵的动植物相关资料，同时也有我们在 16 年的荒漠化监测工作中积累的数据、照片和标本等第一手资料。通过查阅文献书籍，对照标本，解剖鉴定，请教专家，最后鉴定出物种名称、划分主要植物群落分布范围，整理形成了本《乌兰布和沙漠动植物手册》的初稿。

本书共收集植物 4 门 63 科 184 属 322 种，野生动物 26 目 56 科 131 种，全部为乌兰布和沙漠区域自然分布的动植物，由于摄影技术水平限制和错过一些植物物候期及动物栖息时间的原因，书中并没有将乌兰布和沙漠所有动植物囊括。为了使该书阅读时尽可能观感清晰，物种直观辨识度高，适合普通群众阅读和使用，同时兼具专业性，经研究决定删减一些物种。以期在今后的工作中弥补不足，争取再给读者以回馈。

本书出版得到了北京市企业家环保基金会（简称"SEE 基金会"）大力支持，同时也将 SEE 基金会在乌兰布和沙漠所做的调查成果一同汇总在本书中。在物种认定过程中得到了内蒙古大学赵利清教授和中国林业科学研究院马强副研究员的专业指导，深表感激！

编写团队专业知识和文字水平有限，书中不免会有错漏之处，还请广大读者不吝斧正！

编 者

2022 年 11 月

目 录

───── 上篇 · 植物 ─────

蓝藻门

蕨类植物门

裸子植物门

被子植物门

下篇·动物

脊索动物门

节肢动物门

上篇 ▼ 植物

乌 兰 布 和 沙 漠 动 植 物 手 册

蓝藻门
Cyanophyta

念珠藻科 **Nostocaceae**

念珠藻属

发状念珠藻 *Nostoc flagelliforme* Born. et Flah.

- 别名　发菜。
- 形态特征　藻体毛发状，平直或弯曲，棕色，干后呈棕黑色。许多藻体绕结成团，最大藻团直径达 0.5mm；单一藻体干燥时宽 0.3~0.51mm，吸水后黏滑而带弹性，直径可达 1.2mm。藻体内的藻丝直或弯曲，许多藻丝几乎纵向平行排列在厚而有明显层理的胶质被内；单一藻丝的胶鞘薄而不明显，无色。细胞球形或略呈长球形，直径 4~6 μm，内含物呈蓝绿色。异形胞端生或间生，球形，直径为 5~7μm。
- 分布与生境　生于海拔 1000m 以上土地贫瘠的戈壁残丘及石坡上，母质为第三纪红土地区。
- 用途　药用植物；可食用。
- 保护等级　国家一级保护野生植物。

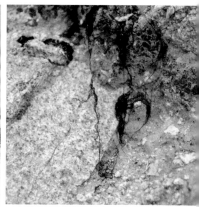

蕨类植物门 Pteridophyte

木贼科 Equisetaceae

木贼属

节节草 *Equisetum ramosissimum* Desf.

- 形态特征　根状茎横走，黑色。地上茎高 18~100cm 或更高，直立，基部分枝，各分枝中空，有棱脊 6~20 条，粗糙。叶退化，下部联合成鞘，鞘片背上无棱脊，鞘齿短三角形，黑色，有易落的膜质尖尾，每节有小枝 2~5 个（很少不生小枝或仅有 1 个小枝）。孢子囊穗生分枝顶端（有时生小枝顶端），长 0.5~2cm，矩圆形，有小尖头，无柄，孢子叶六角形，中央凹入，盾状着生，排列紧密，边缘生长形的孢子囊。孢子一型。

- 分布与生境　生于绿洲农田旁，偶见湖泊岸边，海拔 1000~1500m。

裸子植物门

Gymnospermae

松属

樟子松 *Pinus sylvestris* Linn. var. *mongolica* Litv.

- 别名　海拉尔松。
- 形态特征　常绿乔木。树干下部灰褐色或黑褐色，深裂成不规则鳞状块片脱落。上部树皮及枝皮黄色至褐黄色，裂成薄片脱落；枝斜展或平展，幼树树冠尖塔形，老则呈圆顶或平顶；1年生枝淡黄褐色，2、3年生枝灰褐色；冬芽褐色，长卵圆形，有树脂。针叶2针一束，常扭曲，先端尖，边缘有细锯齿，两面均有气孔线；横切面半圆形，微扁。雄球花圆柱状卵圆形，聚生新枝下部；雌球花淡紫褐色，当年生小球果下垂。球果卵圆形；种鳞鳞盾多呈斜方形；种子黑褐色，长卵圆形或倒卵圆形，微扁；子叶6~7枚；初生叶条形。花期5~6月，球果翌年9~10月成熟。
- 分布与生境　喜光性强、深根性树种，能适应土壤水分较少的山脊及向阳山坡、较干旱的砂地及石砾砂土地区。
- 用途　可作建筑、枕木、电杆、船舶、器具、家具及木纤维工业原料等用材。树干可割树脂，提取松香及松节油，树皮可提栲胶。可作庭园观赏及绿化树种。

油松 *Pinus tabuliformis* Carr.

- 形态特征　常绿乔木，高可达 25m，胸径可达 1m 以上。树皮灰褐色或褐灰色，成不规则鳞片，裂缝及上部树皮红褐色；枝平展或向下斜展，小枝较粗，褐黄色，无毛。针叶 2 针一束，深绿色，边缘有细锯齿，两面具气孔线；叶鞘初呈淡褐色，后呈淡黑褐色。雄球花圆柱形，在新枝下部聚生成穗状。球果卵形或圆卵形，有短梗，向下弯垂，常宿存树上数年之久；中部种鳞近矩圆状倒卵形，鳞盾肥厚、隆起或微隆起，扁菱形或菱状多角形，横脊显著，鳞脐凸起有尖刺；种子卵圆形或长卵圆形，淡褐色有斑纹；子叶 8~12 枚；初生叶窄条形，先端尖，边缘有细锯齿。花期 4~5 月，球果翌年 10 月成熟。

- 分布与生境　我国特有树种。为喜光、深根性树种，喜干冷气候，在土层深厚、排水良好的酸性、中性或钙质黄土上均能生长良好。

- 用途　可作建筑、电杆、矿柱、造船、器具、家具及木纤维工业等用材。树干可割取树脂，提取松节油；树皮可提取栲胶。松节、松针、花粉均供药用。

圆柏属

圆柏 *Sabina chinensis* (Linn.) Ant.

- 形态特征　常绿乔木，高可达 20m，胸径可达 3.5m。树皮深灰色，纵裂；幼树枝条通常斜上伸展，形成尖塔形树冠，老则下部大枝平展，形成广圆形的树冠；小枝通常直或稍成弧状弯曲，生鳞叶的小枝近圆柱形或近四棱形。叶二型，具刺叶和鳞叶；刺叶生于幼树之上，老龄树则全为鳞叶，壮龄树兼有刺叶与鳞叶；生于 1 年生小枝的一回分枝的鳞叶三叶轮生，直伸而紧密，近披针形，背面近中部有椭圆形微凹的腺体；刺叶三叶交互轮生，斜展，疏松，披针形，先端渐尖，上面微凹，有两条白粉带。雌雄异株，稀同株，雄球花黄色，椭圆形。球果近圆球形，两年成熟，熟时暗褐色，被白粉或白粉脱落，有 1~4 粒种子；种子卵圆形，扁；子叶 2 枚，条形，先端锐尖。

- 分布与生境　生于中性土、钙质土及微酸性土上，喜光，喜温凉、温暖气候及湿润土壤。

- 用途　木材有香气，坚韧致密，耐腐力强；树根、树干及枝叶可提取柏木脑的原料及柏木油；枝叶入药，能祛风散寒、活血消肿、利尿；种子可提润滑油；为普遍栽培的庭园树种。

叉子圆柏 *Sabina vulgaris* Ant.

- 别名　臭柏、爬柏、双子柏、砂地柏、天山圆柏、新疆圆柏。
- 形态特征　匍匐灌木，高不及 1m，稀灌木或小乔木。枝密，斜上伸展，枝皮灰褐色，裂成薄片脱落；1 年生枝的分枝皆为圆柱形，径约 1mm。叶二型：刺叶常生于幼树上，稀在壮龄树上与鳞叶并存，常交互对生或兼有三叶交叉轮生；鳞叶交互对生，背面中部有明显的椭圆形或卵形腺体。雌雄异株，稀同株；雄球花椭圆形或矩圆形，长 2~3mm，雄蕊5~7 对，各具 2~4 花药；雌球花曲垂或初期直立而随后俯垂。球果生于向下弯

曲的小枝顶端，熟前蓝绿色，熟时褐色至紫蓝色或黑色，有白粉，具 1~5 粒种子；种子常为卵圆形，微扁，有纵脊与树脂槽。
- 分布与生境　生于狼山神水沟阴面山顶，分布极少。
- 用途　耐旱性强，可作水土保持及固沙造林树种。

侧柏 *Platycladus orientalis* (L.) Franco

- 别名 黄柏、香柏、扁柏、柏树。

- 形态特征 常绿乔木，高达20m。树皮薄，浅灰褐色，纵裂成条片；枝条向上伸展或斜展，幼树树冠卵状尖塔形，老树树冠则为广圆形；生鳞叶的小枝细，向上直展或斜展，扁平，排成一平面。叶鳞形，背面中间条状腺槽，两侧的叶船形。雄球花黄色，卵圆形；雌球花近球形，蓝绿色，被白粉。球果近卵圆形，成熟前近肉质，蓝绿色，被白粉，成熟后木质，开裂，红褐色；中间2对种鳞倒卵形或椭圆形，鳞背顶端的下方有

一向外弯曲的尖头，上部1对种鳞窄长，近柱状，顶端有向上的尖头，下部1对种鳞极小，稀退化而不显著；种子卵圆形或近椭圆形，顶端微尖，灰褐色或紫褐色。花期3~4月，球果10月成熟。

- 分布与生境 多分布于海拔1000~1500m的湿润肥沃山坡地、阳坡及平原，多选用作造林。

- 用途 可作建筑、器具、家具、农具及文具等用材；种子与生鳞叶的小枝入药；常栽培作庭园树。

麻黄科 Ephedraceae

麻黄属

中麻黄 *Ephedra intermedia* Schrenk ex C. A. Mey.

- 别名　西藏中麻黄。
- 形态特征　灌木，高 20~100cm。茎直立或匍匐斜上，粗壮，基部分枝多；绿色小枝常被白粉呈灰绿色，纵槽纹较细浅。叶 3 裂及 2 裂混见，下部约 2/3 合生成鞘状，上部裂片钝三角形或窄三角披针形。雄球花数个密集于节上成团状，具 5~7 对交叉对生或 5~7 轮（每轮 3 片）苞片，雄蕊 5~8 枚；雌球花 2~3 成簇，对生或轮生于节上，苞片 3~5 轮（每轮 3 片）或 3~5 对交叉对生，基部合生，边缘常有明显膜质窄边，具 2~3 雌花；雌球花成熟时肉质红色，椭圆形、卵圆形或矩圆状卵圆形，长 6~10mm；种子包于肉质红色的苞片内，3 粒或 2 粒，常呈卵圆形或长卵圆形。花期 5~6 月，种子 7~8 月成熟。
- 分布与生境　生于狼山山峰中部石缝，分布极少。
- 用途　药用植物；苞片可食；根和茎枝常作燃料。

木贼麻黄 *Ephedra equisetina* Bunge

- 别名　山麻黄、木麻黄。
- 形态特征　直立小灌木，高达 1m。木质茎粗长，直立，稀部分匍匐状，基部径达 1~1.5cm；小枝细，节间短，纵槽纹细浅不明显，常被白粉呈蓝绿色或灰绿色。叶 2 裂，裂片短三角形，先端钝，基部约 1/3 分离。雄球花单生或 3~4 个集生于节上，卵圆形或窄卵圆形，苞片 3~4 对，假花被近圆形，雄蕊 6~8，花丝全部合生，花药 2 室，稀 3 室；雌球花常 2 个对生于节上，窄卵圆形或窄菱形，苞片 3 对，菱形或卵状菱形，雌花 1~2，雌球花成熟时肉质红色，长卵圆形或卵圆形，具短梗。种子通常 1 粒，具明显的点状种脐与种阜。花期 6~7 月，种子 8~9 月成熟。
- 分布与生境　生于狼山山峰中部石缝，分布极少。
- 用途　重要的药用植物，生物碱的含量较其他种类高，为提制麻黄碱的重要原料。

膜果麻黄 *Ephedra przewalskii* Stapf

- 别名　喀什膜果麻黄。
- 形态特征　灌木，高 50~240cm。木质茎明显，直立，茎的上部具密生分枝；小枝绿色，节间粗长，长 2.5~5cm，直径 2~3mm。叶膜质鞘状，上部通常 3 裂，间或 2 裂，裂片三角形，先端急尖或渐尖。球花常数个密集成团状复穗花序，对生或轮生于节上；雄球花的苞片 3~4 轮，膜质，基部约 1/2 合生；雄花有 7~8 雄蕊，花丝大部合生；雌球花近圆形，苞片 4~5 轮（每轮 3），稀对生，膜质，几乎全部离生，最上 1 轮苞片各生 1 雌花；珠被管长 1.5~2mm，伸出，直或弯曲。种子通常 3 粒（稀 2），长卵形，包于膜质苞片之内。
- 分布与生境　生于干燥沙漠地区及干旱山麓，多砂石的盐碱土上也能生长，在水分稍充足的地区常组成大面积的群落，或与梭梭、柽柳、沙拐枣等旱生植物混生。
- 用途　有固沙作用；茎枝可作燃料。

乌 兰 布 和 沙 漠 动 植 物 手 册

被子植物门

Angiospermae

杨柳科 **Salicaceae**

杨属

胡杨 *Populus euphratica* Oliv.

- 别名　幼发拉底杨、异叶杨、胡铜。
- 形态特征　乔木，高 10~15m，稀灌木状。树皮淡灰褐色，下部条裂；成年树小枝泥黄色，枝条有咸味。叶形多变化，卵圆形、卵圆状披针形、三角伏卵圆形或肾形，有 2 腺点，两面同色；叶柄微扁，约与叶片等长，萌枝叶柄极短，长仅 1cm。雄花序细圆柱形，长 2~3cm，轴有短茸毛，雄蕊 15~25，花药紫红色，花盘膜质，边缘有不规则齿牙；苞片略呈菱形，长约 3mm，上部有疏齿牙；雌花序长约 2.5cm，果期长达 9cm。蒴果长卵圆形，长 10~12mm，2~3 瓣裂，无毛。花果期 5~8 月。
- 分布与生境　生于隆盛合镇。
- 用途　西北干旱盐碱区的优良绿化树种；造纸原料；优良木材。

新疆杨 *Populus alba* L. var. *pyramidalis* Bge.

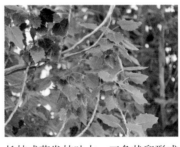

- 形态特征　乔木，高可达 30m，树冠圆柱形或塔形。树皮淡灰绿色，光滑或浅裂；枝圆柱形，光滑或稍有毛，嫩枝有白茸毛。芽长 12~15mm，长椭圆状卵形，具白茸毛。叶柄长 2~5cm，侧扁，初被白茸毛，后光滑；长枝或萌发枝叶大，三角状卵形或阔卵形，长 11~18cm，5~7 掌状半裂，边缘有不规则粗齿或波状齿，表面光滑或局部被茸毛，背面具白茸毛；短枝叶较小、卵形或阔卵形，革质，背面初被白茸毛，后无毛。雄花序长达 5cm，粗 1cm，花序轴稍有毛；苞片膜质，红褐色，圆形，有细齿，基部狭楔形，光滑，上缘有长缘毛；花盘广椭圆形，肉质，内部平凹，光滑；雄蕊 6~12 枚，花药圆形，紫红色；花期 4 月，果期 4~5 月。

- 分布与生境　生于比较干燥的山地。

- 用途　优良木材；果实可入药；可栽培作庭园树。

毛白杨 *Populus tomentosa* Carr.

- 别名 大叶杨、响杨。
- 形态特征 乔木，高可达 30m。树皮幼时暗灰色，壮时灰绿色，渐变为灰白色，老时基部黑灰色，纵裂，粗糙，干直或微弯，皮孔菱形散生，或 2~4 连生；树冠圆锥形至圆形。侧枝开展；小枝初被灰毡毛，后光滑。长枝叶阔卵形或三角状卵形，先端短渐尖，基部心形或截形；叶柄上部侧扁，顶端常有 2~4 腺点；短枝叶通常较小，卵形或三角状卵形，先端渐尖，叶面暗绿色有金属光泽，叶背光滑，具深波状齿牙缘；叶柄稍短于叶片。雄花序长 10~20cm，雄花苞片约具 10 个尖头，密生长毛，花药红色；雌花序长 4~7cm，苞片褐色，尖裂，沿边缘有长毛；子房长椭圆形，粉红色。蒴果圆锥形或长卵形，2 瓣裂。花果期 3~5 月。
- 分布与生境 分布广泛，生于海拔 1000~1500m 的温和平原地区。深根性，耐旱力较强，黏土、壤土、砂壤上或低湿轻度盐碱土均能生长。
- 用途 木材白色，纹理直，纤维含量高；可作建筑、家具、造纸等用材；树皮可提制栲胶；优良的庭园绿化或行道树；华北地区速生用材造林树种。

二白杨 *Populus* × *gansuensis* C. Wang et H. L. Yang

- 别名　软白杨、青白杨、二青杨。
- 形态特征　乔木。树干通直，树冠长卵形或狭椭圆形；树皮灰绿色，光滑，老树基部浅纵裂，带红褐色。枝条粗壮，近轮生状，斜上，与主干常成 45° 角，雄株较开展，达 60° 角，萌枝与幼枝具棱。萌枝或长枝叶三角形或三角状卵形，长宽近等，先端短渐尖，基部截形或近圆形，边缘近基部具钝锯齿；短枝叶宽卵形或菱状卵形，中部以下最宽，先端渐尖，基部圆形或阔楔形，边缘具细腺锯齿，近基部全缘，叶面绿色，叶背苍白色；叶柄圆柱形，上部侧扁。雄花序细长，雄蕊 8~13；雌花序长 5~6cm，苞片扇形，边缘具线状裂片。果序长达 12cm；蒴果长卵形，2瓣裂。花期 4 月，果期 5 月。
- 分布与生境　生于村庄、道边、渠旁。在水肥条件好的土地上生长迅速，抗病虫害能力强。
- 用途　防护林及固沙用材林的优良树种。

加杨 *Populus × canadensis* Moench

- 别名　加拿大杨、欧美杨、加拿大白杨、美国大叶白杨。
- 形态特征　乔木，高可达30m。干直，树皮粗厚，深沟裂，下部暗灰色，上部褐灰色，大枝微向上斜伸，树冠卵形；萌枝及苗茎棱角明显，小枝圆柱形，稍有棱角，无毛，稀微被短柔毛。叶三角形或三角状卵形，长枝和萌枝叶较大，先端渐尖，基部截形或宽楔形，边缘半透明，有圆锯齿，近基部较疏，具短缘毛，叶面暗绿色，叶背淡绿色；叶柄侧扁而长，带红色。雄花序长7~15cm，雄蕊15~40；苞片淡绿褐色，丝状深裂，花盘淡黄绿色，全缘，花丝细长，白色，超出花盘；雌花序有花45~50朵。果序长达27cm；蒴果卵圆形。雄株多，雌株少。花期4月，果期5~6月。
- 分布与生境　喜温暖湿润气候，耐瘠薄及微碱性土壤。
- 用途　木材供箱板、家具、火柴杆、造纸等用；树皮含鞣质，可提制栲胶，也可作黄色染料；良好的绿化树种。

箭秆杨 *Populus nigra* L. var. *thevestina* (Dode) Bean

- 形态特征　乔木。树皮灰白色，较光滑；老时沟裂，黑褐色；树冠圆柱形。小枝圆，光滑，黄褐色或淡黄褐色，嫩枝有时疏生短柔毛。芽长卵形，先端长渐尖，淡红色，富黏质。叶较小，先端渐尖，基部楔形；萌枝叶长宽近相等。只见雌株，有时出现两性花。
- 分布与生境　乌兰布和沙漠境内的广泛栽培树种。
- 用途　防护林及固沙用材林的优良树种。

柳属

旱柳 *Salix matsudana* Koidz.

- 别名　河柳、羊角柳、白皮柳。
- 形态特征　乔木，高达 18m，胸径达 80cm。大枝斜上，树冠广圆形；树皮暗灰黑色，有裂沟；枝细长，直立或斜展，浅褐黄色或带绿色，后变褐色。芽微有短柔毛。叶披针形，先端长渐尖，基部窄圆形或楔形，叶面绿色，无毛，有光泽，叶背苍白色或带白色，幼叶有丝状柔毛；叶柄短，长 5~8mm，在上面有长柔毛；具托叶，边缘有细腺锯齿。花序与叶同时开放；雄花序圆柱形，有花序梗，轴有长毛；雄蕊 2，腺体 2；雌花序较雄花序短，有 3~5 小叶生于短花序梗上；子房长椭圆形；苞片同雄花。果序长达 2.5cm。花果期 4~5 月。
- 分布　广泛分布在绿洲及湖泊边缘。
- 用途　优良木材；细枝可编筐；早春蜜源植物；水土保持绿化树种；叶为冬季羊饲料。

北沙柳 *Salix psammophila* C. Wang et Ch. Y. Yang

- 别名　西北沙柳、沙柳。
- 形态特征　灌木，高 3~4m。当年生枝初被短柔毛，后几无毛，上年生枝淡黄色，常在芽附近有一块短茸毛。叶线形，长 4~8cm，宽 2~4mm，先端渐尖，基部楔形，边缘疏锯齿，叶面淡绿色，叶背带灰白色，幼叶微有茸毛，成叶无毛；叶柄长约 1mm；托叶线形，常早落。花先叶或几乎与叶同时开放，花序长 1~2cm，具短花序梗和小叶片，轴有茸毛；苞片卵状长圆形，先端钝圆，外面褐色，稀较暗，无毛，基部有长柔毛；雄蕊 2，花药 4 室，黄色；子房卵圆形，无柄，被茸毛。花果期 3~5 月。
- 分布　见黄河岸边。
- 用途　固沙造林树种。

线叶柳 *Salix wilhelmsiana* M. Bieb.

- 形态特征　灌木或小乔木，高达 5~6m。小枝细长，末端半下垂，紫红色或栗色，被疏毛，稀近无毛。芽卵圆形钝，先端有茸毛。叶线形或线状披针形，长 2~6cm，宽 2~4mm，嫩叶两面密被茸毛，后仅下面有疏毛，边缘有细锯齿，稀近全缘；叶柄短，托叶细小，早落。花序与叶近同时开放，密生于上年生小枝上；雄花序近无梗；雄蕊 2，连合成单体，花丝无毛，花药黄色，初红色，球形；苞片卵形或长卵形，淡黄色或淡黄绿色；雌花序细圆柱形，长 2~3cm，果期伸长，基部具小叶；子房卵形，密被灰茸毛，无柄，花柱较短，红褐色，柱头几乎直立，全缘或 2 裂；苞片卵圆形，淡黄绿色，仅基部有柔毛；腺 1，腹生。花期 5 月，果期 6 月。

- 分布　生于荒漠和半荒漠地区的河谷。

- 用途　水土保持树种。

馒头柳 *Salix matsudana f. umbraculifera* Rehd.

- 形态特征 乔木，高达 18m，胸径达 80cm。大枝斜上，树冠半圆形，如同馒头状；树皮暗灰黑色，有裂沟；枝细长，直立或斜展，浅褐黄色或带绿色，后变褐色，无毛，幼枝有毛。芽微有短柔毛。叶披针形，叶面绿色，无毛，有光泽，叶背苍白色或带白色；叶

柄短，长 5~8mm，上面有长柔毛。花序与叶同时开放；雄花序圆柱形，有花序梗，轴有长毛，雄蕊 2；雌花序较雄花序短，有 3~5 小叶生于短花序梗上，轴有长毛；子房长椭圆形。果序长达 2(2.5)cm。花果期 4~5 月。
- 分布 见于城镇乡村及公园街道。
- 用途 我国各地多栽培于庭院作绿化树种。

乌柳 *Salix cheilophila* Schneid.

- **别名** 筐柳。
- **形态特征** 灌木或小乔木，高
达 5.4m。枝初被茸毛或柔毛，
后无毛，灰黑色或黑红色。芽具
长柔毛。叶线形或线状倒披针
形，先端渐尖或具短硬尖，基部

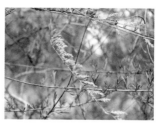

渐尖，稀钝，叶面绿色疏被柔毛，叶背灰白色，密被绢状柔毛，
中脉显著突起，边缘外卷；叶柄具柔毛。花序与叶同时开放，近
无梗，基部具 2~3 小叶；雄花序密花；雄蕊 2，完全合生，花丝
无毛，花药黄色，4 室；苞片倒卵状长圆形，先端钝或微缺，基
部具柔毛；腺体 1，腹生，狭长圆形，先端稀浅 2 裂；雌花序密
花，花序轴具柔毛。蒴果长 3mm。花期 4~5 月，果期 5 月。
- **分布与生境** 生于沙丘间、低湿地、河流、溪沟两岸等地。
- **用途** 干旱、半干旱区防风固沙林树种，水源涵养林树种；
枝条是编制材料；树干可作小农具用材；嫩枝叶可作饲料；根
入药。

垂柳 *Salix babylonica* L.

- 别名　清明柳、垂丝柳、水柳。
- 形态特征　乔木，高达 12~18m，树冠开展而疏散。树皮灰黑色，不规则开裂；枝细，下垂，淡褐黄色、淡褐色或带紫色，无毛。芽线形。叶狭披针形或线状披针形，先端长渐尖，基部楔形两面无毛或微有毛，叶面绿色，叶背色较淡，锯齿缘；叶柄有短柔毛；托叶仅生在萌发枝上，斜披针形或卵圆形，边缘有齿牙。花序先叶开放，或与叶同时开放；雄花序长 1.5~3cm，有短梗，轴有毛；雄蕊 2，花药红黄色；苞片披针形，外面有毛；腺体 2；雌花序长达 2~5cm，有梗，基部有 3~4 小叶，轴有毛；子房椭圆形，花柱短，柱头 2~4 深裂；苞片披针形，外面有毛；腺体 1；蒴果长 3~4mm，带绿黄褐色。花期 3~4 月，果期 4~5 月。
- 分布与生境　耐水湿，也能生于干旱处。
- 用途　优美的绿化树种；木材可供制家具；枝条可编筐；树皮含鞣质，可提制栲胶；叶可作饲料。

龙爪柳 *Salix matsudana* f. *tortuosa* (Vilm.) Rehd.

- 形态特征　乔木，高达 18m，胸径达 80cm。大枝斜上，树冠广圆形；树皮暗灰黑色，有裂沟；枝细长，卷曲，浅褐黄色或带绿色，后变褐色。芽微有短柔毛。叶披针形，先端长渐尖，基部窄圆形或楔形，叶面绿色，无毛，有光泽，叶背苍白色或带白色，幼叶有丝状柔毛；叶柄短，长 5~8mm，在上面有长柔毛；具托叶，边缘有细腺锯齿。花序与叶同时开放；雄花序圆柱形，有花序梗，轴有长毛；雄蕊 2，腺体 2；雌花序较雄花序短，有 3~5 小叶生于短花序梗上；子房长椭圆形；苞片同雄花。果序长达 2.5cm。花果期 4~5 月。
- 分布　广泛分布在绿洲及湖泊边缘。
- 用途　我国各地多栽于庭院作绿化树种。

榆科 **Ulmaceae**

榆属

榆树 *Ulmus pumila* L.

- 别名　白榆、家榆、榆钱。
- 形态特征　落叶乔木，高达 25m，胸径 1m，在干瘠之地长成灌木状。幼树树皮平滑，灰褐色或浅灰色，大树之皮暗灰色，不规则深纵裂，粗糙；小枝无毛或有毛，淡黄灰色、淡褐灰色或灰色，稀淡褐黄色或黄色。冬芽近球形或卵圆形。叶椭圆状卵形、长卵形、椭圆状披针形或卵状披针形，基部偏斜或近对称，一侧楔形至圆形，另一侧圆形至半心脏形，叶面平滑无毛。花先叶开放，在去年生枝的叶腋成簇生状。翅果近圆形，稀倒卵状圆形，果核位于翅果的中部，成熟前后其色与果翅相同，初淡绿色，后白黄色。花果期 3~6 月。
- 分布与生境　见于田间渠道。
- 用途　优良木材；树皮及幼嫩翅果可食用；老果可供医药和轻、化工业用；叶可作饲料；树皮、叶及翅果均可药用。

旱榆 *Ulmus glaucescens* Franch.

- 别名　灰榆。
- 形态特征　落叶乔木或灌
木，高可达 18m。树皮浅纵裂；
幼枝多少被毛，上年生枝淡灰
黄色、淡黄灰色或黄褐色，小
枝无木栓翅及膨大的木栓层。
冬芽卵圆形或近球形，内部芽
鳞有毛。叶卵形、菱状卵形、椭圆形、长卵形或椭圆状披针形，
基部偏斜，楔形或圆形，叶柄长 5~8mm，叶面被短柔毛。花自混
合芽抽出，散生于新枝基部或近基部，或自花芽抽出，3~5 朵在
去年生枝上呈簇生状。翅果椭圆形或宽椭圆形，稀倒卵形、长圆
形或近圆形，除顶端缺口柱头面有毛外，余处无毛，果翅较厚，
果核部分较两侧之翅内宽，位于翅果中上部，上端接近或微接近
缺口。花果期 3~5 月。
- 分布与生境　分布于狼山各处。
- 用途　优良木材；可作西北地区荒山造林及防护林树种。

桑科 Moraceae

桑属

家桑 *Morus alba* L.

- 别名 桑树、白桑。
- 形态特征 乔木或灌木，高 3~10m 或更高，胸径可达 50cm。树皮厚，灰色，具不规则浅纵裂；小枝有细毛。冬芽红褐色，卵形，芽鳞覆瓦状排列，灰褐色，有细毛。叶卵形或广卵形，基部圆形至浅心形，边缘锯齿粗钝，有时叶为各种分裂，叶面鲜绿色，叶背沿脉有疏毛，脉腋有簇毛；叶柄具柔毛；托叶披针形，早落。花单性，腋生或生于芽鳞腋内，与叶同时生出。雄花序下垂，密被白色柔毛，花被片宽椭圆形，淡绿色。雌花序长 1~2cm，被毛，总花梗长 5~10mm 被柔毛；雌花无梗，花被片倒卵形，顶端圆钝。聚花果卵状椭圆形，成熟时红色或暗紫色。花期 4~5 月，果期 5~8 月。
- 分布与生境 原产我国中部和北部，现由东北至西南、西北直至新疆各地均有栽培。
- 用途 树皮纤维柔细，可作纺织、造纸原料；根皮、果实及枝条入药；叶为养蚕的主要饲料，亦作药用，并可作土农药；木材坚硬，可制家具、乐器等；桑葚可食用、酿酒。

荨麻科 **Urticaceae**

荨麻属

麻叶荨麻 *Urtica cannabina* L.

- 别名　焮麻。
- 形态特征　多年生草本，横走的根状茎木质化。茎高 50~150cm，下部粗达 1cm，四棱形，有时疏生、稀稍密生刺毛和具稍密的微柔毛，具少数分枝。叶片轮廓五角形，掌状 3 全裂、稀深裂，一回裂片再羽状深裂，自下而上变小，在其上部呈裂齿状，二回裂片常有数目不等的裂齿或浅锯齿；叶柄长 2~8cm，生刺毛或微柔毛；托叶每节 4 枚，离生，条形，长 5~15mm，两面被微柔毛。花雌雄同株，雄花序圆锥状，生于下部叶腋；雌花序生于上部叶腋，常穗状，雄花具短梗；花被片 4；退化雌蕊近碗状；雌花序有极短的梗。瘦果狭卵形，顶端锐尖，稍扁，熟时变灰褐色，表面有褐红色点；宿存花被片 4。花果期 7~10 月。
- 分布与生境　分布于狼山山脚背阴处。
- 用途　茎皮纤维可作纺织原料；全草可入药；瘦果含油约 20%，供工业用。

大黄属

矮大黄 *Rheum nanum* Siev. ex Pall.

- 别名　沙大黄、戈壁大黄。
- 形态特征　矮小粗壮草本，高 20~35cm。根为直或弯曲的长圆柱状，根状茎顶部被多层棕色膜质托叶鞘包围，托叶鞘光滑无毛。基生叶 2~4 片，叶片革质，肾状圆形或近圆形，顶端阔圆，基部圆形或极浅心形，近全缘，牙略不整齐，叶脉掌状，基出脉 3~5 条，叶面黄绿色，具白色疣状突起；叶柄短粗，具细沟棱，光滑无毛。圆锥花序由根状茎顶端生出，自近中部分枝，小枝粗壮，具纵棱线；花成簇密生，苞片鳞片状；雄蕊 9，着生花盘边缘，短而不外露，子房棱状椭圆形。果实肾状圆形，红色，纵脉靠近翅的边缘。种子卵形。宿存花被明显增大，几乎全遮盖着种子。花果期 5~9 月。
- 分布与生境　生于狼山山脚背阴各处。
- 用途　驼、羊等喜食其叶。

总序大黄 *Rheum racemiferum* Maxim.

- 别名　蒙古大黄。
- 形态特征　中型草本，高 50~70cm。根直，黑褐色。茎直立，中空，棕色。基生叶 2~5 片，叶片近革质到革质，心圆形或宽卵圆形，宽稍小于长或近于相等，顶端圆钝，基部圆形或浅心形，边缘具极弱的波，掌状脉 3~7 出，中脉特别发达，叶背常呈青白色；叶柄短而粗壮，常紫红色；茎生叶 1~3 片；托叶鞘短，深褐色。圆锥花序，花数朵到十数朵簇生；花被片 6，外轮 3 片较窄小，内轮较大；雄蕊与花被近等长；子房近椭圆形。果实椭圆形到矩圆状椭圆形，稀近卵状椭圆形，顶端圆，有时微下凹，基部浅心形，翅与种子等宽或稍窄，浅棕色，脉靠近翅的边缘。种子卵状椭圆形，深棕色，宿存花被淡棕白色。花果期 6~8 月。
- 分布与生境　生于狼山山脚背阴各处。

巴天酸模 *Rumex patientia* L.

- 形态特征 多年生草本。根肥厚，直径可达 3cm；茎直立，粗壮，高 90~150cm，上部分枝，具深沟槽。基生叶长圆形或长圆状披针形，长 15~30cm，宽 5~10cm，顶端急尖，基部圆形或近心形，边缘波状；叶柄粗壮；茎上部叶披针形，较小，具短叶柄或近无柄；托叶鞘筒状，膜质，易破裂。花序圆锥状，大型；花两性；花梗细弱，中下部具关节；关节果时稍膨大，外花被片长圆形，长约 1.5mm，内花被片果时增大，宽心形，长 6~7mm，顶端圆钝，基部深心形，边缘近全缘，具网脉，全部或一部分具小瘤；小瘤长卵形，通常不能全部发育。瘦果卵形，具 3 锐棱，顶端渐尖，褐色，有光泽。花果期 5~7 月。

- 分布与生境 生于沟边湿地、水边。

木蓼属

沙木蓼 *Atraphaxis bracteata* A. Los.

- 别名　扁蓄柴、荞麦柴、红柴。
- 形态特征　直立灌木，高 1~1.5m。主干粗壮，淡褐色，直立，无毛，具肋棱多分枝；枝延伸，褐色，斜升或成钝角叉开，平滑无毛，顶端具叶或花。托叶鞘圆筒状，膜质，上部斜形，顶端具 2 个尖锐牙齿；叶革质，长圆形或椭圆形，当年生枝上部叶披针形，顶端钝，具小尖，基部圆形或宽楔形，边缘微波状，下卷，两面均无毛，侧脉明显；叶柄无毛。总状花序，顶生；苞片披针形，上部钻形，膜质，具 1 条褐色中脉，每苞内具 2~3 花；花梗长 4mm；花被片 5，绿白色或粉红色，内轮花被片卵圆形，不等大，网脉明显，边缘波状，外轮花被片肾状圆形，果时平展，不反折，具明显的网脉。瘦果卵形，具 3 棱，黑褐色，光亮。花果期 6~8 月。
- 分布与生境　生于狼山阴坡石缝。
- 用途　花稠而香，为良好的蜜源植物和固沙树种。

锐枝木蓼 *Atraphaxis pungens* (M. B.) Jaub. et Spach.

- 别名　坚刺木蓼、刺针枝蓼。
- 形态特征　灌木，高达 1.5m。主干直而粗壮，多分枝，树皮灰褐色呈条状剥离；木质枝，弯拐，顶端无叶，刺状；当年生枝短粗，白色，无毛，顶端尖，生叶或花。叶宽椭圆形或倒卵形，蓝绿色或灰绿色，基部圆形或宽楔形，渐狭成短柄，边缘全缘或有不明显的波状牙齿，具突起的网脉；

叶柄长为叶片的 1/6~1/4。总状花序短，侧生于当年生枝条上；花梗长，关节位于中部或中部以上；花被片 5，粉红色或绿白色，内轮花被片 3，圆心形，边缘波状，外轮花被片 2，卵圆形或宽椭圆形，长约 3mm，果时向下反折。瘦果卵圆形，具 3 棱，黑褐色，平滑，光亮。花期 5~8 月。
- 分布与生境　生于磴口县境内流动沙丘和沙地上及狼山中各处。
- 用途　低等饲用植物；可作为固沙植物，用于人工固沙后期栽植。

圆叶木蓼 *Atraphaxis tortuosa* A. Los.

- 别名　山木蓼。
- 形态特征　灌木。总状花序顶生，花被片 4 或 5，雄蕊 6~8，外轮花被片宽卵形或近圆形，较大，果期水平开展或向上弯，不返折；叶两面密被蜂窝状腺点，沿中脉及边缘具乳头状突起，叶片近圆形，先端圆钝并具短尖；内花被片近扇形；小枝顶端具叶而不成刺状，瘦果不具肋状突起，亦无刺毛或翅。
- 分布与生境　生于狼山山腰各处。

阿拉善沙拐枣 *Calligonum alaschanicum* A. Los

- 形态特征　灌木，高达 3m。老枝灰色或黄灰色；小枝灰绿色。花梗细，长 2~3mm；花被片宽卵形或近球形。瘦果长卵形，向左或向右扭转，果肋凸起，具沟槽，每肋具 2~3 行刺，刺较长，稠密或稀疏，长于瘦果宽度约 2 倍，中部或中下部呈叉状二至三回分叉，顶枝开展，交织或伸直，基部微扁稍宽，分离或少数稍连合，果连翅宽卵形或近球形，长 1.8~2.6cm，径 1.7~2.5cm，黄褐色。花期 6~7 月，果期 7~8 月。

- 分布与生境　生于磴口县境内流动沙丘和沙地上。

- 用途　荒漠区优良的饲用灌木。

乔木状沙拐枣 *Calligonum arborescens* Litv.

- 形态特征　灌木，高 2~4m。通常自近基部分枝，茎和木质老枝黄白色，常有裂纹及极显著褐色条纹，当年生幼枝草质，灰绿色。叶鳞片状，长 1~2mm，有褐色短尖头，与蜡质叶鞘叶连合。花 2~3 朵生于叶腋，花梗长约 3mm，中下部有关节。果（包括刺）卵圆形，长 15~25mm，宽 10~20mm，幼果黄色或红色，熟果淡黄色或红褐色；瘦果椭圆形，具圆柱形长尖头，极扭转，4条果肋空出刺在瘦果顶端略呈束状，每肋上 2 行，基部稍扁，分离，中上部 2~3 次叉状分枝，稀疏，较细，质脆，不掩藏瘦果。花果期 4~6 月，8~9 月出现第 2 次花果期。

- 分布与生境　从国外引入，在沙漠林业实验中心第一实验场有栽培。

- 用途　对维护绿洲生态发挥着不可替代的作用。

沙拐枣 *Calligonum mongolicum* Turcz.

- 别名　蒙古沙拐枣。
- 形态特征　灌木，高 25~150cm。老枝灰白色或淡黄灰色，开展，拐曲；当年生幼枝草质，灰绿色，有关节，节间长 0.6~3cm。叶线形，长 2~4mm。花白色或淡红色，通常 2~3 朵，簇生叶腋；花梗细弱，长 1~2mm，下部有关节；花被片卵圆形。果（包括刺）宽椭圆形；瘦果条形、窄椭圆形至宽椭圆形；果肋突起或突起不明显，沟槽稍宽成狭窄，每肋有刺 2~3 行；刺等长或长于瘦果之宽，细弱，毛发状，质脆，易折断，较密或较稀疏，中部 2~3 分叉。花果期 5~8 月，在新疆东部，8 月出现第 2 次花果。
- 分布与生境　生于磴口县境内流动沙丘和沙地上。
- 用途　防风固沙的先锋植物。

淡枝沙拐枣 *Calligonum leucocladum* (Schrenk) Bunge

- 别名 白皮沙拐枣。

- 形态特征 灌木，高 50~200cm。老枝黄灰色或灰色，拐曲，通常斜展；当年生幼枝灰绿色，纤细，节间长 1~3cm。叶线形，长 2~5mm，易脱落；托叶鞘膜质，淡黄褐色。花较稠密，2~4 朵生叶腋；花梗长 2~4mm，近基部或中下部有关节；花被片宽椭圆  形，白色，背部中央绿色。果（包括翅）宽椭圆形，长 12~18mm，宽 10~16mm；瘦果窄椭圆形，不扭转或微扭转，4 条肋各具 2 翅；翅近膜质，较软，淡黄色或黄褐色，有细脉纹，边缘近全缘、微缺或有锯齿。花期 4~5 月，果期 5~6 月。

- 分布与生境 生于半固定沙丘、固定沙丘和沙地，海拔 1000~1200m。在沙漠林业实验中心第一实验场有栽培。

- 用途 优良牧草；优良固沙植物。

红果沙拐枣 *Calligonum rubicundum* Bge.

- 别名　红皮沙拐枣。
- 形态特征　灌木，高 80~150cm。
老枝木质化暗红色、红褐色或灰褐色；当年生幼枝灰绿色，有节，节间长 1~4cm。叶线形，长 2~5mm。花被粉红色或红色，果时反折。果（包括翅）卵圆形、宽卵形或近圆形，长 14~20mm，宽 14~18mm；幼果淡绿色、淡黄色、金黄色或鲜红色，成熟果淡黄色、黄褐色或暗红色；瘦果扭转，肋较宽；翅近革质、较厚，质硬，有肋纹，边缘有齿或全缘。花期 5~6 月，果期 6~7 月。

- 分布与生境　生于半固定沙丘、固定沙丘和沙地或丘间低地。
- 用途　优良的防风固沙植物；良好饲料。

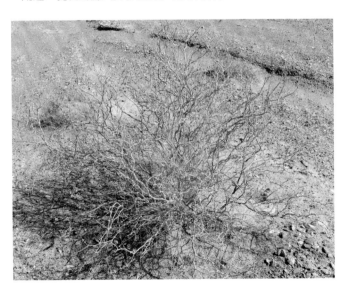

奇台沙拐枣 *Calligonum klementzii* A. Los.

- 别名 东疆沙拐枣、新疆
沙拐枣。

- 形态特征 灌木，高通常
50~90cm，极少 1~1.5m，多
分枝。老枝黄灰色或灰色，
多拐曲；幼枝节间长 1~3cm。
叶线形，长 2~6mm。花 1~3
朵生于叶腋；花梗长 2~4mm；
花被片深红色，宽椭圆形，
果时反折。果宽卵形，淡黄

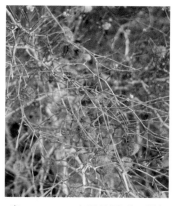

色、黄褐色或褐色，长 1~2cm，宽 1.2~2cm；瘦果长圆形，微扭
转，肋不突出，肋间沟槽不明显；翅近革质，宽 2~3mm 不等，
表面有突出脉纹，边缘不规则缺裂，并渐变窄成刺；刺较稀疏或
较密，质硬，扁平，等长或稍长于瘦果宽，为翅宽的 2.5~3.5 倍，
2~3 次叉状分枝，末枝短而细。花期 5~6 月，果期 6~7 月。

- 分布与生境 我国特有种。生于固定沙丘上。

- 用途 优良的固沙植物；良好饲料。

戈壁沙拐枣 *Calligonum gobicum* (Bunge ex Meisn.) Losinsk.

- 形态特征 灌木，高 0.8~1m。老枝：木质灰色；当年生幼枝灰绿色。节间长 1.5~3cm。叶线形，长 1~5mm。花淡红色，花梗细长，长 2~3mm，中下部有关节；花被片宽椭圆形，果时反折。果（包括刺）宽卵形，长 11~18mm，宽 10~15mm；瘦果长圆形，不扭转或微扭转，肋钝圆，较宽，沟槽深；2 行刺排于果肋边缘，每行 6~9 枚，通常稍长或等长于瘦果宽度，稀疏，较粗，质脆，易折断，基部稍扩大，分离，中上部或中部 2 次二叉分枝。果期 6~7 月。

- 分布与生境 生于流动沙丘、半固定沙丘和沙地，海拔 1000~1600m。

- 用途 优良的固沙植物。

西伯利亚蓼　*Polygonum sibiricum* Laxm.

- 别名　剪刀股。

- 形态特征　多年生草本，高10~25cm。根状茎细长。茎外倾或近直立，自基部分枝，无毛。叶片长椭圆形或披针形，无毛，长5~13cm，宽0.5~1.5cm，顶端急尖或钝，基部戟形或楔形，全缘，叶柄长

8~15mm；托叶鞘筒状，膜质，上部偏斜，开裂，无毛，易破裂。花序圆锥状，顶生，花排列稀疏，通常间断；苞片漏斗状，无毛，通常每1苞片内具4~6朵花；花梗短，中上部具关节；花被5深裂，黄绿色，花被片长圆形，长约3mm；雄蕊7~8，稍短于花被，花丝基部较宽，花柱3，较短，柱头头状。瘦果卵形，具3棱，黑色，有光泽，包于宿存的花被内或凸出。花果期6~9月。

- 分布与生境　生于磴口县境内田边路、沟边湿地。

- 用途　为高山湿地常见种，对于改善盐碱地土质具有重要价值；可食用；全草或根茎可以入药。

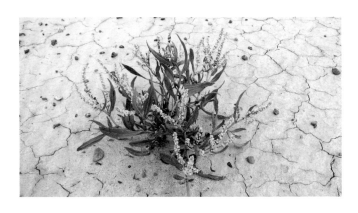

萹蓄 *Polygonum aviculare* L.

- 别名 鸟蓼、扁竹、铁锈绣、竹叶草、大蚂蚁草。

- 形态特征 一年生草本，高 10~40cm。茎平卧、上升或直立，自基部多分枝，具纵棱。叶椭圆形、狭椭圆形或披针形，顶端钝圆或急尖，基部楔形，全缘，下面侧脉明显；叶柄短或近无柄，基部具关节；托叶鞘膜质，下部褐色，上部白色，撕裂脉明显。花单生或数朵簇生于叶腋，遍布于植株；苞片薄膜质；花梗细，顶部具关节；花被 5 深裂，花被片椭圆形，绿色，边缘白色或淡红色；雄蕊 8，花丝基部扩展；花柱 3，柱头头状。瘦果卵形，具 3 棱，长 2.5~3mm，黑褐色，密被由小点组成的细条纹，无光泽，与宿存花被近等长或稍超过。花果期 5~8 月。

- 分布与生境 生于碛口县境内田边路、沟边湿地。

- 用途 药用植物。

藜科　Chenopodiaceae

盐角草属

盐角草　*Salicornia europaea* L.

- 别名　海蓬子。
- 形态特征　一年生草本，高 10~35cm。茎直立，多分枝；枝肉质，苍绿色。叶不发育，鳞片状，长约 1.5mm，顶端锐尖，基部连合成鞘状，边缘膜质。花序穗状，长 1~5cm，有短柄；花腋生，每 1 苞片内有 3 朵花，集成 1 簇，陷入花序轴内，中间的花较大，位于上部，两侧的花较小，位于下部；花被肉质，倒圆锥状，上部扁平成菱形；雄蕊伸出于花被之外；花药矩圆形；子房卵形；柱头 2，钻状，有乳头状小突起。果皮膜质；种子矩圆状卵形，种皮近革质，有钩状刺毛，直径约 1.5mm。花果期 6~8 月。
- 分布与生境　生于盐碱地、盐湖旁及海边。

梭梭属

梭梭 *Haloxylon ammodendron* (C. A. Mey.) Bunge

- 别名　梭梭柴、盐木、琐琐。
- 形态特征　小乔木，高 1~9m。
树皮灰白色，木材坚而脆；老枝灰
褐色或淡黄褐色，通常具环状裂
隙；当年枝细长，斜升或弯垂。叶
鳞片状，宽三角形，稍开展，先端
钝，腋间具绵毛。花着生于 2 年生枝条的侧生短枝上；小苞片舟
状、宽卵形，与花被近等长，边缘膜质；花被片矩圆形，先端
钝，背面先端之下 1/3 处生翅状附属物；翅状附属物肾形至近圆
形，斜伸或平展，边缘波状或啮蚀状，基部心形至楔形；花被片
在翅以上部分稍内曲并围抱果实；花盘不明显。胞果黄褐色，果
皮不与种子贴生。种子黑色，直径约 2.5mm；胚暗绿色。花期
5~7 月，果期 9~10 月。
- 分布与生境　自然分布于山前洪积扇，广泛种植于磴口县境内
沙地。
- 用途　优良固沙植物；木材可作燃料。

假木贼属

短叶假木贼 *Anabasis brevifolia* C. A. Mey.

- 别名 鸡爪柴。
- 形态特征 半灌木，高 5~20 cm。根粗壮，黑褐色。木质茎极多分枝，灰褐色；小枝灰白色，通常具环状裂隙；当年枝黄绿色。叶条形，半圆柱状，开展并向下弧曲， 先端钝或急尖并有半透明的短刺尖；近基部的叶通常较短，宽三角形。花单生叶腋；小苞片卵形，腹面凹，先端稍肥厚，边缘膜质；花被片卵形，先端稍钝，果时背面具翅；翅膜质，杏黄色或紫红色，直立或稍开展，外轮 3 个花被片，内轮 2 个花被片；花盘裂片半圆形，稍肥厚，带橙黄色；花药先端急尖；子房表面通常有乳头状小突起；柱头黑褐色。胞果卵形至宽卵形，黄褐色。种子暗褐色，近圆形。花期 7~8 月，果期 9~10 月。
- 分布与生境 生于狼山前低矮残丘。
- 用途 荒漠地区骆驼的三大抓膘饲草之一。

盐爪爪属

盐爪爪 *Kalidium foliatum* (Pall.) Moq.

- 别名　碱柴、灰碱柴。
- 形态特征　小灌木，高 20~50cm。茎直立或平卧，多分枝；枝灰褐色，小枝上部近于草质，黄绿色。叶片圆柱状一，伸展或稍弯，灰绿色，长 4~10mm，宽 2~3mm，顶端钝，基部下延，

半抱茎。花序穗状，无柄，长 8~15mm，直径 3~4mm，每 3 朵花生于 1 鳞状苞片内；花被合生，上部扁平成盾状，盾片宽五角形，周围有狭窄的翅状边缘；雄蕊 2；种子直立，近圆形，直径约 1mm，密生乳头状小突起。花果期 7~8 月。
- 分布与生境　生于盐碱滩、盐湖边，分布于磴口县境内的低湿盐碱地。
- 用途　含盐饲草；种子可磨成粉，人可食用，也可用于饲喂牲畜。

细枝盐爪爪 *Kalidium gracile* Fenzl

- 别名 绿碱柴。
- 形态特征 小灌木，高 20~50cm。茎直立，多分枝；老枝灰褐色，树皮开裂，小枝纤细，黄褐色，易折断。叶不发育，瘤状，黄绿色，顶端钝，基部狭

窄，下延。花序为长圆柱形的穗状花序，细弱，长 1~3cm，直径约 1.5mm，每 1 苞片内生 1 朵花；花被合生，上部扁平成盾状，顶端有 4 个膜质小齿。种子卵圆形，直径 0.7~1mm，淡红褐色，密生乳头状小突起。花果期 7~9 月。
- 分布与生境 生于盐碱滩、盐湖边，分布于磴口县境内的低湿盐碱地。
- 用途 低等牧草；可提取碳酸钠、碳酸钾和硫酸钠等无机盐类。

尖叶盐爪爪 *Kalidium cuspidatum* (Ung.-Sternb.) Grubov

- 别名　灰碱柴。
- 形态特征　小灌木，高20~40cm。茎自基部分枝；枝近于直立，灰褐色，小枝黄绿色。叶片卵形，长1.5~3mm，宽 1~1.5mm，顶端急尖，稍内弯，基部半抱茎，下延。花序穗状，生于枝条的上部，长 5~15mm，直径 2~3mm；花排列紧密，每 1 苞片内有 3 朵花；花被合生，上部扁平成盾状，盾片成长五角形，具狭窄的翅状边缘；胞果近圆形，果皮膜质；种子近圆形，淡红褐色，直径约 1mm，有乳头状小突起。花果期 7~9 月。
- 分布与生境　生于盐碱滩、盐湖边，分布于磴口县境内的低湿盐碱地。
- 用途　低等饲用植物。

合头藜 *Sympegma regelii* Bunge

- 别名 黑柴、列氏合头草、合头草。

- 形态特征 直立，高可达 1.5m。根粗壮，黑褐色。老枝多分枝，黄白色至灰褐色，通常具条状裂隙；当年生枝灰绿色，稍有乳头状突起，具多数单节间的腋生小

枝；小枝长 3~8mm，基部具关节，易断落。叶长 4~10mm，宽约 1mm，直或稍弧曲，向上斜伸，先端急尖，基部收缩。花两性，通常 1~3 个簇生于具单节间小枝的顶端，花簇下具 1 对基部合生的苞状叶，状如头状花序；花被片直立，草质，具膜质狭边，先端稍钝，脉显著浮凸；翅宽卵形至近圆形，淡黄色，具纵脉纹；雄蕊 5；柱头有颗粒状突起。胞果两侧稍扁，圆形，果皮淡黄色。种子直立；胚平面螺旋状，黄绿色。花果期 7~10 月。

- 分布与生境 生于狼山前低矮残丘及山间各处。

- 用途 荒漠、半荒漠地区的优良牧草。

碱蓬属

碱蓬 *Suaeda glauca* (Bunge) Bunge

- 别名　灰绿碱蓬、猪尾巴草。
- 形态特征　一年生草本，高可达 1m。茎直立，粗壮，圆柱状，浅绿色，有条棱；枝细长，上升或斜伸。叶丝状条形，半圆柱状，通常长1.5~5cm，宽约 1.5mm，灰绿色，光滑无毛，先端微尖，基部收缩。花两性兼有雌性，单生或 2~5 朵团集于叶的近基部处；两性花花被杯状，黄绿色；雌花花被近球形，较肥

厚，灰绿色；花被裂片卵状三角形，先端钝，果时增厚，使花被略呈五角星状；雄蕊 5，花药宽卵形至矩圆形；柱头 2，黑褐色，稍外弯。胞果包在花被内，果皮膜质。种子横生或斜生，双凸镜形，黑色，表面具清晰的颗粒状点纹。花果期 7~9 月。
- 分布与生境　广泛生长在磴口县境内各处。
- 用途　种子含油 25% 左右，可榨油供工业用。

茄叶碱蓬 *Suaeda przewalskii* Bunge

- **别名** 水珠、阿拉善碱蓬。

- **形态特征** 一年生草本，高 20~40cm。植株绿色、紫色或紫红色。茎平卧或外倾，圆柱状，通常稍有弯曲，有分枝；枝细瘦，稀疏。叶略呈倒卵形，肉质，先端钝圆，基部渐狭，无柄或近无柄。团伞花序通常含 3~10 花，生于叶腋和有分枝的腋生短枝上；花两性兼有雌性；小苞片全缘；花被近球形，顶基稍扁，5 深裂；裂片宽卵形，果时背面基部向外延伸出不等大的横狭翅；花药矩圆形，长约 0.5mm。胞果为花被所包覆，果皮与种子紧贴。种子横生，肾形或近圆形，种皮薄壳质或膜质，黑色，表面具清晰的蜂窝状点纹。花果期 6~10 月。

- **分布与生境** 生于沙丘间、湖边、低洼盐碱地等处。

角果碱蓬 *Suaeda corniculata* (C. A. Mey.) Bunge

- 形态特征　一年生草本，高 15~60cm，无毛。茎平卧、外倾、或直立，圆柱形，微弯曲，淡绿色，具微条棱；分枝细瘦，斜升并稍弯曲。叶条形，半圆柱状，先端微钝或急尖，基部稍缢缩，无柄。团伞花序通常含 3~6 花，于分枝上排列成穗状花序；花两性兼有雌性；花被顶基略扁，5 深裂，裂片大小不等，先端钝，果时背面向外延伸增厚呈不等大的角状突出；花药细小，近圆形，黄白色。胞果扁，圆形，果皮与种子易脱离。种子横生或斜生，双凸镜形，种皮壳质，黑色，有光泽，表面具清晰的蜂窝状点纹，周边微钝。花果期 8~9 月。

- 分布与生境　生于盐碱土荒漠、湖边、河滩等处。

- 用途　低等饲用植物；可作多种化工原料。

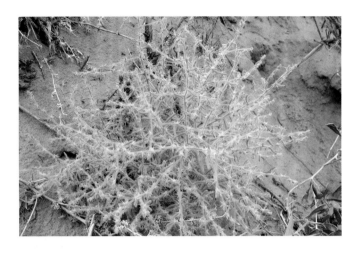

雾冰藜 *Bassia dasyphylla* (Fisch. et C. Mey.) Kuntze

- 别名　五星蒿、星状刺果藜。
- 形态特征　植株高 3~50cm。
茎直立，密被水平伸展的长柔
毛；分枝多，开展，与茎夹角
通常大于 45°，有的几乎成直
角。叶互生，肉质，圆柱状

或半圆柱状条形，密被长柔毛，长 3~15mm，宽 1~1.5mm，先端
钝，基部渐狭。花两性，单生或两朵簇生，通常仅 1 花发育。花
被筒密被长柔毛，裂齿不内弯，果时花被背部具 5 个钻状附属
物，3 棱状，平直，坚硬，形成一平展的五角星状；雄蕊 5，花
丝条形，伸出花被外；子房卵状，具短的花柱和 2（3）个长的
柱头。果实卵圆状。种子近圆形，光滑。花果期 7~9 月。
- 分布与生境　生于戈壁、盐碱地，沙丘、草地、河滩、阶地及
洪积扇上。
- 用途　可作饲草；全草可入药；固沙植物；可作为薪炭材。

珍珠猪毛菜 *Salsola passerina* Bunge

- 别名　珍珠。
- 形态特征　半灌木，高15~30cm。植株密生丁字毛，自基部分枝；老枝木质，灰褐色，伸展；小枝草质，黄绿色，短枝缩短成球形。叶片锥形或三角形，顶端急尖，基部扩展，背面隆起。花序穗状，生于枝条上部；苞片卵形；小苞片宽卵形，顶端尖，两侧边缘为膜质；花被片长卵形，背部近肉质，边缘膜质，果时自背面中部生翅；翅3个，肾形，膜质，黄褐色或淡紫红色，密生细脉，2个较小为倒卵形；花被片在翅以上部分，生丁字毛，向中央聚集成圆锥体，在翅以下部分，无毛；花药矩圆形；花药附属物披针形，顶端急尖；柱头丝状。种子横生或直立。花期7~9月，果期8~9月。
- 分布与生境　生于狼山前低矮残丘及山间各处。
- 用途　优良饲草。

松叶猪毛菜 *Salsola laricifolia* Turcz. ex Litv.

- 别名 黑材。
- 形态特征 小灌木，高 40~90cm，多分枝。老枝黑褐色或棕褐色，有浅裂纹，小枝乳白色。叶互生，老枝上的叶簇生于短枝的顶  端，叶片半圆柱状，肥厚，黄绿色，顶端钝或尖，基部扩展而稍隆起。花序穗状；苞片叶状；小苞片宽卵形，背面肉质，绿色，顶端草质，急尖，两侧边缘为膜质；花被片长卵形，顶端钝，背部稍坚硬，无毛，淡绿色，边缘为膜质；翅 3 个较大，肾形，膜质，有多数细而密集的紫褐色脉，2 个较小，近圆形或倒卵形；花被片在翅以上部分，向中央聚集成圆锥体；花药附属物顶端急尖；柱头扁平，钻状。种子横生。花期 6~8 月，果期 8~9 月。
- 分布与生境 生于狼山前低矮残丘及山间各处。
- 用途 中等饲用植物，骆驼、山羊、绵羊喜食其嫩枝叶，马、牛不采食；一般初春绵羊、山羊喜食，夏秋季适口性降低，只有骆驼无论夏秋或冬春都喜食。

猪毛菜 *Salsola collina* Pall.

- 形态特征　一年生草本，高 20~100cm。茎自基部分枝，枝互生，伸展，茎、枝绿色，有白色或紫红色条纹。叶片丝状圆柱形，伸展或微弯曲，长 2~5cm，生短硬毛，顶端有刺状尖，基部边缘膜质，稍扩展而下延。花序穗状，生于枝条上部；苞片卵形，顶部延伸，有刺状尖，边缘膜质，背部有白色隆脊；小苞片狭披针形，顶端有刺状尖，苞片及小苞片与花序轴紧贴；花被片卵状披针形，膜质，顶端尖，果时变硬，自背面中上部生鸡冠状突起；花被片在突起以上部分，近革质，顶端为膜质，向中央折曲成平面，紧贴果实；柱头丝状。种子横生或斜生。花期 7~9 月，果期 9~10 月。

- 分布与生境　广泛生长于磴口县境内各处沙地及狼山间沙地。

- 用途　全草入药，有降低血压作用；嫩茎、叶可供食用。

木本猪毛菜 *Salsola arbuscula* Pall.

• 形态特征　灌木，高达 1m。枝开展，老枝淡灰褐色，有纵裂纹，小枝平滑，白色。叶互生或簇生短枝，半圆柱形，长 1~3cm，宽 1~2mm，无毛，先端钝或尖，基部宽并缢缩。花常单生叶腋，在枝端组成穗状花序；小苞片卵形，先端尖，基部具膜质边缘，长于花被或与花被近等长。花被片长圆形，先端具小尖头，翅状附属物 3 个较大，半圆形，2 个较窄，果时花被径 0.8~1.2cm，花被片翅上的部分向中央聚集但先端膜质并反折成莲座状，花药附属物窄披针形，先端尖；柱头钻状，长为花柱 2~4 倍。种子横生。花果期 7~10 月。

• 分布与生境　生于山麓、砾质荒漠。

刺沙蓬 *Salsola tragus* L.

• 别名 刺蓬、细叶猪毛菜、苏联猪毛菜。

• 形态特征 一年生草本，高 30~100cm。茎直立，自基部分枝，茎、枝生短硬毛或近于无毛，有白色或紫红色条纹。叶片半圆柱形或圆柱形，具短硬毛，顶端有刺状尖，基部扩  展，扩展处的边缘为膜质。花序穗状，生于枝条的上部；苞片长卵形，顶端有刺状尖，基部边缘膜质；小苞片卵形，顶端有刺状尖；花被片长卵形，膜质，无毛，背面有 1 条脉；花被片果时变硬，自背面中部生翅；3 翅，肾形或倒卵形，膜质，无色或淡紫红色，有数条粗壮而稀疏的脉，2 翅较狭窄；花被片在翅以上部分近革质，顶端为薄膜质，包覆果实；柱头丝状。种子横生，直径约 2mm。花期 8~9 月，果期 9~10 月。

• 分布与生境 广泛生长于磴口县境内各处沙地及狼山间沙地。

地肤属

木地肤 *Kochia prostrata* (L.) C. Schrad.

- 形态特征　半灌木，高 20~80cm。根粗壮，木质。茎基部木质，浅红色或黄褐色；分枝多而密，斜升，纤细，生白色柔毛，有时生长绵毛，上部近无毛。叶互生，条形或丝形，长 8~25mm，宽 1~2mm，两面生稀疏柔毛，无柄。花两性或雌性，2~3 朵集生于叶腋；花被片 5，向内弯曲，密生柔毛，果期变革质，自背部横生 5 个膜质的薄翅；雄蕊 5，花丝条形；花柱短，柱头 2，有羽毛状突起。胞果扁球形，果皮近膜质，紫褐色；种子横生，卵形或近圆形，黑褐色，直径 1.5mm；胚环形；有胚乳。花期 7~8 月，果期 8~9 月。

- 分布与生境　生于山坡、沙地、荒漠等处。
- 用途　荒漠地区的优良牧草，各类牲畜均喜食。

黑翅地肤 *Kochia melanoptera* Bunge

• 形态特征　一年生草本，高 15~40cm。茎直立，多分枝，有条棱及不明显的色条；枝斜上，有柔毛。叶圆柱状或近棍棒状，长 0.5~2cm，宽 0.5~0.8mm，蓝绿色，有短柔毛，先端急尖或钝，基部渐狭，有很短的柄。花两性，通常 1~3 个团集，遍生于叶腋；花被近球形，带绿色，有短柔毛；花被附属物 3 个较大，翅状，披针形至狭卵形，平展，有粗壮的黑褐色脉，或为紫红色或褐色脉，2 个较小的附属物通常呈钻状，向上伸；雄蕊 5，花药矩圆形，花丝稍伸出花被外；柱头 2，淡黄色，花柱很短。胞果具厚膜质果皮。种子卵形；胚乳粉质，白色。花果期 8~9 月。

• 分布与生境　生于县内田边、路旁、荒地等处。

盐生草 *Halogeton glomeratus* (M. Bieb.) C. A. Mey.

- 形态特征　一年生草本，高 5~30cm。茎直立，多分枝；枝互生，基部的枝近于对生，无毛，无乳头状小突起，灰绿色。叶互生，叶片圆柱形，长 4~12mm，宽 1.5~2mm，顶端有长刺毛，有时长刺毛脱落；花腋生，通常 4~6 朵聚集成团伞花序，遍布于植株；花被片披针形，膜质，背面有 1 条粗脉，果时自背面近顶部生翅；翅半圆形，膜质，大小近相等，有多数明显的脉，有时翅不发育而花被增厚成革质；雄蕊通常为 2；种子直立，圆形。花果期 7~9 月。

- 分布与生境　生于山脚、戈壁滩。

- 用途　平原区砾石戈壁环境中重要的牧草之一。

蛛丝蓬属

蛛丝蓬 *Micropeplis arachnoidea* (Moq.-Tandon) Bunge

- 别名　蛛丝盐生草、白茎盐生草、灰蓬。

- 形态特征　一年生草本，高 10~40cm。茎直立，自基部分枝；枝互生，灰白色，幼时生蛛丝状毛，以后毛脱落。叶片圆柱形，长 3~10mm，宽 1.5~2mm，顶端钝，有时有小短尖；花通常 2~3 朵，簇生叶腋；小苞片卵形，边缘膜质；花被片宽披针形，膜质，背面有 1 条粗壮的脉，果时自背面的近顶部生翅；翅 5，半圆形，大小近相等，膜质透明，有多数明显的脉；雄蕊 5；花丝狭条形；花药矩圆形，顶端无附属物；子房卵形；柱头 2，丝状；果实为胞果，果皮膜质；种子横生，圆形，直径 1~1.5mm。花果期 7~8 月。

- 分布与生境　生于干旱山坡、沙地和河滩。

- 用途　植株用火烧成灰后，可以取碱。

沙蓬属

沙蓬 *Agriophyllum squarrosum* (L.) Moq.

- 别名　沙米。

- 形态特征　一年生草本，植株高 14~60cm。茎直立，坚硬，浅绿色，具不明显的条棱，幼时密被分枝毛，后脱落；由基部分枝，最下部的一层分枝通常对生或轮生，平卧，上部枝条互生，斜展。叶无柄，披针形、披针状条形或条形，长 1.3~7cm，宽 0.1~1cm，先端渐尖具小尖头，基部渐狭，叶脉浮凸，纵行。穗状花序紧密，卵圆状或椭圆状，无梗，1~3 腋生；苞片宽卵形，先端急缩，具小尖头，背部密被分枝毛。花被片 1~3，膜质；雄蕊 2~3，花丝锥形，膜质，花药卵圆形。果实卵圆形或椭圆形，两面扁平或背部稍凸，幼时在背部被毛，后期秃净，上部边缘略具翅缘。种子近圆形，光滑，有时具浅褐色的斑点。花果期 8~10 月。

- 分布与生境　喜生于沙丘或流动沙丘之背风坡上。

- 用途　种子含丰富淀粉，可食；植株可作牲畜饲料。

蒙古虫实 *Corispermum mongolicum* Iljin

- 别名　虫实。
- 形态特征　一年生草本，高 10~35cm。茎直立，圆柱形，被毛；分枝多集中于基部，最下部分枝较长，平卧或上升，上部分枝较短，斜展。叶条形或倒披针形，先端急尖具小尖头，基

部渐狭，1 脉。穗状花序顶生和侧生，细长，稀疏，圆柱形；苞片由条状披针形至卵形，先端渐尖，基部渐狭，被毛，1 脉，膜质缘较窄，全部掩盖果实。花被片 1，矩圆形或宽椭圆形；雄蕊 1~5，超过花被片。果实较小，广椭圆形，顶端近圆形，基部楔形，背部强烈凸起，腹面凹入；果核与果同形，灰绿色，具光泽，有时具泡状突起，无毛；果喙极短，喙尖为喙长的 1/2；翅极窄，几近无翅，浅黄绿色，全缘。花果期 7~9 月。

- 分布与生境　生于砂质戈壁、固定沙丘或砂质草原。

碟果虫实 *Corispermum patelliforme* Iljin

- 别名　绵蓬。
- 形态特征　一年生草本，高 10~45cm，茎直立，圆柱状，分枝多。叶较大，长椭圆形或倒披针形，先端圆形具小尖头，基部渐狭，3脉。穗状花序圆柱状，

具密集的花。花序中、上部的苞片卵形和宽卵形，少数下部的苞片宽披针形，先端急尖或骤尖具小尖头，基部圆形，具较狭的白膜质边缘，3脉，果期苞片掩盖果实。花被片 3，近轴花被片 1，宽卵形或近圆形；远轴花被片 2，较小，三角形。雄蕊 5，花丝钻形。果实圆形或近圆形，扁平，背面平坦，腹面凹入，棕色或浅棕色，光亮，无毛和其他附属物；果翅极狭，向腹面反卷故果呈碟状。花果期 8~9 月。

- 分布与生境　生于荒漠地区的流动和半流动沙丘上。

绳虫实 *Corispermum declinatum* Stephan ex Iljin

- 形态特征 一年生草本，高 15~50cm。茎直立，圆柱状。叶条形，长 2~6cm，先端渐尖具小尖头，基部渐狭，1 脉。穗状花序顶生和侧生，细长，稀疏，圆柱形；苞片较狭，由条状披针形过渡成狭卵形，先端渐尖，基部圆楔形，1 脉，具白膜质边缘。花被片 1，稀 3，近轴花被片宽椭圆形，先端全缘或齿啮状；雄蕊 1~3。果实无毛，倒卵状矩圆形，顶端急尖，稀近圆形，基部圆楔形，背面凸出，中央稍扁平，腹面扁平或稍凹入；果核狭倒卵形，常具瘤状突起；果喙长约 0.5mm，直立；果翅窄，全缘或具不规则的细齿。花果期 6~9 月。
- 分布与生境 生于砂质荒地、田边、路旁和河滩中。
- 用途 青鲜时可作饲草；种子可食用，也可入药。

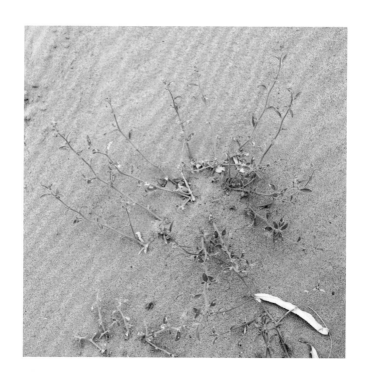

华虫实 *Corispermum stauntonii* Moq.

- 形态特征 一年生草本，高 15~50cm。茎直立，圆柱形，绿色，被稀疏的星状毛；由基部分枝，最下部分枝较长，上升，上部分枝较短，斜展。叶条形，先端渐尖具小尖头，基部渐狭，1 脉，绿色，毛稀疏。穗状花序顶生和侧生，圆柱形或棍棒状，紧密，或仅下部疏离；苞片由条状披针形、披针形至卵圆形，先端具小尖头，基部圆形，1~3 脉，具明显的白膜质边缘，整个掩盖果实；花被片 1~3，近轴花被片宽椭圆形或卵圆形，顶部圆形具不规则细齿，远轴花被片 2，小，近三角形，有时不发育；雄蕊 3~5，均比花被片长。果实宽椭圆形，果翅宽，缘较薄，不透明，边缘具不规则的细齿。花果期 7~9 月。

- 分布与生境 我国特有种。生于沙地或固定沙丘。

驼绒藜 *Krascheninnikovia ceratoides* (L.) Gueldenst.

- 别名　犹若藜。
- 形态特征　灌木，植株高 0.1~1m。分枝多集中于下部，斜展或平展。叶较小、条形、条状披针形、披针形或矩圆形，长 1~2（5）cm，宽 0.2~0.5（1）cm，先端急尖或钝，基部渐狭、楔形或圆形，1脉，有时近基处有 2 条侧脉，极稀为羽状。雄花序较短，长达 4cm，紧密。雌花管椭圆形，长 3~4mm，宽约 2mm；花管裂片角状，较长，其长为管长的 1/3 到等长。果直立，椭圆形，被毛。花果期 6~9 月。
- 分布与生境　广泛生长于磴口县境内各处沙地及狼山间沙地。
- 用途　优良牧草。

西伯利亚滨藜 *Atriplex sibirica* L.

- 别名　刺果粉藜。
- 形态特征　一年生草本，高 20~50 cm。茎通常自基部分枝；枝外倾或斜伸，钝四棱形，无色条，有粉。叶片卵状三角形至菱状卵形，先端微钝，基部圆形或宽楔形，边缘具疏锯齿，叶面灰绿色，无粉或稍有粉，叶背灰白色，有密粉。团伞花序腋生；雄花花被 5 深裂，裂片宽卵形至卵形；雄蕊 5，花药宽卵形至短矩圆形；雌花的苞片连合成筒状，仅顶缘分离，果时膨胀，略呈倒卵形，木质化，表面具多数不规则的棘状突起，基部楔形。胞果扁平，卵形或近圆形；果皮膜质，白色，与种子贴伏。种子直立，红褐色或黄褐色。花期 6~7 月，果期 8~9 月。
- 分布与生境　生于磴口县境内西北盐碱荒漠、湖边、渠沿及固定沙丘等处。
- 用途　牧草。

中亚滨藜 *Atriplex centralasiatica* Iljin

- 别名　中亚粉藜。

- 形态特征　一年生草本，高 15~30cm。茎常自基部分枝；枝钝四棱形，黄绿色。叶有短柄；叶片卵状三角形至菱状卵形，长 2~3cm，边缘具疏锯齿，先端微钝，基部圆形至宽楔形，叶面灰绿色，叶背灰白色。

花集成腋生团伞花序；雄花花被 5 深裂，裂片宽卵形，雄蕊 5，花丝扁平，基部连合，花药宽卵形至短矩圆形；雌花的苞片近半圆形至平面钟形，边缘近基部以下合生，近基部的中心部臌胀并木质化，表面具多数疣状或肉棘状附属物，缘部草质或硬化，边缘具三角形牙齿。胞果扁平，宽卵形或圆形，果皮膜质，白色，与种子贴伏。种子直立，红褐色或黄褐色。花期 7~8 月，果期 8~9 月。

- 分布与生境　生于磴口县境内西北盐碱荒漠、湖边、渠沿及固定沙丘等处。

- 用途　带苞的果实可入药。可作饲草。

滨藜 *Atriplex patens* (Litv.) Iljin

- 形态特征　一年生草本，高 20~60cm。茎直立或外倾，无粉或稍有粉，具绿色色条及条棱，通常上部分枝；枝细瘦，斜上。叶互生，或在茎基部近对生；叶片披针形至条形，先端渐尖或微钝，基部渐狭，两面均为绿色，无粉或稍有粉，边缘具不规则的弯锯齿或微锯齿。花序穗状，或有短分枝，通常紧密，于茎上部再集成穗状圆锥状；花序轴有密粉；雄花花被 4~5 裂，雄蕊与花被裂片同数；雌花的苞片果时菱形至卵状菱形，先端急尖或短渐尖，下半部边缘合生，上半部边缘通常具细锯齿，表面有粉，有时靠上部具疣状小突起。种子 2 型，扁平、圆形，或双凸镜形，黑色或红褐色，有细点纹。花果期 8~10 月。

- 分布与生境　生于磴口县境内西北盐碱荒漠、湖边、渠沿及田边等处。

灰绿藜 *Chenopodium glaucum* L.

- **别名** 水灰菜。
- **形态特征** 一年生草本，高 20~40cm。茎平卧或外倾，具条棱及绿色或紫红色色条。叶片矩圆状卵形至披针形，肥厚，先端急尖或钝，基部渐狭，边缘具缺刻状牙齿，叶面无粉，平滑，叶背有粉而呈灰白色，稍带紫红色；中脉明显，黄绿色；叶柄长 5~10mm。花两性兼有雌性，通常数花聚成团伞花序，再于分枝上排列成有间断而通常短于叶的穗状或圆锥状花序；花被裂片 3~4，浅绿色，稍肥厚，通常无粉，狭矩圆形或倒卵状披针形，先端通常钝；雄蕊 1~2，花药球形；柱头 2，极短。胞果顶端露出于花被外，果皮膜质，黄白色。种子扁球形，横生、斜生及直立，暗褐色或红褐色，边缘钝，表面有细点纹。花果期 5~10 月。
- **分布与生境** 生于农田、菜园、村房、水边等有轻度盐碱的土壤上。
- **用途** 适应盐碱生境的先锋植物之一；可作饲料添加剂和人类食品添加剂。

尖头叶藜 *Chenopodium acuminatum* Willd.

- 别名　绿珠藜。
- 形态特征　一年生草本，高 20~80cm。茎直立，具条棱及绿色色条，有时色条带紫红色；枝斜升，较细瘦。叶片宽卵形至卵形，长

2~4cm，宽 1~3cm，先端急尖或短渐尖，基部宽楔形、圆形或近截形，叶面无粉，浅绿色，叶背有粉，灰白色，全缘并具半透明的环边。花两性，团伞花序于枝上部排列成紧密的或有间断的穗或穗状圆锥花序，花序轴具圆柱状毛束；花被扁球形，5 深裂，裂片宽卵形，边缘膜质，并有红色或黄色粉粒，果实背面大多增厚并彼此合成五角星形；雄蕊 5。胞果顶基扁，圆形或卵形。种子横生，直径约 1mm，黑色，有光泽，表面略具点纹。花期 6~7 月，果期 8~9 月。

- 分布与生境　生于荒地、河岸、田边等处。
- 用途　全草可入药。

刺藜属

刺穗藜 *Dysphania aristata* (L.) Mosyakin et Clemants

- 别名　针尖藜、刺藜。
- 形态特征　一年生草本，高10~40cm。植株通常呈圆锥形，无粉，秋后常带紫红色。茎直立，圆柱形或有棱，具色条，无毛或稍有毛，有多数分枝。叶条形至狭披针形，长达7cm，宽约1cm，全缘，先端渐尖，基部收缩成短柄，中脉黄白色。复二歧式聚伞花序生于枝端及叶腋，最末端的分枝针刺状；花两性，几乎无柄；花被裂片5，狭椭圆形，先端钝或骤尖，背面稍肥厚，边缘膜质，果时开展。胞果顶基扁（底面稍凸），圆形；果皮透明，与种子贴生。种子横生，顶基扁，周边截平或具棱。花期8~9月，果期10月。
- 分布与生境　为农田杂草，多生于高粱、玉米、谷子田间，有时也见于山坡、荒地等处。
- 用途　全草可入药。

被子植物门 Angiospermae　81

轴藜属

轴藜 *Axyris amaranthoides* L.

● 形态特征 一年生草本，高 20~80cm。茎直立，幼时密生星状毛，果期毛脱落；分枝纤细，斜升。叶互生，有短柄；叶片披针形或卵状披针形，长 3~7cm，宽 0.5~1.3cm，全缘，先端急尖或渐尖，基部楔形，叶背密生星伏毛或毛脱落。花单性，雌雄同株；雄花数个簇生于叶腋，于枝或茎上部集成穗状花序；花被片 3，雄蕊 3；雌花数个集生叶腋，位于枝条下部；花被片 3，白色，膜质，果期增大，包围果实。胞果直立，长椭圆形或倒卵形，长 1~3mm，灰黑色，顶端有一冠状附属物。胚马蹄形；有胚乳。花果期 8~9 月。

● 分布与生境 生于砂质土壤，常见于山坡、草地、荒地、河边、田间或路旁。

苋属

反枝苋 *Amaranthus retroflexus* L.

- 别名　西风谷。
- 形态特征　一年生草本，高 20~80cm。茎直立，稍具钝棱，密生短柔毛。叶菱状卵形或椭圆卵形，长 5~12cm，宽 2~5cm，顶端微凸，具小芒尖，两面和边缘有柔毛；叶柄长 1.5~5.5cm。花单性或杂性，集成顶生和腋生的圆锥花序；苞片和小苞片干膜质，钻形，花被片白色，具一淡绿色中脉；雄花的雄蕊比花被片稍长；雌花花柱 3，内侧有小齿。胞果扁球形，小，淡绿色，盖裂，包裹在宿存花被内。花期 7~8 月，果期 8~9 月。
- 分布与生境　生于田园内、农地旁、人家附近的草地上，有时生于瓦房上。
- 用途　嫩茎叶为野菜；也可作家畜饲料；全草药用，治腹泻、痢疾、痔疮肿痛出血等症。

粟米草科 **Molluginaceae**

粟米草属

粟米草　*Mollugo cerviana* L.

- 形态特征　铺散一年生草本，高 10~30cm。茎纤细，多分枝，有棱角，无毛，老茎通常淡红褐色。叶 3~5 片假轮生或对生，叶片披针形或线状披针形，长 1.5~4cm，宽 2~7mm，顶端急尖或长渐尖，基部渐狭，全缘，中脉明显；叶柄短或近无柄。花极小，组成疏松聚伞花序，花序梗细长，顶生或与叶对生；花梗长 1.5~6mm；花被片 5，淡绿色，椭圆形或近圆形，长 1.5~2mm，脉达花被片 2/3，边缘膜质；雄蕊通常 3，花丝基部稍宽；子房宽椭圆形或近圆形，3 室，花柱 3，短，线形。蒴果近球形，与宿存花被等长，3 瓣裂；种子多数，肾形，栗色，具多数颗粒状凸起。花期 6~8 月，果期 8~10 月。
- 分布与生境　生于空旷荒地、农田和海岸沙地。
- 用途　全草可供药用，有清热解毒功效，治腹痛泄泻、皮肤热疹、火眼及蛇伤。

马齿苋科 Portulacaceae

马齿苋属

马齿苋 *Portulaca oleracea* L.

- 别名 马食菜、胖胖菜、马齿菜、蚂蚱菜、马苋菜。
- 形态特征 一年生草本，全株无毛。茎平卧或斜倚，伏地铺散，多分枝，圆柱形，淡绿色或带暗红色。叶互生，有时近对生，叶片扁平，肥厚，倒卵形，顶端圆钝或平截，有时微凹，基部楔形，全缘，叶面暗绿色，叶背淡绿色或带暗红色，中脉微隆起；叶柄粗短。花无梗，直径 4~5mm，常 3~5 朵簇生枝端；苞片 2~6，叶状，膜质，近轮生；萼片 2，对生，绿色，盔形，左右压扁；花瓣 5，稀 4，黄色，倒卵形，顶端微凹，基部合生；雄蕊 8，或更多；子房无毛。蒴果卵球形；种子细小，偏斜球形，黑褐色，有光泽，具小疣状凸起。花果期 5~9 月。

- 分布与生境 生于菜园、农田、路旁，为田间常见杂草。
- 用途 全草供药用；嫩茎叶食用。

石竹科 **Caryophyllaceae**

牛漆姑属

牛漆姑草 *Spergularia marina* (L.) Griseb.

- 别名　拟漆姑。
- 形态特征　一年生草本，高 10~30cm。茎丛生，铺散，多分枝，上部密被柔毛。叶片线形，顶端钝，具凸尖，近平滑或疏生柔毛；托叶宽三角形，膜质。花集生于茎顶或叶腋，成总状聚伞花序，果时下垂；花梗稍短于萼，果时稍伸长，密被腺柔毛；萼片卵状长圆形外面被腺柔毛，具白色宽膜质边缘；花瓣淡粉紫色或白色，卵状长圆形或椭圆状卵形，顶端钝；雄蕊 5；子房卵形。蒴果卵形，3 瓣裂；种子近三角形，略扁，表面有乳头状凸起，多数种子无翅，部分种子具翅。花期 5~7 月，果期 6~9 月。
- 分布与生境　生于海拔 1000~1500m 的砂质轻度盐地、盐化草甸以及河边、湖畔、水边等湿润处。

裸果木属

裸果木 *Gymnocarpos przewalskii* Bunge ex Maxim.

- 别名　瘦果石竹。
- 形态特征　亚灌木状，高 50~100cm。
茎曲折，多分枝；树皮灰褐色，剥裂；
嫩枝赭红色，节膨大。叶几乎无柄，
叶片稍肉质，线形，略成圆柱状，长
5~10mm，宽 1~1.5mm，顶端急尖，具
短尖头，基部稍收缩；托叶膜质，透
明，鳞片状。聚伞花序腋生；苞片白色，膜质，透明，宽椭圆
形，长 6~8mm，宽 3~4mm；花小，不显著；花萼下部连合，长
1.5mm，萼片倒披针形，长约 1.5mm，顶端具芒尖，外面被短
柔毛；无花瓣；外轮雄蕊无花药，内轮雄蕊花丝细，长约 1mm，
花药椭圆形，纵裂；子房近球形。瘦果包于宿存萼内；种子长圆
形，直径约 0.5mm，褐色。花期 5~7 月，果期 8 月。
- 分布与生境　生于海拔 1000~1500m 荒漠区的干河床、戈壁
滩、砾石山坡，性耐干旱。
- 用途　嫩枝骆驼喜食；可作固沙植物。

毛茛科　**Ranunculaceae**

唐松草属

细唐松草　*Thalictrum tenue* Franch.

- 别名　细枝唐松草。
- 形态特征　多年生草本，无毛。茎高 25~70cm，被白粉，多分枝。茎下部及中部叶为三至四回近羽状复叶；小叶卵形、椭圆形或倒卵形，长 4~6mm，宽 2~4mm，通常不分裂，全缘，叶面蓝绿色，脉不明显。花序圆锥状，长达 30cm；花直径约 8mm；萼片 4，黄绿色，椭圆形或倒卵形，长 2~3mm；无花瓣；雄蕊多数，长约 7mm，花药具短尖，花丝丝形；心皮 4~6，柱头狭三角形，具翅。瘦果扁，斜倒卵形，长约 6mm，沿腹缝和背缝各生狭翅，两侧各生 3 条纵脉。花期 6 月。
- 分布与生境　生于低山或丘陵的干燥山坡或田边。

芹叶铁线莲 *Clematis aethusifolia* Turcz.

- 别名　透骨草、断肠草。
- 形态特征　多年生草质藤本，幼时直立，以后匍匐。根细长，棕黑色。茎纤细，有纵沟纹。二至三回羽状复叶或羽状细裂，连叶柄长达约 7~15cm，末回裂片线形，顶端渐尖或钝圆，叶背幼时微被柔毛，以后近于无毛，具一条中脉，在叶面下陷，在叶背隆起；小叶柄短或长 0.5~1cm，边缘有时具翅；小叶间隔 1.5~3.5cm；叶柄长 1.5~2cm。聚伞花序腋生，常 1(3) 花；苞片羽状细裂；花钟状下垂；萼片 4 枚，淡黄色，长方椭圆形或狭卵形，外面仅边缘上密被乳白色茸毛，内面有 3 条直的中脉能见；雄蕊长为萼片一半；子房扁平，卵形，被短柔毛，花柱被绢状毛。瘦果扁平，宽卵形或圆形，成熟后棕红色，被短柔毛。花期 7~8 月，果期 9 月。
- 分布与生境　生于山坡及水沟边。
- 用途　药用植物。

灌木铁线莲 *Clematis fruticosa* Turcz.

- 形态特征 直立小灌木，高达 1m 多。枝有棱，紫褐色，有短柔毛，后变无毛。单叶对生或数叶簇生，绿色，薄革质，狭三角形或狭披针形、披针形，顶端锐尖，边缘疏生锯齿状牙齿，有时 1~2 个，下半部常成羽状深裂以至全裂，裂片有小牙齿或小裂片，或为全缘。花单生，或聚伞花序有 3 花，腋生或顶生；萼片 4，斜上展呈钟状，黄色，长椭圆状卵形至椭圆形，顶端尖，外面边缘密生茸毛，中间近无毛或稍有短柔毛；雄蕊无毛，花丝披针形，比花药长。瘦果扁，卵形至卵圆形，密生长柔毛。花期 7~8 月，果期 10 月。

- 分布与生境 分布于山坡灌丛中或路旁。
- 用途 园林植物。

灰叶铁线莲 *Clematis tomentella* (Maxim.) W. T. Wang et L. Q. Li

• 形态特征　直立小灌木，高达
1m。枝有棱，带红褐色，有较密
细柔毛，后变无毛，老枝灰色。
单叶对生或数叶簇生；叶片灰绿
色，革质，狭披针形或长椭圆状
披针形，长 1~4cm，宽 2~8mm，
顶端锐尖或凸尖，基部楔形，全
缘，偶尔基部有 1~2 牙齿或小裂
片，两面有细柔毛；叶柄长 2~5mm，或近无柄。花单生或聚伞花
序有 3 花，腋生或顶生；花梗长 0.6~2.5cm；萼片 4，斜上展呈钟
状，黄色，长椭圆状卵形，长 1.2~2cm，顶端尾尖，除外面边缘
密生茸毛外；雄蕊无毛，花丝狭披针形，长于花药。瘦果密生白
色长柔毛。花期 7~8 月，果期 9 月。

• 分布与生境　生于海拔 1100~1500m 的山地、沙地及沙丘低洼
地带。

东方铁线莲　*Clematis orientalis* L.

• 形态特征　草质藤本。茎纤细，有棱。一至二回羽状复叶；小叶有柄，2~3 全裂或深裂、浅裂至不分裂，中间裂片较大，长卵形、卵状披针形或线状披针形，长 1.5~4cm，宽 0.5~1.5cm，基部圆形或圆楔形，全缘或基部有 1~2 浅裂，两侧裂片较小；叶柄长 2~6cm；小叶柄长 1.5~2cm。圆锥状聚伞花序或单聚伞花序，多花或少至 3 花；苞片叶状，全缘；萼片 4，黄色、淡黄色或外面带紫红色，斜上展，披针形或长椭圆形，长 1.8~2cm，宽 4~5mm，内外两面有柔毛，外面边缘有短茸毛；花丝线形，有短柔毛，花药无毛。瘦果卵形、椭圆状卵形至倒卵形，扁，长 2~4mm，宿存花柱被长柔毛。花期 6~7 月，果期 8~9 月。

• 分布与生境　生于海拔 1000~1500m 的沟边、路旁或湿地。

长叶碱毛茛 *Halerpestes ruthenica* (Jacq.) Ovcz.

- 别名　黄戴戴、金戴戴。
- 形态特征　多年生草本，匍匐茎长达 30cm 以上。叶簇生；叶片卵状或椭圆状梯形；叶柄长 2~14cm，近无毛，基部有鞘。花葶高 10~20cm，单一或上部分枝，有 1~3 花，生疏短柔毛；苞片线形，长约 1cm；花直径约 1.5cm；萼片 5，绿色，卵形，多无毛；花瓣黄色，6~12 枚，倒卵形，基部渐狭成爪少蜜槽点状；花托圆柱形，有柔毛。聚合果卵球形；瘦果极多，紧密排列，斜倒卵形，无毛，边缘有狭棱；两面有 3~5 条分歧的纵肋，喙短而直。花果期 5~8 月。
- 分布与生境　生于盐碱沼泽地或湿草地。
- 用途　全草可入药。

碱毛茛 *Halerpestes sarmentosa* (Adams) Kom. et Aliss.

- 别名　圆叶碱毛茛、水葫芦苗。

- 形态特征　多年生草本。匍匐茎细长，横走。叶多数；叶片纸质，多近圆形，或肾形、宽卵形，宽稍大于长，基部圆心形、截形或宽楔形，边缘有 3~11 个圆齿，

有时 3~5 裂，无毛；叶柄长 2~12cm，稍有毛。花茎 1~4 条，高 5~15cm，无毛；苞片线形；花小，萼片绿色，卵形，无毛，反折；花瓣 5，狭椭圆形，与萼片近等长，顶端圆形，基部有长约 1mm 的爪，爪上端有点状蜜槽；花托圆柱形，有短柔毛。聚合果椭圆球形，瘦果小而极多，斜倒卵形，两面稍鼓起，有 3~5 条纵肋，无毛，喙极短，呈点状。花果期 5~9 月。

- 分布与生境　生于盐碱性沼泽地或湖边。

- 用途　药用植物。

小檗科 **Berberidaceae**

小檗属

红叶小檗 *Berberis thunbergii* DC. 'Atropurpurea'

- 形态特征 落叶灌木。枝有针刺。叶菱状卵形，紫红色，全缘。短总状花序，花 2~5 朵成具短总梗并近簇生的伞形花序，或无总梗而呈簇生状，花梗长 5~15mm，花被黄色；小苞片带红色，长约 2mm，急尖；外轮萼片卵形，长 4~5mm，宽约 2.5mm，先端近钝，内轮萼片稍大于外轮萼片；花瓣长圆状倒卵形，长 5.5~6mm，宽约 3.5mm，先端微缺，基部以上腺体靠近；雄蕊长 3~3.5mm，花药先端截形。浆果红色，椭圆形，长约 10mm，稍具光泽，含种子 1~2 颗。

- 分布与生境 广泛栽培。

- 用途 园林观赏植物。

细叶小檗 *Berberis poiretii* C. K. Schneid.

- 形态特征 灌木。老枝灰黄色，幼枝紫褐色，生黑色疣点，具条棱；茎刺缺或单一，有时三分叉。叶纸质，披针形，偶披针状匙形，先端渐尖或急尖，具小尖头，基部渐狭，叶

面深绿色，中脉凹陷，叶背淡绿色或灰绿色，中脉隆起，侧脉和网脉明显，叶缘平展，全缘，偶中上部边缘具数枚细小刺齿；近无柄。穗状总状花序具 8~15 朵花；花黄色；苞片条形；小苞片2，披针形；萼片 2 轮，外萼片椭圆形或长圆状卵形，内萼片长圆状椭圆形；花瓣倒卵形或椭圆形；雄蕊长约 2mm，药隔先端不延伸，平截；胚珠通常单生，有时 2 枚。浆果长圆形，红色，顶端无宿存花柱，不被白粉。花期 5~6 月，果期 7~9 月。

- 分布与生境 生于山地灌丛、砾质地、草原化荒漠、山沟河岸或林下。

- 用途 根和茎入药，可作黄连代用品，主治痢疾、黄疸、关节肿痛等症。

角茴香属

角茴香 *Hypecoum erectum* L.

• 别名　细叶角茴香、咽喉草、直立角茴香。

• 形态特征　一年生草本，高 15~30cm。根圆柱形，向下渐狭，具少数ั支根。花茎多，圆柱形，二歧状分枝。基生叶多数，叶片轮廓倒披针形，多回羽状细裂，裂片线形，先端尖；叶柄细，基部扩大成鞘；茎生叶同基生叶，但较小。二歧聚伞花序多花；苞片钻形。萼片卵形，先端渐尖，全缘；花淡黄色，无毛；雄蕊 4。子房狭圆柱形。蒴果长圆柱形，直立，先端渐尖，两侧稍压扁，成熟时分裂成 2 果瓣。种子多数，近四棱形，两面均具十字形的突起。花果期 5~8 月。

• 分布与生境　生于海拔 1000~1500m 的山坡草地或河边沙地。

• 用途　药用植物。

紫堇科 **Fumariaceae**

紫堇属

灰绿紫堇 *Corydalis adunca* Maxim.

- 别名　柴布日-萨巴东干纳、师子色巴、旱生紫堇。
- 形态特征　多年生灰绿色丛生草本，高 20~60cm，被白粉。主根具多头根茎，向上发出多茎。茎不分枝至少分枝，具叶。基生叶约高达茎的 1/2~2/3，具长柄，叶片狭卵圆形，二回羽状全裂，一回羽片约 4~5 对，二回羽片 1~2 对，近无柄，3 深裂，有时裂片 2~3 浅裂，末回裂片顶端圆钝，具短尖；茎生叶与基生叶同形，上部的具短柄，近一回羽状全裂。总状花序，花较密集。苞片狭披针形，边缘近于膜质，顶端渐狭成丝状。花黄色；萼片卵圆形，长渐尖，基部多少具齿；雄蕊束披针形。蒴果长圆形，直立或斜伸，具长约 5mm 的花柱和 1 列种子。种子黑亮，具小凹点，种阜大。
- 分布与生境　生于海拔 1000~1500m 的干旱山地、河滩地或石缝中。
- 用途　药用植物。

十字花科　**Cruciferae**

沙芥属

斧形沙芥　*Pugionium dolabratum* Maxim.

- 别名　距果沙芥、鸡冠沙
芥、宽翅沙芥、斧翅沙芥。
- 形态特征　一年生草本，
高 60~100cm，全株无毛。
茎直立，多数缠结成球形，
直径 50~100cm。茎下部叶
二回羽状全裂至深裂，裂片线形或线状披针形，顶端急尖；茎中
部叶一回羽状全裂，裂片 5~7，窄线形，边缘稍内卷，下部叶及
中部叶在花期枯萎；茎上部叶丝状线形，全缘，稍内卷，无叶
柄。总状花序顶生，有时成圆锥花序；花梗长 3~5mm；萼片长
圆形或倒披针形；花瓣浅紫色，线形或线状披针形，上部内弯。
短角果近扁椭圆形，两侧翅大小不等，顶端有几个不整齐圆齿或
尖齿，并有数个长短不等的刺。花果期 6~8 月。
- 分布与生境　生于荒漠及半荒漠的沙地。
- 用途　药用植物。

沙芥 *Pugionium cornutum* (L.) Gaertn.

- 别名　山羊沙芥、山萝卜。
- 形态特征　一年生或二年生草本，高 50~100cm。根肉质，手指粗；茎直立，多分枝。叶肉质，下部叶有柄，羽状分裂，裂片 3~4 对，顶裂片卵形或长圆形，全缘或有 1~2 齿，或顶端 2~3 裂，侧裂片长圆形，基部稍抱茎，边缘有 2~3 齿；茎上部叶披针状线形，全缘。总状花序顶生，成圆锥花序；萼片长圆形；花瓣黄色，宽匙形，顶端细尖。短角果革质，横卵形，侧扁，两侧各有 1 披针形翅，上举成钝角，具突起网纹，有 4 个或更多角状刺；果梗粗，长 2~2.5cm。种子长圆形，黄棕色。花期 6 月，果期 8~9 月。
- 分布与生境　生于沙漠地带沙丘上。
- 用途　药用植物；可食用。

独行菜 *Lepidium apetalum* Willd.

- 别名　腺茎独行菜、腺独行菜、辣辣菜、拉拉罐、昌古、辣辣根、羊拉拉、小辣辣。

- 形态特征　一年生或二年生草本，高 5~30cm。茎直立，有分枝，无毛或具微小头状毛。基生叶窄匙形，一回羽状浅裂或深裂，长 3~5cm，宽 1~1.5cm；叶柄长 1~2cm；茎上部叶线形，有疏齿或全缘。总状花序在果期可延长至 5cm；萼片早落，卵形，长约 0.8mm，外面有柔毛；花瓣无或退化成丝状，比萼片短；雄蕊 2 或 4。短角果近圆形或宽椭圆形，扁平，长 2~3mm，宽约 2mm，顶端微缺，上部有短翅，隔膜宽不到 1mm；果梗弧形，长约 3mm。种子椭圆形，长约 1mm，平滑，棕红色。花果期 5~7 月。

- 分布与生境　生于海拔 400~2000m 山坡、山沟、路旁及村庄附近。为常见的田间杂草。

- 用途　药用植物；嫩叶可食用；种子可榨油。

宽叶独行菜 *Lepidium latifolium* L.

- 别名 光果宽叶独行菜、大辣辣。

- 形态特征 多年生草本，高 30~150cm。茎直立，上部多分枝，基部稍木质化，无毛或疏生单毛。基生叶及茎下部叶革质，长圆披针形

或卵形，顶端急尖或圆钝，基部楔形，全缘或有牙齿，两面有柔毛；叶柄长 1~3cm，茎上部叶披针形或长圆状椭圆形，无柄。总状花序圆锥状；萼片脱落，卵状长圆形或近圆形，顶端圆形；花瓣白色，倒卵形，顶端圆形，爪明显或不明显；雄蕊 6。短角果宽卵形或近圆形，顶端全缘，基部圆钝，无翅，有柔毛，花柱极短；果梗长 2~3mm。种子宽椭圆形，压扁，浅棕色，无翅。花期 5~7 月，果期 7~9 月。

- 分布与生境 生于村旁、田边、山坡及盐化草甸。

- 用途 药用植物。

燥原荠属

燥原荠 *Ptilotricum canescens* (DC.) C. A. Mey.

- 形态特征　半灌木。基部木质化，密被小星状毛，分枝毛或分叉毛，植株灰绿色；茎直立，或基部稍为铺散而上部直立，近地面处分枝；叶密生，条形或条状披针形，顶端急尖，全缘；花序伞房状，花瓣白色，宽倒卵形；短角果卵形；种子每室1粒，悬垂于室顶，长圆卵形，深棕色。花期6~8月。
- 分布与生境　生于干燥石质山坡、草地、草原。

爪花芥属

紫爪花芥 *Oreoloma matthioloides* (Franch.) Botsch.

- 形态特征 多年生草本，高
40~50cm。成大球形丛，全
体密生星状毛及腺毛；根细
长，纺锤形。茎直立，从基
部分枝，枝坚硬，弧形。叶
片长圆形、椭圆形或披针形，
长 1~5cm，宽 5~25mm，顶
端圆钝，基部楔形，羽状深
裂，具线状裂片，或边缘具数
个逆锯齿，或近全缘；叶柄长
4~20mm。总状花序顶生及腋生；花梗粗，长 1~4mm；萼片长圆
形，长 6~10mm；花瓣褐紫色，倒卵形，长 10~15mm，基部成爪。
长角果圆筒形，长 2~4cm，坚硬，开展或弯曲，顶端有极短 2 裂柱
头；果梗短而粗，长 3~4mm。种子椭圆形，约长 2mm，褐色，边
缘有翅。花果期 6~8 月。

- 分布与生境 生于山沟滩地。

连蕊芥属

连蕊芥 *Synstemon petrovii* Botsch.

● 形态特征　一年生草本，高 20~40cm，被单毛与分叉毛。茎直立或外倾，自基部分枝。基生叶羽状深裂，长 3~9cm，宽 7~12mm（不计裂片），裂片长圆状条形，斜向上或水平展开叶片基部渐窄成柄；茎生叶与基生叶基本相同，向上渐小，最上部条形，有 1~2 对裂片。花序伞房状，果期极伸长；萼片卵圆形，长 2.5~3mm，顶端钝，有白色膜质边缘；花瓣白色，长圆形，长 4~5mm，爪部楔形，两长雄蕊花丝联合至 1/2 或更长；子房有毛。长角果条形，长 13~27mm，宽 1.2~1.5mm；稍压扁，花柱粗短，角果两端钝尖，中部以下有而扭曲的稀疏单毛，果梗细，长 1~1.5cm，水平展开。花期 5 月。

● 分布与生境　生于山坡。

白毛花旗杆 *Dontostemon senilis* Maxim.

- 形态特征 多年生旱生草本，高 4~15cm。全体密被白色开展的长直毛（老时毛渐稀）。根木质化，粗壮。茎基部呈丛生状分枝，基部常残留黄色枯叶，茎下部黄白色。叶线形，全缘，密被白色长毛。总状花序顶生，萼片长椭圆形至宽披针形，具白色膜质边缘，背面被多数长直毛；花瓣紫色或带白色，长匙形至宽倒卵形，具宽爪；长雄蕊花丝成对联合至花药处，花丝扁平，宽带形。长角果圆柱形，长 1.5~3.5cm，无毛，花柱粗壮，柱头微 2 裂。种子长椭圆形，具狭膜质边缘，一端具宽翅。花果期 5~9 月。

- 分布与生境 生于石质山坡、阳坡草丛、高原荒地或干旱山坡。

扭果花旗杆 *Dontostemon elegans* Maxim.

- 形态特征　多年生旱生草本，簇生，高 15~40cm。根粗壮，木质化。茎基部多分枝，茎下部黄白色，有光泽，少叶；上部叶互生，常密集，肉质，宽披针形至宽线形，长 1.5~4cm，宽 2~10mm，全缘，顶端渐尖，基部下延，近无柄；叶幼时具白色长柔毛或密生白色绵毛，尤以叶背为多，老时近无毛。总状花序顶生，具多花；萼片长椭圆形至宽披针形，背面具白色柔毛及长毛，尤以顶端为多，边缘膜质；花瓣蓝紫色至玫瑰红色，倒卵形至宽楔形，具紫色脉纹，顶端钝圆，基部下延成宽爪。长角果光滑，带状，压扁，扭曲或卷曲，中脉显著。种子宽椭圆形而扁，具膜质边缘；子叶缘倚胚根。花期 5~7 月，果期 6~9 月。

- 分布与生境　生于砂砾质戈壁滩、荒漠、洪积平原、山间盆地及干河床沙地，海拔 1000~1500m。

垂果大蒜芥 *Sisymbrium heteromallum* C. A. Mey.

- 别名　垂果蒜芥、弯果蒜芥。
- 形态特征　一年生或二年生草本，高30~90cm。茎直立，不分枝或分枝，具疏毛。基生叶为羽状深裂或全裂，顶端裂片大，长圆状三角形或长圆状披针形，渐尖，基部常与侧裂片汇合，侧裂片2~6对，长圆状椭圆形或卵圆状披针形，叶背中脉有微毛，叶柄长2~5cm；上部的叶无柄，叶片羽状浅裂，裂片披针形或宽条形。总状花序密集成伞房状，果期伸长；花梗长3~10mm；萼片淡黄色，长圆形，内轮的基部略成囊状；花瓣黄色，长圆形，顶端钝圆，具爪。长角果线形，纤细，常下垂；果瓣略隆起；果梗长1~1.5cm。种子长圆形，黄棕色。花期4~5月。
- 分布与生境　生于林下、阴坡、河边。
- 用途　药用植物。

瓦松属

瓦松 *Orostachys fimbriata* (Turcz.) A. Berger

- 别名　瓦花、流苏瓦松。
- 形态特征　二年生草本。第1年生莲座叶，叶宽条形，渐尖；花茎高 10~40cm。基部叶早落，条形至倒披针形，与莲座叶的顶端都有一个半圆形软骨质的附属物，其边缘流苏状，中央有一长刺，叶长可达 30cm，宽可达 5mm，干后有暗赤色圆点。花序穗状，有时下部分枝，基部宽达 20cm，呈塔形；花梗长可达 1cm；萼片 5，狭卵形，长 1~3mm；花瓣 5，紫红色，披针形至矩圆形，长 5~6mm；雄蕊 10，与花瓣同长或稍短，花药紫色；心皮 5。蓇葖矩圆形，长约 5mm。
- 分布与生境　生于屋顶瓦缝中或岩石上。
- 用途　全草入药，为清凉剂、收敛剂及通经药。

小苞瓦松 *Orostachys thyrsiflora* Fisch.

• 别名 刺叶瓦松。

• 形态特征 二年生草本。第1年有莲座丛，有短叶；莲座叶淡绿色，线状长圆形，先端渐变为软骨质的附属物，长1.5~2mm，急尖，中央有短尖头，边缘有细齿或全缘，覆瓦状内弯。第2年自莲座中央伸出花茎；高5~20cm；茎生叶多少分开，线状长圆形，长4~7mm，宽1~1.5mm，先端急尖，有软骨质的突尖头。蓇葖果直立；种子卵形，细小。花期7~8月。

• 分布与生境 生于干旱草原山坡或山地的阳坡上。

• 用途 观赏植物。

蔷薇科 **Rosaceae**

绣线菊属

三裂绣线菊 *Spiraea trilobata* L.

- 别名 石棒子、三裂叶绣线菊、团叶绣球。
- 形态特征 灌木，高 1~2m。小枝细瘦，开展，稍呈之字形弯曲，嫩时褐黄色，无毛，老时暗灰褐色；冬芽小，宽卵形，先端钝，无毛，外被数个鳞片。叶片近圆形，先端钝，常 3 裂，基部圆形、楔形或亚心形，边缘自中部以上有少数圆钝锯齿，两面无毛，叶背色较浅，基部具显著 3~5 脉。伞形花序具总梗，无毛，有花 15~30 朵；花梗无毛；苞片线形或倒披针形，上部深裂成细裂片；萼筒钟状，外面无毛，内面有灰白色短柔毛；萼片三角形；花瓣宽倒卵形，先端常微凹；雄蕊 18~20，比花瓣短；子房被短柔毛，花柱比雄蕊短。蓇葖果开张，花柱顶生稍倾斜，具直立萼片。花期 5~6 月，果期 7~8 月。
- 分布与生境 生于狼山岩石向阳坡地或灌木丛中，海拔 950~1500m。
- 用途 庭园常见栽培，供观赏；又为鞣料植物，根茎含单宁。

珍珠梅属

珍珠梅 *Sorbaria sorbifolia* (L.) A. Br.

● 形态特征　灌木，高达 2m。枝条开展；小枝圆柱形，稍屈曲，初时绿色，老时暗红褐色或暗黄褐色。羽状复叶，小叶 11~17 枚，叶轴微被短柔毛；小叶片对生，披针形至卵状披针形，先端渐尖，稀尾尖，基部近圆形或宽楔形，稀偏斜，边缘有尖锐重锯齿；托叶叶质，卵状披针形至三角披针形。顶生大型密集圆锥花序，分枝近于直立，总花梗和花梗被星状毛或短柔毛，果期逐渐脱落；苞片卵状披针形，先端长渐尖，上下两面微被柔毛，果期逐渐脱落；萼筒钟状，外面基部微被短柔毛；萼片三角卵形；花瓣长圆形或倒卵形，白色；雄蕊 40~50，生于花盘边缘。蓇葖果长圆形；萼片宿存，反折，稀开展。花期 7~8 月，果期 9 月。

● 分布与生境　生于山坡疏林中，海拔 1000~1500m。

● 用途　园林绿化植物。

杜梨 *Pyrus betulifolia* Bunge

- 别名　棠梨、土梨、海棠梨、野梨子、灰梨。

- 形态特征　乔木。枝常具刺；小枝嫩时密被灰白色茸毛。叶片菱状卵形至长圆卵形，先端渐尖，基部宽楔形，稀近圆形，边缘有粗锐锯齿，幼叶上下两面均密被灰白色茸毛，成长后脱落，老叶叶面无毛而有光泽，叶背微被茸毛或近于无毛；叶柄长 2~3cm，被灰白色茸

毛；托叶膜质，线状披针形，两面均被茸毛，早落。伞形总状花序，总花梗和花梗均被灰白色茸毛，花梗长 2~2.5cm；苞片膜质，线形，两面均微被茸毛，早落；花直径 1.5~2cm；花瓣宽卵形，先端圆钝，基部具有短爪，白色；花药紫色；花柱 2~3。果实近球形，2~3 室，褐色，有淡色斑点，萼片脱落，基部具带茸毛果梗。花期 4 月，果期 8~9 月。

- 分布与生境　生于平原或山坡阳处。

- 用途　常用作栽培梨的砧木；木材致密，可做家具等；树皮含鞣质，可制栲胶并入药。

蔷薇属

黄刺玫 *Rosa xanthina* Lindl.

- 别名　黄刺莓、黄刺梅。
- 形态特征　直立灌木，高 2~3m。枝粗壮，密集，披散；小枝无毛，有散生皮刺，无针刺。小叶 7~13，宽卵形或近圆形，稀椭圆形，先端圆钝，基部宽楔形或近圆形，边缘有圆钝锯齿，叶面无毛，幼嫩时叶背有稀疏柔毛，逐渐脱落；叶轴、叶柄有稀疏柔毛和小皮刺；托叶带状披针形。花单生于叶腋，重瓣或半重瓣，黄色，无苞片；具花梗，无毛，无腺；萼片披针形，全缘，先端渐尖，内面有稀疏柔毛，边缘较密；花瓣黄色，宽倒卵形，先端微凹，基部宽楔形。果近球形或倒卵圆形，紫褐色或黑褐色，无毛，花后萼片反折。花果期 4~8 月。
- 分布与生境　生于开阔的山坡。
- 用途　观赏植物。

绵刺属

绵刺 *Potaninia mongolica* Maxim.

- 别名　胡楞-好衣热格、好衣热格、蒙古包大宁、三瓣蔷薇。
- 形态特征　小灌木，高 30~40cm。各部有长绢毛；茎多分枝，灰棕色。复叶具 3 或 5 小叶片稀只有 1 小叶，先端急尖，基部渐狭，全缘，中脉及侧脉不显；叶柄坚硬，长 1~1.5mm，宿存成刺状；托叶卵形，长 1.5~2mm。花单生于叶腋，直径约 3mm；花梗长 3~5mm；苞片卵形，长 1mm；萼筒漏斗状，萼片三角形，长约 1.5mm，先端锐尖；花瓣卵形，直径约 1.5mm，白色或淡粉红色；雄蕊花丝比花瓣短，着生在膨大花盘边上，内面密被绢毛；子房卵形，具 1 胚珠。瘦果长圆形，长 2mm，浅黄色，外有宿存萼筒。花果期 6~10 月。
- 分布与生境　生于砂质荒漠中，强度耐旱也极耐盐碱。
- 用途　饲料植物。
- 保护等级　国家二级保护野生植物。

鹅绒委陵菜 *Potentilla anserina* L.

- 别名 蕨麻委陵菜、莲花菜、延寿草、人参果、无毛蕨麻、灰叶蕨麻。
- 形态特征 多年生草本。根向下延长，有时在根的下部长成纺锤形或椭圆形块根。茎匍匐，在节处生根，常着地长出新植株，外被伏生或半开展疏柔毛或脱落几乎无毛。基生叶为间断羽状复叶，有小叶6~11对。小叶对生或互生，最上面一对小叶基部下延与叶轴汇合，基部小叶渐小呈附片状，小叶片通常椭圆形，倒卵椭圆形或长椭圆形，边缘有多数尖锐锯齿或呈裂片状，叶面绿色，叶背密被紧贴银白色绢毛，茎生叶与基生叶相似，唯小叶对数较少；基生叶和下部茎生叶托叶膜质，褐色，和叶柄连成鞘状，上部茎生叶托叶草质，多分裂。单花腋生；具花梗，被疏柔毛；萼片三角卵形；花瓣黄色，倒卵形、顶端圆形。
- 分布与生境 牛干河岸、路边、山坡草地及草甸。
- 用途 可食用；根可入药；茎叶可提取黄色染料；蜜源植物；饲料植物。

二裂委陵菜 *Potentilla bifurca* L.

- 别名　叉叶委陵菜。

- 形态特征　多年生草本或亚灌
木。根圆柱形，纤细，木质。花
茎直立或上升，高 5~20cm，密
被疏柔毛或微硬毛。羽状复叶，
有小叶 5~8 对，最上面 2~3 对
小叶基部下延与叶轴汇合；叶柄

密被疏柔毛或微硬毛，小叶片无柄，对生稀互生，椭圆形或倒卵
椭圆形，顶端常 2 裂，稀 3 裂，基部楔形或宽楔形，两面绿色，
伏生疏柔毛；下部叶托叶膜质，褐色，上部茎生叶托叶草质，绿
色，卵状椭圆形，常全缘稀有齿。近伞房状聚伞花序，顶生，疏
散；萼片卵圆形，顶端急尖，副萼片椭圆形，比萼片短或近等
长，外面被疏柔毛；花瓣黄色，倒卵形，顶端圆钝，比萼片稍
长。瘦果表面光滑。花果期 5~9 月。

- 分布与生境　生于地边、道旁、沙滩、山坡草地、黄土坡、半
干旱荒漠草原及疏林下。

- 用途　药用植物；中等饲料植物。

星毛委陵菜 *Potentilla acaulis* L.

- 别名　无茎萎陵菜。
- 形态特征　多年生草本，高 2~7cm。根细长。茎短或近无茎，有星状茸毛。基生叶为三出复叶，小叶菱状倒卵形或倒卵状楔形，长 8~13mm，宽 6~8mm，基部楔形，边缘在中部以上有圆钝锯齿，中部以下全缘，两面密生星状茸毛，叶柄长约 1cm，密生星状茸毛；托叶披针形，贴生于叶柄；短茎上的叶片较小。花单生或 2~3 朵排成聚伞状，黄色，直径约 1.5cm，花梗长约 1.5cm，花梗和花萼外面密生星状茸毛。瘦果矩圆卵形，褐色，多皱。花果期 4~8 月。
- 分布与生境　生于海拔 1000~1600m 的草原、草甸和石坡上。

小叶金露梅 *Potentilla parvifolia* (Fisch. ex Lehm.) Sojuk.

• 形态特征　灌木，高达 1.5m。小枝灰色或灰褐色，幼时被灰白色柔毛或绢毛。羽状复叶，有 3~7 小叶，基部 2 对常较靠拢近掌状或轮状排列；小叶小，披针形、带状披针形或倒卵状披针形，长 0.7~1cm，先端常渐尖，稀圆钝，基部楔形，边缘全缘，反卷，两面绿色，被绢毛，或叶背粉白色，有时被疏柔毛；托叶全缘，外面被疏柔毛。单花或数朵，顶生。花梗被灰白色柔毛或绢状柔毛；花径 1~2.2cm；萼片卵形，先端急尖，副萼片披针形、卵状披针形或倒卵披针形，短于萼片或近等长，外面被绢状柔毛或疏柔毛；花瓣黄色，宽倒卵形；花柱近基生，棒状，基部稍细，在柱头下缢缩，柱头扩大。瘦果被毛。花果期 6~8 月。

• 分布与生境　生于干燥山坡、岩石缝中、林缘及林中。

砂生地薔薇 *Chamaerhodos sabulosa* Bunge

- 别名　山樱桃、土豆子、乌兰-布衣勒语。
- 形态特征　多年生草本。茎多数，丛生，平铺或上升，高约 6~18cm，微坚硬。茎叶及叶柄均有短腺毛及长柔毛；基生叶莲座状，三回深裂，1 回裂片 3 全裂，2 回裂片 2~3 回浅裂或不裂，小裂片长圆匙形；叶柄长 1.5~2.5cm；托叶不裂；茎生叶少数或不存，似基生叶，3 深裂，裂片 2~3 全裂或不裂。圆锥状聚伞花序顶生，多花，在花期初紧密后疏散；苞片及小苞片条形；花小；萼筒钟形或倒圆锥形，有柔毛，萼片三角卵形，直立，先端锐尖；花瓣披针状匙形或楔形，白色或粉红色，先端圆钝。瘦果卵形，褐色，有光泽。花果期 6~9 月。
- 分布与生境　生于河边沙地或砾地。

蒙古扁桃 *Amygdalus mongolica* (Maxim.) Ricker

- 别名　乌兰-布衣勒斯。
- 形态特征　灌木，高达 2m。小枝顶端成枝刺；嫩枝被短柔毛。短枝叶多簇生，长枝叶互生叶宽椭圆形、近圆形或倒卵形，叶柄长 2~5mm，无毛；花单生，稀数朵簇生短枝上；花梗极短萼筒钟形，无毛；萼片长圆形，与萼筒近等长，顶端有小尖头，无毛花瓣倒卵形。子房被柔毛，花柱细长，几乎与雄蕊等长，具柔毛。核果宽卵圆形，顶端具尖头，外面密被柔毛；果柄短；果肉薄，熟时开裂，离核；核卵圆形，顶端具小尖头，基部两侧不对称，腹缝扁，背缝不扁，光滑，具浅沟纹，无孔穴。种仁扁宽卵圆形，浅棕褐色。花果期 5~8 月。
- 分布与生境　生于海拔 1000~1500m 的荒漠区和荒漠草原区的低山丘陵坡麓、石质坡地及干河床。
- 用途　蒙古扁桃对研究亚洲中部干旱地区植物区系有一定的科学价值；木本油料树种；干旱地区的水土保持植物。
- 保护等级　国家二级保护野生植物。

长梗扁桃 *Amygdalus pedunculata* Pall.

- 别名　长柄扁桃。
- 形态特征　灌木，高 1~2m。枝开展，具大量短枝；小枝浅褐色至暗灰褐色，幼时被短柔毛。短枝上之叶密集簇生，1 年生枝上的叶互生；叶片椭圆形、近圆形或倒卵形，基部宽楔形，两面疏生短柔毛，叶边具不整齐粗锯齿，侧脉 4~6 对；叶柄被短柔毛。花单生，稍先于叶开放；花梗长  4~8mm，具短柔毛；萼筒宽钟形；萼片三角状卵形，先端稍钝，有时边缘疏生浅锯齿；花瓣近圆形，有时先端微凹，粉红色；雄蕊多数；子房密被短柔毛。果实近球形或卵球形，顶端具小尖头，成熟时暗紫红色，密被短柔毛；果肉薄而干燥，成熟时开裂，离核；核宽卵形；种仁宽卵形，棕黄色。花期 5 月，果期 7~8 月。
- 分布与生境　生于丘陵地区向阳石砾质坡地或坡麓，也见于干旱草原或荒漠草原。
- 用途　可供观赏用；种仁可代"郁李仁"入药。

榆叶梅 *Cerasus triloba* (Lindl.) Bar. et Liou

- 形态特征 灌木，稀小乔木，高 2~3m。枝条开展，具多数短小枝；小枝灰色，1 年生枝灰褐色。短枝上的叶常簇生，一年生枝上的叶互生；叶片宽椭圆形至倒卵形，先端短渐尖，常 3 裂，基部宽楔形，叶背被短柔毛，叶边具粗锯齿或重锯齿；叶柄被短柔毛。花 1~2 朵，先叶开放，直径 2~3cm；具花梗；萼筒宽钟形；萼片卵形或卵状披针形，近先端疏生小锯齿；花瓣近圆形或宽倒卵形，先端圆钝，有时微凹，粉红色；雄蕊约 25~30；子房密被短柔毛。果实近球形，顶端具短小尖头，红色，外被短柔毛；果梗长 5~10mm；果肉薄，成熟时开裂；核近球形，具厚硬壳，顶端圆钝，表面具不整齐的网纹。花期 4~5 月，果期 5~7 月。

- 分布与生境 生于低至中海拔的坡地或沟旁乔、灌木林下或林缘。

- 用途 主要用来庭院绿化，供作观赏；种仁可代"郁李仁"入药。

毛樱桃 *Cerasus tomentosa* (Thunb.) Wall. ex T. T. Yu et C. L. Li.

- 别名　山樱桃、梅桃、山豆子、樱桃。
- 形态特征　灌木。小枝紫褐色或灰褐色，嫩枝密被茸毛。叶片卵状椭圆形或倒卵状椭圆形，先端尖，基部楔形，边有急尖或粗锐锯齿，叶面深绿色，被疏柔毛，叶背灰绿色，密被灰色茸毛；叶柄长 2~8mm，被茸毛；托叶线形。花单生或 2 朵簇生，花叶同开，近先叶开放；萼筒管状或杯状，外被短柔毛，萼片三角卵形；花瓣白色或粉红色，倒卵形，先端圆钝；雄蕊20~25 枚，短于花瓣；花柱伸出与雄蕊近等长；子房全部被毛。核果近球形，红色；核表面除棱脊两侧有纵沟外，无棱纹。花期4~5 月，果期 6~9 月。
- 分布与生境　生于山坡林中、林缘、灌丛中或草地，海拔1000~1500m。
- 用途　果实微酸甜，可食及酿酒；种仁含油率达 43% 左右，可制肥皂及润滑油；种仁亦可入药，商品名 "大李仁"，有润肠利水之效；庭园栽培可供观赏。

豆科 **Leguminosae**

皂荚属

皂荚 *Gleditsia sinensis* Lam.

- 别名 皂角、皂荚树、猪牙皂、牙皂、刀皂。
- 形态特征 乔木或小乔木。枝灰色至深褐色；刺粗壮，常分枝，多呈圆锥状，长达16cm。一回羽状复叶；小叶2~9对，纸质，卵状披针形至长圆形，顶端圆钝，具小尖头，基部圆形或楔形，有时稍歪斜，边缘具细锯齿，叶面被短柔毛，叶背中脉上稍被柔毛；网脉明显。花杂性，黄白色，总状花序腋生或顶生，被短柔毛；雄花直径9~10mm；花梗长2~10mm；花托深棕色，外面被柔毛；萼片4，三角状披针形，两面被柔毛；花瓣4，长圆形，被微柔毛；柱头浅2裂；胚珠多数。荚果带状，果肉稍厚，两面鼓起，果颈长1~3.5cm；果瓣革质，褐色，常被白色粉霜；种子多颗，长圆形，棕色，光亮。花期3~5月，果期5~12月。
- 分布与生境 生于山坡林中或谷地、路旁；常栽培于庭院或宅旁。
- 用途 木材坚硬，为车辆、家具用材；荚果煎汁可代肥皂用以洗涤丝毛织物，嫩芽油盐调食，其子煮熟糖渍可食；荚、子、刺均入药。

苦豆子 *Sophora alopecuroides* L.

- 别名　苦甘草、苦豆根。
- 形态特征　多年生草本，高约 1m。根粗壮。枝被白色或淡灰白色长柔毛或贴伏柔毛。奇数羽状复叶；托叶着生于小叶柄的侧面，钻状，常早落；小叶 7~13 对，对生或近互生，披针状长圆形或椭圆状长圆形，先端钝圆或急尖，基部宽楔形或圆形。总状花序顶生，花多数，密生；苞片似托叶，脱落；花萼斜钟状，5 萼齿明显，三角状卵形；花冠白色或淡黄色，旗瓣长圆状，翼瓣卵状长圆形，具三角形耳，龙骨瓣与翼瓣相似；雄蕊 10；子房密被白色近贴伏柔毛。荚果串珠状，长 8~13cm，直，具多数种子。种子卵球形，褐色或黄褐色。花期 5~6 月，果期 8~10 月。
- 分布与生境　多生于沙漠和草原边缘地带。
- 用途　固沙植物；药用植物。

槐 *Sophora japonica* Linn.

- **别名**　国槐、槐花木、槐花树、豆槐、金药树。
- **形态特征**　乔木，高 15~25m。羽状复叶长 15~25cm；叶轴有毛，基部膨大；小叶 9~15，卵状矩圆形，长 2.5~7.5cm，宽 1.5~3cm，先端渐尖而具细突尖，基部阔楔形，叶背灰白色，疏生短柔毛。圆锥化序顶生；萼钟状，具 5 小齿，疏被毛；花冠乳白色，旗瓣阔心形，具短爪，有紫脉；雄蕊 10，不等长。荚果肉质，串珠状，长 2.5~5cm，无毛，不裂；种子 1~6 个，肾形。花期 7~8 月，果期 8~10 月。
- **分布与生境**　喜光树种。
- **用途**　树冠优美，花芳香，是行道树和优良蜜源植物；花和荚果入药，有清凉收敛、止血降压作用；叶和根皮有清热解毒作用，可治疗疮毒；木材供建筑用。

沙冬青 *Ammopiptanthus mongolicus* (Maxim. ex Kom.) S. H. Cheng

- 别名　蒙古黄花木。
- 形态特征　常绿灌木，高 1.5~2m。树皮黄绿色，木材褐色。茎多叉状分枝，圆柱形，具沟棱，幼被灰白色短柔毛，后渐稀疏。3 小叶，偶为单叶；具叶柄，密被灰白色短柔毛；托叶小，三角形或三角状披针形；小叶菱状椭圆形或阔披针形，两面密被银白色茸毛，全缘。总状花序顶生枝端，花互生，8~12 朵密集；苞片卵形；具花梗，近无毛；萼钟形，薄革质，萼齿 5，阔三角形；花冠黄色，花瓣均具长瓣柄，旗瓣倒卵形，翼瓣比龙骨瓣短，长圆形，龙骨瓣分离，基部有长 2mm 的耳；子房具柄，线形。荚果扁平，线形，先端锐尖，基部具果颈。种子 2~5 粒，圆肾形。花果期 4~6 月。
- 分布与生境　生于沙丘、河滩边台地。
- 用途　良好的固沙植物。
- 保护等级　国家二级保护野生植物。

披针叶黄华 *Thermopsis lanceolata* R. Br.

- 别名　牧马豆、东方野决明、披针叶野决明。

- 形态特征　多年生草本，高约12~40cm。茎直立，分枝或单一，具沟棱，被黄白色贴伏或伸展柔毛。3 小叶；叶柄短，托叶卵状披针形，先端渐尖，基部楔形，叶面近无毛，叶背被贴伏柔毛；小叶狭长圆形、倒披针形。总状花序顶生，具花 2~6 轮，排列疏松；苞片线状卵形或卵形；萼钟形，密被毛，背部稍呈囊状隆起。花冠黄色，旗瓣近圆形，翼瓣长 2.4~2.7cm，龙骨瓣长 2~2.5cm，宽为翼瓣的 1.5~2 倍；子房密被柔毛，具柄，胚珠 12~20 粒。荚果线形，先端具尖喙，被细柔毛，黄褐色，种子 6~14 粒，圆肾形，黑褐色，具灰色蜡层，有光泽。花果期 5~10 月。

- 分布与生境　生于草原沙丘、河岸和砾滩。

- 用途　植株有毒，少量供药用，有祛痰止咳之功效。

紫穗槐 *Amorpha fruticosa* Linn.

- 别名　棉槐、椒条、棉条、穗花槐。
- 形态特征　落叶灌木。叶互生，奇数羽状复叶，小叶多数，全缘，对生或近对生；托叶针形，早落。花小，组成顶生、密集的穗状花序；苞片钻形，早落；花萼钟状，5齿裂，近等长或下方的萼齿较长，常有腺点；蝶形花冠退化，仅存旗瓣1枚，蓝紫色，向内弯曲并包裹雄蕊和雌蕊，翼瓣和龙骨瓣不存在；雄蕊10，下部合生成鞘，上部分裂，熟时花丝伸出旗瓣，花药一式；子房无柄，胚珠2颗，花柱外弯，无毛或有毛，柱头顶生。荚果短，长圆形、镰状或新月形，不开裂，表面密布疣状腺点；种子1~2颗，长圆形或近肾形。
- 分布与生境　耐寒、耐旱、耐湿、耐盐碱、抗风沙，在荒山、道旁、河岸、盐碱地均可生长。
- 用途　蜜源植物；枝叶作绿肥、家畜饲料；茎皮可提取栲胶，枝条编制篓筐；果实含芳香油，种子含油率10%，可作油漆、甘油和润滑油之原料；花具有药用价值；枝叶对烟尘有较强吸附作用；又可作水土保持、绿化带、防护林带植物。

刺槐 *Robinia pseudoacacia* Linn.

- 形态特征　落叶乔木，高可达 25m。树皮灰褐色至黑褐色，浅裂至深纵裂，稀光滑。小枝灰褐色，幼时有棱脊；具托叶刺；冬芽小，被毛。羽状复叶长 10~40cm；叶轴上面具沟槽；小叶 2~12 对，常对生，椭圆形或卵形，先端圆，微凹，具小尖头，基部圆形至阔楔形，全缘，叶面绿色，叶背灰绿色；小叶柄长 1~3mm；总状花序腋生，下垂，花多数，芳香；花萼斜钟状，萼齿 5；花冠白色，旗瓣近圆形，翼瓣斜倒卵形，与旗瓣几等长，龙骨瓣镰状，与翼瓣等长或稍短，前缘合生，先端钝尖；雄蕊二体，对旗瓣的 1 枚分离；子房线形，花柱钻形。荚果褐色，线状长圆形，扁平，先端上弯，具尖头，沿腹缝线具狭翅；种子 2~15 粒；种子褐色至黑褐色，有时具斑纹，近肾形。花期 4~6 月，果期 8~9 月。

- 分布与生境　适应性强，较耐干旱和贫瘠。

- 用途　适应性强，优良固沙保土树种；也常作行道树、速生薪炭林树种和优良的蜜源植物；材质硬重，抗腐耐磨，宜作枕木、车辆、建筑等多种用材。

苦马豆属

苦马豆 *Sphaerophysa salsula* (Pall.) DC.

- 别名 红花苦豆子、红苦豆子、羊尿泡、泡泡豆。
- 形态特征 半灌木或多年生草本。茎直立或下部匍匐，被疏至密的灰白色丁字毛。根粗壮，深，长。托叶线状披针形，三角形至钻形。小叶 6~10 对，倒卵形至倒卵状长圆形，先端微凹至圆，具短尖头，基部圆至宽楔形，叶面疏被毛；总状花序长 6.5~17cm；苞片卵状披针形；花梗长 4~5mm，密被白色柔毛；花萼钟状，萼齿三角形，上边 2 齿较宽短，外面被白色柔毛；花冠初呈鲜红色，后变紫红色，旗瓣瓣片近圆形，先端微凹，基部具短柄，翼瓣较龙骨瓣短，先端圆；子房近线形，密被白色柔毛，内侧疏被纵列髯毛。荚果椭圆形至卵圆形，膨胀，果颈长，果瓣膜质；种子肾形至近半圆形，褐色。花期 5~8 月，果期 6~9 月。
- 分布与生境 生于海拔 960~1500m 的山坡、草原、荒地、沙滩、戈壁绿洲、沟渠旁及盐池周围，较耐干旱，习见于盐化草甸、强度钙质性灰钙土上。
- 用途 饲料植物；地上部分可入药。

甘草属

甘草 *Glycyrrhiza uralensis* Fisch. ex DC.

- 别名　甜草、乌拉尔甘草、红甘草、甜草根。
- 形态特征　多年生草本。根与根状茎粗壮，外皮褐色，里面淡黄色，具甜味。茎直立，高 30~120cm，密被刺毛和腺毛；托叶三角状披针形，密被白色短柔毛；叶柄密被褐色腺点和短柔毛；小叶 5~17 枚，卵形、长卵形或近圆形，密被黄褐色腺点及短柔毛。总状花序腋生；花梗密生褐色的鳞片状腺点和短柔毛；苞片长圆状披针形，褐色，膜质，被黄色腺点和短柔毛；花萼钟状，密被黄色腺点及短柔毛，齿 5；花冠紫色、白色或黄色，旗瓣长圆形，顶端微凹，基部具短瓣柄，翼瓣短于旗瓣，龙骨瓣短于翼瓣；子房密被腺毛。荚果弯曲呈镰刀状或呈环状，密集成球，表面密被刺毛和腺毛。种子圆形或肾形，暗绿色。花果期 6~10 月。
- 分布与生境　常生于干旱沙地、河岸砂质地、山坡草地及盐渍化土壤中。
- 用途　根和根状茎供药用。
- 保护等级　国家二级保护野生植物。

米口袋属

少花米口袋 *Gueldenstaedtia verna* (Georgi) Boriss.

- 形态特征 多年生草本。主根直下，分茎具宿存托叶。叶长 2~20cm；托叶三角形，基部合生；叶柄具沟，被白色疏柔毛；小叶 7~19 片，长椭圆形至披针形，先端具细尖，两面被疏柔毛，有时叶面无毛。伞形花序有花 2~4 朵，总花梗约与叶等长；苞片长三角形；小苞片线形，长约为萼筒的 1/2；花萼钟状，被白色疏柔毛；萼齿披针形，上 2 萼齿约与萼筒等长，下 3 萼齿较短小，最下一片最小；花冠红紫色，旗瓣卵形，翼瓣瓣片倒卵形具斜截头，龙骨瓣瓣片倒卵形；子房椭圆状，密被疏柔毛，花柱无毛，内卷。荚果长圆筒状，被长柔毛，成熟时毛稀疏，开裂。种子圆肾形，具不深凹点。花期 5 月，果期 6~7 月。

- 分布与生境 生于山坡、草地、田边等处。

蒙古旱雀豆 *Chesniella mongolica* (Maxim.) Boriss.

- 别名 希日–奥日都得、蒙古切思豆、蒙古雀儿豆。
- 形态特征 多年生草本。茎丛生，纤细，平卧，长 15~25cm，密被白色、伏贴的长柔毛。羽状复叶，有 5 (7) 片小叶，小叶倒卵形，先端钝，具褐色短尖头，基部楔形，叶面密生褐绿色腺点，疏被毛，叶背密被白色长柔毛；叶柄与叶轴密被白色长柔毛；托叶与叶柄分离，钻状，密被白色长柔毛，先端具密集的白色小腺体；花单生于叶腋；花梗密被白色短柔毛；小苞片与苞片近同形，先端均具腺点；花萼管状，密被白色短柔毛；花冠紫色，旗瓣长约 13mm，瓣片宽圆形，背面密被白色短柔毛，翼瓣、龙骨瓣均与旗瓣近等长；子房无柄，密被白色长柔毛。荚果长圆形，微膨胀，密被白色短柔毛。花果期 7~8 月。
- 分布与生境 生于砾石地。

刺叶柄棘豆 *Oxytropis aciphylla* Ledeb.

- 别名　猫头刺、鬼见愁。
- 形态特征　垫状矮小半灌木，高8~20cm。根粗壮，根系发达。枝多数，开展，积沙成垫状沙包。偶数羽状复叶；托叶膜质，彼此合生，下部与叶柄贴生，先端平截或呈二尖，被贴伏白色柔毛或无毛；叶轴宿存，木质化，下部粗壮，先端尖锐，呈硬刺状；小叶 4~6对，线形或长圆状线形，先端渐尖，边缘内卷。总状花序具 1~2 花；苞片膜质，披针状钻形；花萼筒状，花后稍膨胀，齿锥状；花冠红紫色、蓝紫色至白色，旗瓣倒卵形，先端钝，基部渐狭成瓣柄；子房圆柱形，花柱先端弯曲，无毛。荚果硬革质，长圆形，腹缝线深陷，密被白色贴伏柔毛，隔膜发达，不完全 2 室。种子圆肾形，深棕色。花期 5~6 月，果期 6~7 月。
- 分布与生境　生于砾石质平原、薄层沙地、丘陵坡地及砂荒地上。
- 用途　可作牧草；其茎叶捣碎煮汁可治脓疮。

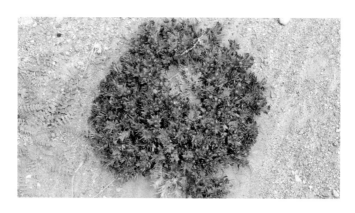

小花棘豆 *Oxytropis glabra* (Lam.) DC.

● 别名 醉马草、马绊肠、苦马豆。

● 形态特征 多年生草本，高 20~80cm。根细而直伸。茎分枝多，直立或铺散。羽状复叶；托叶草质，卵形或披针状卵形；叶轴疏被开展或贴伏短柔毛；小叶 11~19 (27)，披针形或

卵状披针形。总状花序；具总花梗，通常较叶长，被开展的白色短柔毛；苞片膜质，狭披针形；花萼钟形，萼齿披针状锥形；花冠淡紫色或蓝紫色，旗瓣长 7~8mm，瓣片圆形，先端微缺，翼瓣长 6~7mm，先端全缘，龙骨瓣长 5~6mm，喙长 0.25~0.5mm；子房疏被长柔毛。荚果膜质，长圆形，膨胀，下垂，喙长 1~1.5mm，腹缝具深沟，背部圆形；果梗长 1~2.5mm。花果期 6~9 月。

● 分布与生境 生于山坡草地、石质山坡、河谷阶地、冲积川地、草地、荒地、田边、渠旁、沼泽草甸、盐土草滩上。

异叶棘豆 *Oxytropis diversifolia* E. Peter

- 别名　二型叶棘豆。
- 形态特征　多年生草本。茎短缩或近无茎。羽状复叶，叶轴不为针刺状，脱落，小叶对生，3 或 1 枚，初生小叶 3，后生小叶 1，条形。花黄色。荚果不完全 2 室，膜质，泡状，具假隔膜。
- 分布与生境　狼山有野生种分布，生于砂砾质草原低丘和干河床种。

变异黄芪 *Astragalus variabilis* Bunge

- 别名 变异黄耆、浩日图-好恩其日、直立醉马草、都兰黄芪。
- 形态特征 多年生草本，高 10~20cm，全体被灰白色伏贴毛。根粗壮直伸，黄褐色，木质化。茎丛生，直立或稍斜升，有分枝。羽状复叶，小叶 11~19 片；叶柄短；托叶小，离生，三角形或卵状三角形；小叶狭长圆形、倒卵状长圆形或线状长圆形，叶面绿色，疏被白色伏贴毛，叶背灰绿色，毛较密。总状花序生 7~9 花；苞片披针形，较花梗短或等长，疏被黑色毛；花萼管状钟形，被黑白色混生的伏贴毛；花冠淡紫红色或淡蓝紫色，旗瓣倒卵状椭圆形，先端微缺，基部渐狭成不明显的瓣柄，翼瓣与旗瓣等长，瓣片先端微缺，瓣柄较瓣片短，龙骨瓣较翼瓣短，瓣片与瓣柄等长；子房有毛。荚果线状长圆形，稍弯，两侧扁平，被白色伏贴毛，假 2 室。花果期 5~8 月。
- 分布与生境 广泛分布于乌兰布和沙漠的戈壁、丘间低地等处。

灰叶黄芪 *Astragalus discolor* Bunge

- 别名 灰叶黄蓍、婀娜紫云英。
- 形态特征 多年生草本，高 30~50cm，全株灰绿色。根直伸，木质化，颈部增粗，数茎生出。茎直立或斜上，上部有分枝，具条棱，密被灰白色伏贴毛。羽状复叶有 9~25 片小叶；叶柄较叶轴短；托叶三角形，先

端尖，离生；小叶椭圆形或狭椭圆形，先端钝或微凹，基部宽楔形，叶面疏被白色伏贴毛或近无毛，叶背较密，灰绿色。总状花序较叶长；苞片小，卵圆形，较花梗稍长；花萼管状钟形，被白色或黑色伏贴毛，萼齿三角形；花冠蓝紫色，旗瓣匙形，翼瓣较旗瓣稍短，瓣片狭长圆形，瓣柄较瓣片短，龙骨瓣较翼瓣短，瓣片半圆形，瓣柄较瓣片短；子房有柄，被伏贴毛。荚果扁平，线状长圆形，基部有露出花萼的长果颈，被黑白色混生的伏贴毛。花果期 7~9 月。

- 分布与生境 生于荒漠草原地带砂质土上。
- 用途 优良牧草。

乳白花黄耆 *Astragalus galactites* Pall.

- 别名 乳白黄耆、白花黄耆、
昭陵黄耆。

- 形态特征 多年生草本，高
5~15cm。根粗壮。茎极短缩。
羽状复叶有 9~37 片小叶；叶
柄较叶轴短；托叶膜质，密被
长柔毛，下部与叶柄贴生，上
部卵状三角形；小叶长圆形或狭长圆形，稀为披针形或近椭圆
形，叶面无毛，叶背被白色伏贴毛。花生于基部叶腋，通常 2 花
簇生；苞片披针形或线状披针形，被白色长毛；花萼管状钟形，
萼齿线状披针形或近丝状，密被白色长锦毛；花冠乳白色或稍带
黄色，旗瓣狭长圆形，先端微凹，中部稍缢缩，下部渐狭成瓣
柄，翼瓣较旗瓣稍短，瓣片先端有时 2 浅裂，瓣柄长为瓣片的 2
倍，龙骨瓣长 17~20mm，瓣片短，长约为瓣柄的一半；子房无
柄，有毛，花杜细长。荚果小，卵形或倒卵形，1 室，通常不外
露，后期宿萼脱落。种子通常 2 粒。花果期 5~8 月。

- 分布与生境 生于海拔 1000~1500m 的草原砂质土上及向阳山坡。

- 用途 中等饲用植物。

卵果黄芪 *Astragalus grubovii* Sancz.

- 别名 拟糙叶黄芪、新巴黄芪。

- 形态特征 草本，植株被丁字毛。无地上茎或茎短缩。单数羽状复叶，小叶（5）9~25，两面被毛，小叶宽椭圆形、宽倒卵形或近圆形，先端钝圆或钝尖，两面被平伏或半开展的丁字毛，小叶萼齿长5~7mm；花白色（干

后淡黄色）或黄色，有时粉红色或紫红色；花有极短的总花梗或无总花梗，花密集生于叶丛基部类似根生。旗瓣长圆形；花萼密被开展或半开展的长柔毛，萼筒在花后不膨胀，亦不包被荚果。

- 分布与生境 生于砾质或砂砾质地、干河谷、山麓或湖盆边缘。

斜茎黄芪 *Astragalus laxmannii* Jacq.

- 别名　沙打旺、直立黄芪、地丁、马拌肠、直立黄耆、漠北黄耆。

- 形态特征　多年生草本，高 20~100cm。根较粗壮，暗褐色，有时有长主根；茎丛生，直立或斜上；羽状复叶有 9~25 片小叶，叶柄较叶轴短；托叶三角形，渐尖，基部稍合生或有时分离；小叶长圆形、近椭圆形或狭长圆形，叶面疏被伏贴毛，叶背较密。总状花序长圆柱状，稀近头状，有多数花；花萼钟状，被黑色或白色毛，有时被黑白混生的毛，萼齿长为筒部的 1/3；花冠近蓝色或红紫色，旗瓣长 1.1~1.5cm，倒卵状长圆形，翼瓣稍短于旗瓣，瓣片稍长于瓣柄，龙骨瓣长 0.7~1cm；子房密被毛，有短柄。荚果长圆形，顶端具下弯短喙，被黑色或褐色或混生的白色毛，假 2 室。花果期 6~10 月。

- 分布与生境　生于向阳山坡灌丛及林缘地带。

- 用途　种子入药，为强壮剂，治神经衰；为低毒黄芪属植物，可作饲草。

单叶黄芪 *Astragalus efoliolatus* Hand.-Mazz.

- 别名 单叶黄蓍、痒痒草、
单叶黄耆。

- 形态特征 多年生矮小草
本，高 5~10cm。主根细长，
直伸，黄褐色或暗褐色。茎
短缩，密丛状。叶有 1 片小
叶；托叶卵形或披针状卵
形，膜质，先端渐尖或撕裂，外面被稀疏伏贴毛；小叶线形，先

端渐尖，两面疏被白色伏贴毛，全缘，下部边缘常内卷。总状花序
生 2~5 花，较叶短，腋生；苞片披针形，膜质，被白色长毛，先端
尖，与花梗近等长；花萼钟状管形，密被白色伏贴毛，萼齿线状钻
形，较萼筒稍短；花冠淡紫色或粉红色，旗瓣长圆形，先端微凹，
中部缢缩，翼瓣长 7~10mm，瓣片狭长圆形，较瓣柄长，龙骨瓣较
翼瓣短，瓣片稍宽，近半圆形，与瓣柄近等长；子房有毛。荚果卵
状长圆形，扁平，先端有短喙，被白色伏贴毛。花果期 6~10 月。

- 分布与生境 喜生于砂质冲积土上。

- 用途 青鲜草牛羊喜食，可作牧草。

乌拉特黄芪 *Astragalus hoantchy* Franch.

- 别名　粗壮黄芪、乌拉特黄蓍、粗壮黄蓍。
- 形态特征　茎直立，高达 50cm。多分枝，有细棱，几无毛。羽状复叶有 17~25 小叶；托叶三角状披针形；小叶宽卵形或近圆形，先端平截或微凹，基部宽楔形或近圆。总状花序疏生花 12~15；花序梗长 10~20cm，几无毛，花序轴被黑色或混生白色长柔毛。苞片线状披针形，被黑色和白色长柔毛；花萼钟状，疏被褐色或混生白色长柔毛，萼齿线状披针形，被黑色长毛；花冠粉红色或紫白色，旗瓣宽倒卵形，瓣片窄长圆形，龙骨瓣弯月形；子房无毛，柱头被画笔状簇毛。荚果长圆形，两侧扁，长约 6cm，顶端喙状，基部渐窄，无毛，具网脉，假 2 室；果柄长达 2cm。种子褐色，近肾形，具凹窝。花期 5~6 月，果期 7~10 月。
- 分布与生境　生于海拔 1000~1500m 的山谷、水旁、滩地或山坡。
- 用途　本种可作黄蓍药用。

长毛荚黄芪 *Astragalus monophyllus* Maxim.

- 别名　三叶黄芪、长毛荚黄蓍。

- 形态特征　多年生草本，高 3~6cm，被白色伏贴长粗毛。茎极短缩，不明显。叶有 3 小叶，密集覆盖地表；叶柄长 1~4cm；托叶膜质，离生或下部与叶柄贴生，卵圆形，渐尖；小叶近无柄，宽卵形或近圆形，先端具短尖头，基部具短尖或近圆形，两面被白色伏贴粗毛。总状花序生 1~2 花；总花梗长约 1cm，生于基部叶腋；苞片膜质，卵状披针形，渐尖，被白色粗毛；花萼钟状管形，长 8~10mm，被白色开展的毛，萼齿狭披针形，长约为筒部长的 1/3；花冠淡黄色（干时），旗瓣倒披针形，翼瓣较旗瓣稍短，瓣片狭长圆形，龙骨瓣瓣片中部微内弯，与瓣柄等长或稍短；子房长圆柱状，密被白色长毛。荚果长圆形，膨胀，两端尖，密被白色长柔毛，假 2 室。种子小，深绿色。花期 4~5 月，果期 5~6 月。

- 分布与生境　生于干旱草原针茅群丛中和戈壁滩上。

了墩黄芪 *Astragalus pavlovii* B. Fedtsch. et Basil.

• 形态特征　多年生草本，被灰色伏贴短毛。主根伸长，顿部多分叉。茎直立，有分枝，高 15~20cm。羽状复叶有 5~7 片小叶；叶柄较叶轴短；托叶离生或基部合生，分离部分卵状三角形；小叶倒卵形或倒卵圆状椭圆形，先端微凹、圆钝或截平，基部楔形，叶面疏生短毛或近无毛，叶背毛较密；小叶柄长约 1mm。总状花序生 15~25 花，排列较密；总花梗腋生，与叶等长或稍长；苞片卵形；花梗较花萼短；花萼钟状，被灰白色短毛，萼齿狭三角形，长不及 1mm；花冠淡紫色，旗瓣倒卵状长圆形，翼瓣较旗瓣稍短，瓣片先端微凹，长为瓣柄的 1/2，龙骨瓣半圆形，先端微尖，瓣柄较瓣片短。荚果线状长圆形，成熟时淡栗褐色，光亮，具网纹，假 2 室。种子肾形，黑褐色。花果期 5~6 月。

• 分布与生境　生于海拔 1000~1500m 的戈壁荒漠。

荒漠黄芪 *Astragalus alaschanensis* H. C. Fu

• 形态特征 多年生草本，高
10~20cm。根粗壮，直伸，黄
褐色。茎极短缩，多数丛生，
被毡毛状半开展的白色毛。羽
状复叶有 11~27 片小叶；叶柄
较叶轴短；托叶基部与叶柄贴
生，上部卵状披针形，被浓密
的白色长毛；小叶宽椭圆形，
倒卵形或近圆形，先端钝圆，基部圆形或宽楔形，两面被开展的
白色毛。总状花序短缩，生多花，生于基部叶腋；苞片长圆形或
宽披针形，渐尖，被白色开展的毛；小苞片线形或狭披针形，长
为花萼的 1/2 或 1/3，被白色长毛；花萼管状，长 9~18mm，被毡
毛状白色毛，萼齿线形，长为萼筒的 1/2 或近等长；花冠粉红色
或紫红色，旗瓣长圆形或匙形，翼瓣较旗瓣短，瓣片较瓣柄短；
子房狭长圆形，有毛，花柱细长。荚果卵形或卵状长圆形，微膨
胀，先端渐尖成喙，基部圆形，密被白色长硬毛，薄革质，假 2
室。种子肾形或椭圆形，橘黄色。花期 5~6 月，果期 7~8 月。

• 分布与生境 生于荒漠区的沙荒地带。

柠条锦鸡儿 *Caragana korshinskii* Kom.

- 别名　柠条、白柠条、毛条。
- 形态特征　灌木，有时小乔状，高 1~4m。老枝金黄色，有光泽；嫩枝被白色柔毛。羽状复叶有 6~8 对小叶；托叶在长枝者硬化成针刺，宿存；叶轴长 3~5cm，脱落；小叶披针形或狭长圆形，先端锐尖或稍钝，有刺尖，基部宽楔形，灰绿色，两面密被白色伏贴柔毛。花梗密被柔毛，关节在中上部；花萼管状钟形，密被伏贴短柔毛，萼齿三角形或披针状三角形；花冠长 20~23mm，旗瓣宽卵形或近圆形，先端截平而稍凹，具短瓣柄，翼瓣瓣柄细窄，稍短于瓣片，耳短小，齿状，龙骨瓣具长瓣柄，耳极短；子房披针形，无毛。荚果扁，披针形，有时被疏柔毛。花果期 5~6 月。
- 分布与生境　生于半固定和固定沙地。常为优势种。
- 用途　优良固沙植物。

荒漠锦鸡儿 *Caragana roborovskyi* Kom.

- 别名 枯木要里、猫耳刺、洛氏锦鸡儿。

- 形态特征 灌木，高 0.3~1m，直立或外倾。由基部多分枝，老枝黄褐色，被深灰色剥裂皮；嫩枝密被白色柔毛。羽状复叶有

3~6 对小叶；托叶膜质，被柔毛，先端具刺尖；叶轴宿存，全部硬化成针刺，密被柔毛；小叶宽倒卵形或长圆形，先端圆或锐尖，具刺尖，基部楔形，密被白色丝质柔毛。花梗单生，关节在中部到基部，密被柔毛；花萼管状，密被白色长柔毛，萼齿披针形；花冠黄色，旗瓣有时带紫色，倒卵圆形，基部渐狭成瓣柄，翼瓣片披针形，瓣柄长为瓣片的 1/2，耳线形，龙骨瓣先端尖，瓣柄与瓣片近相等，耳圆钝，小；子房被密毛。荚果圆筒状，被白色长柔毛，先端具尖头，花萼常宿存。花果期 5~7 月。

- 分布与生境 生于干山坡、山沟、黄土丘陵、沙地。

- 用途 在灌丛草原群落中，为较好的饲草。

短脚锦鸡儿 *Caragana brachypoda* Pojark.

- 别名　矮脚锦鸡儿、好伊日格-哈日嘎纳。
- 形态特征　矮灌木，高 20~30cm。树皮黄褐色或灰褐色，剥裂，稍有光泽；小枝褐色或黄褐色，有条棱，短缩枝密。假掌状复叶有 4 片小叶；托叶在长枝者宿存并硬化成针刺；叶柄宿存并硬化成针刺；小叶倒披针形，先端锐尖，有短刺尖，基部渐狭，两面有短柔毛，灰绿色或绿色。花单生，花梗短粗，关节在中部以下或基部，被短柔毛；花萼管状，基部偏斜成囊状凸起，红紫色或带绿褐色，被粉霜或疏生短柔毛，萼齿卵状三角形或三角形；花冠黄色，旗瓣中部橙黄色或带紫色，倒卵形，先端微凹，基部渐狭成瓣柄，翼瓣与旗瓣近等长。荚果披针形，扁，先端渐尖。花果期 4~6 月。
- 分布与生境　生于半荒漠地带的山前平原、低山坡和固定沙地。
- 用途　春季嫩枝叶及花为较好的饲草；根粗壮，深长，为较好的水土保持植物。

狭叶锦鸡儿 *Caragana stenophylla* Pojark.

- 别名　红柠条、羊柠角、柠角、细叶锦鸡儿、母猪刺、皮溜刺。
- 形态特征　矮灌木，高 30~80cm。树皮灰绿色、黄褐色或深褐色；小枝细长，具条棱，嫩时被短柔毛。假掌状复叶有 4 片小叶；托叶在长枝者硬化成针刺，刺长 2~3mm；长枝上叶柄硬化成针刺，宿存，直伸或向下弯，短枝上叶无柄，簇生；小叶线状披针形或线形，两面绿色或灰绿色，常由中脉向上折叠。花梗单生，关节在中部稍下；花萼钟状管形，无毛或疏被毛，萼齿三角形，具短尖头；花冠黄色，旗瓣圆形或宽倒卵形，中部常带橙褐色，瓣柄短宽，翼瓣上部较宽，瓣柄长约为瓣片的 1/2，耳长圆形，龙骨瓣的瓣柄较瓣片长 1/2，耳短钝；子房无毛。荚果圆筒形。花果期 4~8 月。
- 分布与生境　生于沙地、低山阳坡。
- 用途　性耐干旱，为良好的固沙和水土保持植物。

藏锦鸡儿 *Caragana tibetica* Kom.

- 别名　垫状锦鸡儿、康青锦鸡儿、红毛刺。

- 形态特征　矮灌木，高 20~30cm，常呈垫状。老枝皮灰黄色或灰褐色，多裂；小枝密集，淡灰褐色，密被长柔毛。羽状复叶有 3~4 对小叶；托叶卵形或近圆形；叶轴硬化成针刺，宿存，淡褐色，无毛，嫩枝密被长柔毛，灰；小叶线形，先端尖，有刺尖，基部狭近无柄，密被灰白色长柔毛。花单生，近无梗；花萼管状；花冠黄色，长 22~25mm，旗瓣倒卵形，先端稍凹、瓣柄长约为瓣片的 1/2，翼瓣的瓣柄较瓣片等长或稍长，龙骨瓣的瓣柄较瓣片稍长，耳短小，齿状；子房密被柔毛。荚果椭圆形，外面密被柔毛，里面密被茸毛。花果期 5~8 月。

- 分布与生境　生于干山坡、沙地。

- 用途　中等饲用灌木，是半荒漠区黑白灾年份家畜的主要饲料之一。

草木樨 *Melilotus officinalis* (L.) Pall.

- 别名　黄花草木樨。
- 形态特征　二年生草本，高约40~250cm。茎直立，粗壮，多分枝，具纵棱。羽状三出复叶；托叶镰状线形，中央有 1 条脉纹，全缘或基部有 1 尖齿；小叶倒卵形、阔卵形、倒披针形至线形，边缘具不整齐疏浅齿，叶面无毛，粗糙，叶背散生短柔毛，顶生小叶稍大，具较长的小叶柄，侧小叶的小叶柄短。总状花序，腋生，具花 30~70 朵；苞片刺毛状；具花梗；萼钟形，萼齿三角状披针形；花冠黄色，旗瓣倒卵形，与翼瓣近等长，龙骨瓣稍短或 3 者均近等长；子房卵状披针形，胚珠 4~8 粒。荚果卵形，表面具凹凸不平的横向细网纹，棕黑色；有种子 1~2 粒，卵形，黄褐色，平滑。花果期 5~10 月。
- 分布与生境　生于山坡、河岸、路旁、砂质草地及林缘。
- 用途　耐碱牧草。

白花草木樨 *Melilotus albus* Medik.

- 别名　白甜车轴草、白香草木樨、白香草木蓿。

- 形态特征　一年生或二年生草本，高 70~200cm。茎直立，圆柱形，中空，多分枝。羽状三出复叶；托叶尖刺状锥形，全缘；叶柄比小叶短，纤细；小叶长圆形或倒披针状长圆形，边缘疏生

浅锯齿，叶面无毛，叶背被细柔毛，顶生小叶稍大，具较长小叶柄，侧小叶小叶柄短。总状花序，腋生，具花 40~100 朵；苞片线形；花梗短；萼钟形，微被柔毛，萼齿三角状披针形，短于萼筒；花冠白色，旗瓣椭圆形，稍长于翼瓣，龙骨瓣与翼瓣等长或稍短；子房卵状披针形，胚珠 3~4 粒。荚果椭圆形至长圆形，先端锐尖，具尖喙表面脉纹细，网状，棕褐色，熟后变黑褐色。种子 1~2 粒，卵形，棕色，表面具细瘤点。花果期 5~9 月。

- 分布与生境　生于田边、路旁荒地及湿润的沙地。

- 用途　饲料植物；观赏植物。

山竹子属

细枝岩黄芪 *Corethrodendron scoparium* (Fisch. et C. A. Mey.) Fisch. et Basiner

- 别名　细枝岩黄蓍、花棒、细枝岩黄耆、细枝山竹子。
- 形态特征　半灌木，高 80~300cm。茎直立，多分枝，幼枝绿色或淡黄绿色，被疏长柔毛，茎皮亮黄色，呈纤维状剥落。托叶卵状披针形。褐色干膜质，下部合生，易脱落。茎下部叶具小叶 7~11；小叶片灰绿色，线状长圆形或狭披针形，无柄或近无柄，先端锐尖，具短尖头，基部楔形，叶面被短柔毛或无毛，叶背被较密的长柔毛。总状花序腋生，上部明显超出叶，总花梗被短柔毛；花少数，外展或平展，疏散排列；苞片卵形；花萼钟状，被短柔毛；花冠紫红色，旗瓣倒卵形或倒卵圆形，顶端钝圆，微凹；子房线形，被短柔毛。荚果 2~4 节，节荚宽卵形，两侧膨大，具明显细网纹和白色密毡毛；种子圆肾形，淡棕黄色，光滑。花期 6~9 月，果期 8~10 月。
- 分布与生境　生于半荒漠的沙丘或沙地，荒漠前山冲沟中的沙地。
- 用途　优良的固沙植物；幼嫩枝叶为优良饲料；木材为经久耐燃的薪炭；花为优良的蜜源；种子为优良的精饲料和油料，含油约 10%。

羊柴 *Corethrodendron fruticosum* (Pall.) B. H. Choi et H. Ohashi *var. lignosum* (Trautv.) Y. Z. Zhao

- 别名　白花塔落岩黄芪、花塔落岩黄耆、塔落岩黄耆。
- 形态特征　半灌木或小半灌木，高 40~80cm。根系发达，主根深长。茎直立，多分枝，幼枝被灰白色柔毛；老枝外皮灰白色。托叶卵状披针形，棕褐色干膜质，基部合生；叶轴被短柔毛；小叶 11~19，被短柔毛，通常椭圆形或长圆形，基部楔形，两面被短柔毛。总状花序腋生，花序与叶近等高，花序轴被短柔毛，花 4~14 朵；具花梗，疏散排列；苞片三角状卵形；花萼钟状，被短柔毛，萼齿三角状，近等长，先端渐尖，长为萼筒的 1 半；花冠紫红色，旗瓣倒卵圆形，先端圆形，微凹，基部渐狭为瓣柄，翼瓣三角状披针形，等于或稍短于龙骨瓣的瓣柄，龙骨瓣等于或稍短于旗瓣；子房线形。荚果 2~3 节。种子肾形，黄褐色。花期 7~8 月，果期 8~9 月。
- 分布与生境　生于流沙地或半固定沙丘和沙地。
- 用途　耐干旱，繁殖力强，是一种良好的固沙植物和优良饲料；枝条是耐燃的薪炭。

胡枝子属

达乌里胡枝子 *Lespedeza davurica* (Laxm.) Schindl.

- 别名　牛筋子、牤牛茶、兴安胡枝子、牛枝子。
- 形态特征　小灌木，高达 1m，枝有短柔毛。3 小叶，顶生小叶披针状矩形，长 2~3cm，宽 0.7~1cm，先端圆钝，有短尖，基部圆形，叶面无毛，叶背密生短柔毛；托叶条形。总状花序腋生，短于叶，花梗无关节；无瓣花簇生于下部枝条之叶腋，小苞片条形；花萼浅杯状，萼齿 5，披针形，几乎与花瓣等长，有白色柔毛；花冠黄绿色，旗瓣矩圆形，长约 1cm，翼瓣较短，龙骨瓣长于翼瓣；子房有毛。荚果倒卵状矩形，长约 4mm，宽约 2.5mm，有白色柔毛。
- 分布与生境　生于山坡草丛中或海滨沙滩上。
- 用途　可作牧草。

牻牛儿苗科 Geraniaceae

牻牛儿苗属

牻牛儿苗 *Erodium stephanianum* Willd.

- 别名　太阳花。
- 形态特征　多年生草本，高通常 15~50cm。直根粗壮，少分枝。茎多数，仰卧或蔓生，具节，被柔毛。叶对生；托叶三角状披针形，分离，被疏柔毛，边缘具缘毛；基生叶和茎下部叶具长柄，被柔毛；叶片轮廓卵形或三角状卵形，基部心形，二回羽状深裂，小裂片卵状条形，叶面被疏伏毛，叶背被疏柔毛。伞形花序腋生，明显长于叶，总花梗被开展长柔毛和倒向短柔毛，每梗具 2~5 花；苞片狭披针形，分离，萼片矩圆状卵形，先端具长芒，被长糙毛，花瓣紫红色，倒卵形，先端圆形或微凹；雄蕊稍长于萼片，花丝紫色，被柔毛；雌蕊被糙毛，花柱紫红色。蒴果密被短糙毛。种子褐色，具斑点。花期 6~8 月，果期 8~9 月。
- 分布与生境　生于干山坡、农田边、砂质河滩地和草原凹地等。
- 用途　全草供药用，有祛风除湿和清热解毒之功效。

短喙牻牛儿苗 *Erodium tibetanum* Edgew.

- 别名 藏牻牛儿苗。
- 形态特征 一年生或二年生草本，高 2~6cm。茎短缩不明显或无茎。叶多数，丛生，具长柄；托叶披针形，密被柔毛；叶片卵形或宽卵形，先端钝圆，基部常心形，羽状深裂，裂片边缘具不规则钝齿，有时下部

裂片 2 回齿裂，叶面被短柔毛，叶背被毛较密。总花梗多数，基生，被短柔毛，每梗具 1~3 花或通常为 2 花；萼片长椭圆形，先端钝圆，具短尖头，密被灰色糙毛；花瓣紫红色，倒卵形，长为萼片的 2 倍，先端钝圆，基部楔形，雄蕊中部以下扩展成狭披针形；雌蕊密被糙毛。蒴果被短糙毛，内面基部被红棕色刚毛。种子平滑。花期 7~8 月，果期 8~9 月。

- 分布与生境 生于砂砾质河滩、山麓砂壤质潮湿冲积扇边缘。

白刺属

小果白刺 *Nitraria sibirica* Pall.

- 别名　白刺、西伯利亚白刺。
- 形态特征　灌木，高 0.5~1.5m。多分枝，枝铺散，弯，少直立。小枝灰白色，不孕枝先端刺针状。叶近无柄，在嫩枝上 4~6 片簇生，倒披针形，长 6~15mm，宽 2~5mm，先端锐尖或钝，基部渐窄成楔形，无毛或幼时被柔毛。聚伞花序长 1~3cm，被疏柔毛；萼片 5，绿色，花瓣黄绿色或近白色，矩圆形，长 2~3mm。果椭圆形或近球形，两端钝圆，长 6~8mm，熟时暗红色，果汁暗蓝色，带紫色，味甜而微咸；果核卵形，先端尖，长 4~5mm。花期 5~6 月，果期 7~8 月。
- 分布与生境　生于湖盆边缘沙地、盐渍化沙地、沿海盐化沙地。
- 用途　对湖盆和绿洲边缘沙地有良好的固沙作用；果入药健脾胃、助消化；枝、叶、果可做饲料。

白刺 *Nitraria roborowskii* Kom.

- 别名　唐古特白刺、酸胖。
- 形态特征　灌木，高 1~2m。多分枝，弯、平卧或开展；不孕枝先端刺针状；嫩枝白色。叶在嫩枝上 2~3（4）片簇生，宽倒披针形，长 18~30mm，宽 6~8mm，先端圆钝，基部渐窄成楔形，全缘，稀先端齿裂。花排列较密集。核果卵形，有时椭圆形，熟时深红色，果汁玫瑰色，长 8~12mm，直径 6~9mm。果核狭卵形，长 5~6mm，先端短渐尖。花期 5~6 月，果期 7~8 月。
- 分布与生境　生于荒漠和半荒漠的湖盆沙地、河流阶地、山前平原积沙地、有风积沙的黏土地。
- 用途　果入药可治胃病；枝、叶、果可做家畜饲料；优良的固沙植物。

泡泡刺　*Nitraria sphaerocarpa* Maxim.

- **别名**　膜果白刺、球果白刺。
- **形态特征**　灌木。枝平卧，长 25~50cm，弯，不孕枝先端刺针状，嫩枝白色。叶近无柄，2~3 片簇生，条形或倒披针状条形，全缘，长 5~25mm，宽 2~4mm，先端稍锐尖或钝。花序长 2~4cm，被短柔毛，黄灰色；花梗长 1~5mm；萼片 5，绿色，被柔毛；花瓣白色，长约 2mm。果未熟时披针形，

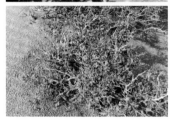

先端渐尖，密被黄褐色柔毛，成熟时外果皮干膜质，膨胀成球形，果径约 1cm；果核狭纺锤形，长 6~8mm，先端渐尖，表面具蜂窝状小孔。花期 5~6 月，果期 6~7 月。
- **分布与生境**　生于戈壁、山前平原和砾质平坦沙地，极耐干旱。
- **用途**　灌木饲料；重要的防风固沙植物；果味酸甜可食，果核可榨油。

骆驼蓬科 Peganaceae

骆驼蓬属

骆驼蓬 *Peganum harmala* L.

● 形态特征 多年生草本，高 30~70cm，无毛。根多数，粗达 2cm。茎直立或开展，由基部多分枝。叶互生，卵形，全裂为 3~5 条形或披针状条形裂片，裂片长 1~3.5cm，宽 1.5~3mm。花单生枝端，与叶

对生；萼片 5，裂片条形，长 1.5~2cm，有时仅顶端分裂；花瓣黄白色，倒卵状矩圆形，长 1.5~2cm，宽 6~9mm；雄蕊 15，花丝近基部宽展；子房 3 室，花柱 3。蒴果近球形，种子三棱形，稍弯，黑褐色，表面被小瘤状突起。花期 5~6 月，果期 7~9 月。

● 分布与生境 生于荒漠地带干旱草地、绿洲边缘轻盐渍化沙地、壤质低山坡或河谷沙丘。

● 用途 种子可做红色染料；榨油可供轻工业用；全草入药治关节炎，又可做杀虫剂；叶子揉碎能洗涤泥垢，代肥皂用。

多裂骆驼蓬 *Peganum multisectum* (Maxim.) Bobrov

- 别名　匐根骆驼蓬。
- 形态特征　多年生草本，嫩时被毛。茎平卧，长 30~80cm。叶二至三回深裂，基部裂片与叶轴近垂直，裂片长 6~12mm，宽 1~1.5mm。萼片 3~5 深裂。花瓣淡黄色，倒卵状矩圆形，长 10~15mm，宽 5~6mm；雄蕊 15，短于花瓣，基部宽展。蒴果近球形，顶部稍平扁。种子多数，略成三角形，长 2~3mm，稍弯，黑褐色，表面有小瘤状突起。花期 5~7 月，果期 6~9 月。
- 分布与生境　生于半荒漠带沙地、黄土山坡、荒地。
- 用途　药用植物；荒漠化防治良种。

匍根骆驼蓬 *Peganum nigellastrum* Bunge

• 形态特征 多年生草本，高 10~25cm，全株密被短硬毛。茎直立或开展，由基部多分枝，叶近肉质，二至三回羽状全裂，小裂片条形，先端渐尖，托叶披针形。花较大，单生于分枝顶端或叶腋，萼片5，披针形，各具 5~7 条状裂片，花瓣 5，白色或淡黄色，雄蕊 15，花丝基部加宽，子房 3 室。蒴果近球形，成熟时黄褐色，3 瓣裂。种子黑褐色，纺锤形，表面具小疣状突起。

• 分布与生境 生于居民点附近、水井旁、路边、白刺堆间、芨芨草草丛中。

• 用途 全草与种子均可入药；种子可榨油；低等饲用植物、蜜源植物、防风固沙植物。

蒺藜科 **Zygophyllaceae**

霸王属

霸王 *Sarcozygium xanthoxylon* Bunge

- 别名 木霸王、霸王柴。
- 形态特征 灌木，高 50~100cm。枝弯曲，开展，皮淡灰色，木质部黄色，先端具刺尖，坚硬。叶在老枝上簇生，幼枝上对生；叶柄长 8~25mm；小叶 1 对，长匙形，狭矩圆形或条形，长 8~24mm，宽 2~5mm，先端圆钝，基部渐狭，肉质，花生于老枝叶腋；萼片 4，倒卵形，绿色，长 4~7mm；花瓣 4，倒卵形或近圆形，淡黄色，长 8~11mm；雄蕊 8，长于花瓣。蒴果近球形，长 18~40mm，翅宽 5~9mm，常 3 室，每室有 1 种子。种子肾形，长 6~7mm，宽约 2.5mm。花期 4~5 月，果期 7~8 月。
- 分布与生境 生于荒漠和半荒漠的砂砾质河流阶地、低山山坡、碎石低丘和山前平原。
- 用途 干旱荒山造林的先锋树种之一；中等饲用植物；根具药用价值；其干枯枝条可作烧柴。

驼蹄瓣 *Zygophyllum fabago* L.

- 别名　豆型霸王。
- 形态特征　多年生草本，高 30~80cm。根粗壮。茎多分枝，枝条开展或铺散，光滑，基部木质化。托叶革质，卵形或椭圆形，长 4~10mm，绿色，茎中部以下托叶合生，上部托叶较小，披针形，分离；叶柄显著短于小叶；小叶 1 对，倒卵形、矩圆状倒卵形，长 15~33mm，宽 6~20cm，质厚，先端圆形。花腋生；花梗长 4~10mm；萼片卵形或椭圆形，长 6~8mm，宽 3~4mm，先端钝，边缘为白色膜质；花瓣倒卵形，与萼片近等长，先端近白色，下部橘红色；雄蕊长于花瓣，长 11~12mm，鳞片矩圆形，长为雄蕊之半。蒴果矩圆形或圆柱形，长 2~3.5cm，宽 4~5mm，5 棱，下垂。种子多数，长约 3mm，宽约 2mm，表面有斑点。花期 5~6，果期 6~9 月。
- 分布与生境　生于冲积平原、绿洲、湿润沙地和荒地。

蝎虎驼蹄瓣 *Zygophyllum mucronatum* Maxim.

- 别名　草霸王、鸡大腿、念念、蝎虎草、蝎虎霸王。
- 形态特征　多年生草本，高 15~25cm。根木质。茎多数，多分枝，细弱，平卧或开展，具沟棱和粗糙皮刺。托叶小，三角状，边缘膜质，细条裂；叶柄及叶轴具翼，翼扁平，有时与小叶等宽；小叶 2~3 对，条形或条状矩圆形，顶端具刺尖，基部稍钝。花 1~2 朵腋生，具花梗；萼片 5，狭倒卵形或矩圆形；花瓣 5，倒卵形，稍长于萼片，上部近白色，下部橘红色，基部渐窄成爪；雄蕊长于花瓣，花药矩圆形，橘黄色，鳞片长达花丝之半。蒴果披针形、圆柱形，稍具 5 棱，先端渐尖或锐尖，下垂，5 心皮，每室有 1~4 种子。种子椭圆形或卵形，黄褐色，表面有密孔。花期 6~8 月，果期 7~9 月。
- 分布与生境　我国特有种。生于低山山坡、山前平原、冲积扇、河流阶地、黄土山坡。

石生驼蹄瓣　*Zygophyllum rosowii* Bunge.

- 别名　若氏霸王、石生霸王。
- 形态特征　多年生草本，高达15cm。根木质，径达3cm；茎基部多分枝，开展，无毛；托叶离生，卵形，长2~3mm，白色膜质，叶柄长2~7mm；小叶1对，卵形，长0.8~1.8cm，宽5~8mm，绿色，先端钝或圆；花1~2腋生；花梗长5~6mm；萼片椭圆形或倒卵状长圆形，长5~8mm，边缘膜质；花瓣倒卵形，与萼片近等长，先端圆，白色，下部橘红色，具爪；雄蕊长于花瓣，橙黄色，鳞片长圆形；蒴果条状披针形，长1.8~2.5cm，宽约5mm，先端渐尖，稍弯或镰状弯曲，下垂；种子灰蓝色，长圆状卵形；花期4~6月，果期6~7月。
- 分布与生境　生于砾石小山、冲积砾石斜坡、岩石的陡坡、个砾砂的岩石区。

大花驼蹄瓣 *Zygophyllum potaninii* Maxim.

- 别名 大花霸王。
- 形态特征 多年生草本，高 10~25cm。茎直立或开展，由基部多分枝，粗壮。托叶草质，合生，宽短，长约 3mm，边缘膜质；叶柄长 3~8mm，叶轴具翼；小叶 1~2 对，斜倒卵形，椭圆或近圆形，长 1~2.5cm，宽 0.5~2cm，肥厚。花梗短于萼片，花后伸长；花 2~3 朵腋生，下垂；萼片倒卵

形，稍黄色，长 6~11mm，宽 4~5mm；花瓣白色，下部橘黄色，匙状倒卵形，短于萼片；雄蕊长于萼片，鳞片条状椭圆形，长为花丝之半。蒴果下垂，卵圆状球形或近球形，长 15~25mm，宽 15~26mm，具 5 翅，翅宽 5~7mm，每室有种子 4~5 粒。种子斜卵形，长约 5mm，宽约 3mm。花期 5~6 月，果期 6~8 月。

- 分布与生境 生于砾质荒漠、石质低山坡，极耐干旱。

粗茎驼蹄瓣 *Zygophyllum loczyi* Kanitz

- 别名 粗茎霸王。
- 形态特征 一年生或二年生草本，高 5~25cm。茎开展或直立，由基部多分枝。托叶膜质或草质，上部的托叶分离，三角状，基部的结合为半圆形；叶柄短于小叶，具翼；茎上部的小叶常 1 对，中下部的 2~3 对，椭圆形或斜倒卵形，长 6~25mm，宽 4~15mm，先端圆钝。花梗长 2~6mm，1~2 腋生；萼片 5，椭圆形，长 5~6mm，绿色，具白色膜质缘；花瓣近卵形，橘红色，边缘白色，短于萼片或近等长；雄蕊短于花瓣。蒴果圆柱形，长 16~25mm，宽 5~6mm，先端锐尖或钝，果皮膜质。种子多数，卵形，长 3~4mm，先端尖，表面密被凹点。花期 4~7 月，果期 6~8 月。
- 分布与生境 生于低山、洪积平原、砾质戈壁、盐化沙地，海拔 1000~1500m。

蒺藜属

蒺藜 *Tribulus terrestris* L.

- 别名 白蒺藜、刺蒺藜。

- 形态特征 一年生草本，平卧，无毛，被短柔毛，或糙硬毛。枝 20~60 cm。叶对生，偶数羽状，1.5~5 cm，有 6~16 小叶；小叶叶片长圆形到斜长圆形，长 5~10mm，宽 2~5 mm，基部稍偏斜，边缘全缘，先端锐尖到钝。花直径约 1cm。萼片宿存；雄蕊着生在花盘的基部，具鳞片状附属物。子房具 5 角，5 室，每室具 3 或 4 胚珠；柱头 5 深裂。分果 4~6mm，质地硬，具短柔毛或无毛，具 5 心皮，心皮中部边缘具 4~6mm 的 2 枚硬刺，表面具刺或具皮刺。花期 5~8 月，果期 6~9 月。

- 分布与生境 生于多沙地区、荒地、山腰、居民区。
- 用途 青鲜时可作饲料；果入药能平肝明目、散风行血。

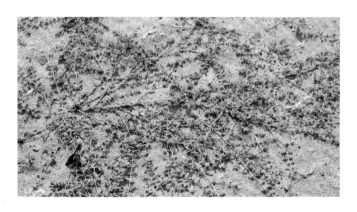

四合木 *Tetraena mongolica* Maxim.

- 别名　油柴。
- 形态特征　灌木，高 40~80cm。
茎由基部分枝，老枝弯曲，黑紫
色或棕红色、光滑，1 年生枝黄白
色，被叉状毛。托叶卵形，膜质，
白色；叶近无柄，老枝叶近簇生，
当年枝叶对生；叶片倒披针形，先端锐尖，有短刺尖，两面密被
伏生叉状毛，呈灰绿色，全缘。花单生于叶腋，花梗长 2~4mm；
萼片 4，卵形，表面被叉状毛，呈灰绿色；花瓣 4，白色；雄
蕊 8，2 轮，外轮较短，花丝近基部有白色膜质附属物，具花盘；
子房上位，4 裂，被毛，4 室。果 4 瓣裂，果瓣长卵形或新月形，
两侧扁，灰绿色，花柱宿存。种子矩圆状卵形，表面被小疣状突
起，无胚乳。花期 5~6 月，果期 7~8 月。
- 分布与生境　生于草原化荒漠黄河阶地、低山山坡。常为建群种。
- 用途　本种是研究古生物、古地理及全球变化的极好素材，是
植物中的大熊猫，受到国内外学术界高度重视。
- 保护等级　国家二级保护野生植物。

芸香科 **Rutaceae**

拟芸香属

北芸香 *Haplophyllum dauricum* (L.) G. Don

- 别名　假芸香、草芸香。
- 形态特征　多年生宿根草本。茎的地下部分颇粗壮，木质，地上部分的茎枝甚多，密集成束状或松散，小枝细长，初时被短细毛且散生油点。叶狭披针形至线形，两端尖，位于枝下部的叶片较小，通常倒披针形或倒卵形，灰绿色，厚纸质。伞房状聚伞花序，顶生，通常多花，很少为 3 花的聚伞花序；苞片细小，线形；萼片 5，基部合生，边缘被短柔毛；花瓣 5，黄色，边缘薄膜质，淡黄色或白色，长圆形，散生半透明颇大的油点；雄蕊 10；子房球形而略伸长，3 室，稀 2 或 4 室。成熟果自顶部开裂，在果柄处分离而脱落，每分果瓣有 2 粒种子，种子肾形，褐黑色。花期 6~7 月，果期 8~9 月。
- 分布与生境　生于低海拔山坡、草地或岩石旁。
- 用途　饲用植物。

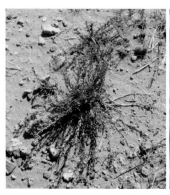

苦木科 **Simaroubaceae**

臭椿属

臭椿 *Ailanthus altissima* (Mill.) Swingle.

- 形态特征 落叶乔木。树皮平滑而有直纹；嫩枝有髓，幼时被黄色柔毛，后脱落。奇数羽状复叶，有小叶 13~27；小叶对生或近对生，纸质，卵状披针形，先端长渐尖，基部偏斜，截形或稍圆，两侧各具 1 或 2 个粗锯齿，齿背有腺体 1 个，叶面深绿色，叶背灰绿色，

柔碎后具臭味。圆锥花序；花淡绿色，花梗长 1~2.5mm；萼片 5，覆瓦状排列，裂片长 0.5~1mm；花瓣 5，长 2~2.5mm，基部两侧被硬粗毛；雄蕊 10，花丝基部密被硬粗毛，雄花花丝长于花瓣，雌花花丝短于花瓣；花药长圆形；心皮 5，花柱黏合，柱头 5 裂。翅果长椭圆形；种子位于翅中间，扁圆形。花期 4~5 月，果期 8~10 月。
- 分布与生境 生于乌兰布和沙漠城乡街道绿化带。
- 用途 木材纹理细质坚耐水，供桥梁、家具用材；茎皮纤维制人造棉和绳索；茎皮含树胶；叶可饲椿蚕；种子含脂肪油 30%~35%；根含苦楝素、脂肪油及鞣质。

远志属

细叶远志 *Polygala tenuifolia* Willd.

- 形态特征 多年生草本，高 15~50cm。主根粗壮，韧皮部肉质，浅黄色。茎多数丛生，直立或倾斜，具纵棱槽，被短柔毛。单叶互生，纸质，线形至线状披针形，全缘，反卷，主脉叶面凹陷，叶背隆起。总状花序呈扁侧状生于小枝顶端，细弱，通常略俯垂，稀疏；苞片 3，披针形，早落；萼片 5，宿存；花瓣 3，紫色，侧瓣斜长圆形，基部与龙骨瓣合生，基部内侧具柔毛，龙骨瓣较侧瓣长，具流苏状附属物；雄蕊 8，花丝 3/4 以下合生成鞘，具缘毛，3/4 以上两侧各 3 枚合生，中间 2 枚分离，花丝具狭翅，花药长卵形；子房扁圆形，顶端微缺，花柱弯曲。蒴果圆形，顶端微凹，具狭翅；种子卵形，黑色，密被白色柔毛，具发达、2 裂下延的种阜。花果期 5~9 月。
- 分布与生境 生于草原、山坡草地、灌丛中以及杂木林下。
- 用途 根皮入药，具益智安神、散郁化痰的功效。

大戟科 **Euphorbiaceae**

大戟属

地锦草 *Euphorbia humifusa* Willd.

- 别名　田代氏大戟、铺地锦。
- 形态特征　一年生草本。根纤细，长 10~18cm，直径 2~3mm，常不分枝。茎匍匐，自基部以上多分枝，偶尔先端斜向上伸展，基部常红色或淡红色。叶对生，矩圆形或椭圆形，先端钝圆，基部偏斜，略渐狭，边缘常于中部以上具细锯齿；叶面绿色，叶背淡绿色，有时淡红色，两面被疏柔毛；叶柄极短。

花序单生于叶腋，基部具 1~3mm 的短柄；总苞陀螺状，边缘 4 裂，裂片三角形；腺体 4，矩圆形，边缘具白色或淡红色附属物。雄花数枚，近与总苞边缘等长；雌花 1 枚，子房柄伸出至总苞边缘；子房三棱状卵形；花柱 3，分离；柱头 2 裂。蒴果三棱状卵球形，成熟时分裂为 3 个分果片，花柱宿存。种子三棱状卵球形，灰色，每个棱面无横沟，无种阜。花果期 5~10 月。

- 分布与生境　生于原野荒地、路旁、田间、沙丘、山坡等地。
- 用途　全草入药，有清热解毒、利尿、通乳、止血及杀虫的功效。

乳浆大戟 *Euphorbia esula* L.

- 别名　华北大戟、烂疤眼、猫眼草。
- 形态特征　多年生草本，高 15~40cm，有白色乳汁。茎直立，有纵条纹，下部带淡紫色。短枝或营养枝上的叶密生，条形，长 1.5~3cm；长枝或生花的茎上的叶互生，倒披针形或条状披针形，顶端圆钝微凹或具凸尖。总花序多歧聚伞状，顶生，通常 5 伞梗呈伞状，每伞梗再二至三回分叉；苞片对生，宽心形，顶端短骤凸。杯状花序；总苞顶端 4 裂；腺体 4，位于裂片之间，新月形而两端呈短角状。蒴果无毛；种子长约 2mm，灰褐色或有棕色斑点。花果期 5~10 月。
- 分布与生境　生于草丛中下、沟边、荒山。
- 用途　全草入药，可拔毒止痒。

漆树科　**Anacardiaceae**

盐肤木属

火炬树　*Rhus typhina* L.

- 形态特征　小乔木。小枝、叶轴、花序轴皆密被淡褐色茸毛和腺体。奇数羽状复叶；小叶 11~13 片，对生，矩圆状披针形，先端渐尖，基部倒心形，边缘具锯齿，有疏缘毛，叶背被疏毛，沿脉毛较密；叶基覆盖叶轴。花雌雄异株；圆锥花序密集，顶生，长 7~20cm，宽 4~8cm，苞片密被长柔毛，雌花序变为深红色；雄花萼片条状披针形，具毛，花瓣矩圆形，先端兜状，有退化雄蕊；雌花萼片条形或条状披针形，具深色长柔毛，果期宿存，花瓣条状矩圆形，先端兜状，子房圆球形，被短毛，花柱 3，柱头头状，有退化雄蕊。核果球形，外面密被深红色长单毛和腺点。种子 1 粒。花期 5~7 月，果期 8~9 月。
- 分布与生境　生于巴彦高勒镇南湖湿地绿化带。
- 用途　庭院绿化树种；荒漠草原地区优良的防风固沙、水土保持树种。

卫矛属

白杜 *Euonymus* maackii Rupr.

- 别名　桃叶卫矛、明开夜合、丝绵木。

- 形态特征　落叶灌木或小乔木，高可达 6m。叶对生，卵状椭圆形、卵圆形或窄椭圆形，长 4~8cm，宽 2~5cm，先端长渐尖，基部阔楔形或近圆形，边缘具细锯齿，有时极深而锐利；叶柄通常细长，常为叶片的 1/4~1/3，但有时较短。聚伞花序 3 至多花，花序梗略扁，长 1~2cm；花 4 数，淡白绿色或黄绿色，直径约 8mm；小花梗长 2.5~4mm；雄蕊花药紫红色，花丝细长，长 1~2mm。蒴果倒圆心状，4 浅裂，长 6~8mm，直径 9~10mm，成熟后果皮粉红色；种子长椭圆状，长 5~6mm，直径约 4mm，种皮棕黄色，假种皮橙红色，全包种子，成熟后顶端常有小口。花期 5~6 月，果期 9 月。

- 分布与生境　生于固定沙丘、硬梁地、山坡和草地。

- 用途　常作为庭院观赏树种；木材供器具和雕刻用；根皮可入药。

文冠果属

文冠果 *Xanthoceras sorbifolia* Bunge

- 别名　文冠树、木瓜、文冠花、崖木瓜、文光果。
- 形态特征　落叶灌木或小乔木，高 2~8m。小枝粗壮，褐红色。奇数羽状复叶长 15~30cm，互生；小叶 9~19，膜质或纸质，披针形或近卵形，两侧稍不对称，顶端渐尖，基部楔形，边缘有锐利锯齿，顶生小叶通常 3 深裂，叶面深绿色，叶背鲜绿色，嫩时被茸毛和成束的星状毛；侧脉纤细，两面略凸起。花序先叶或与叶同时抽出，两性花的花序顶生，雄花序腋生，直立，总花梗基部常有残存芽鳞；花瓣白色，基部紫红色或黄色，有清晰的脉纹，爪之两侧有须毛；花盘的角状附属体橙黄色；雄蕊长约 1.5cm，花丝无毛；子房被灰色茸毛。蒴果长达 6cm；种子长达 1.8cm，黑色而有光泽。花期 4~5 月，果期 7~8 月。
- 分布与生境　生于砂质土壤，野生于丘陵、山坡等处。
- 用途　优良的木本油料树种。

枣属

酸枣　*Ziziphus jujuba* Mill. var. *spinosa* (Bunge) Hu ex H. F. Chow

- 别名　角针、酸枣树、棘。
- 形态特征　本变种常为灌木。叶较小，核果小，近球形或短矩圆形，直径 0.7~1.2cm，具薄的中果皮，味酸，核两端钝，与枣（原变种）显然不同。花期 6~7 月，果期 8~9 月。
- 分布与生境　常生于向阳、干燥山坡、丘陵、岗地或平原。
- 用途　仁入药，有镇定安神之功效；果肉含有丰富的维生素 C，生食或制作果酱；蜜源植物；枝具锐刺，常用作绿篱。

锦葵科 **Malvaceae**

木槿属

野西瓜苗 *Hibiscus trionum* L.

- 别名　小秋葵、灯笼花、香铃草。
- 形态特征　一年生草本。直立或平卧，高 25~70cm，茎柔软，被白色星状粗毛。叶二型，下部叶圆形，不分裂，上部叶掌状 3~5 深裂，中裂片较长，两侧裂片较短，裂片倒卵形至长圆形，常羽状全裂，上被粗硬毛，下被星状粗刺毛；托叶线形，被星状粗硬毛。花单生于叶腋，被星状粗硬毛；小苞片 12，线形，被粗长硬毛；花萼钟形，淡绿色，被粗长硬毛或星状粗长硬毛；裂片 5，膜质，三角形，具纵向紫色条纹；花淡黄色，基部紫色，花瓣 5，倒卵形；花丝纤细，花药黄色；花柱枝 5，无毛。蒴果长圆状球形，被粗硬毛，果皮薄，黑色。种子肾形，黑色，具腺状突起。花期 6~10 月，果期 7~10 月。
- 分布与生境　生于丘陵或田坪，处处有之，是常见的田间杂草。
- 用途　全草和果实、种子药用，治烫伤、烧伤、急性关节炎等。

蜀葵 *Alcea rosea* L.

- 别名　棋盘花、麻秆花、一丈红。
- 形态特征　二年生直立草本，高达 2m。茎枝密被刺毛。叶近圆心形，掌状 5~7 浅裂或波状棱角，裂片三角形或圆形，叶面疏被星状柔毛，粗糙，叶背被星状长硬毛或茸毛；叶柄被星状长硬毛；托叶卵形，先端具 3 尖。花腋生，单生或近簇生，排列成总状花序式，具叶状苞片，花梗被星状长硬毛；小苞片杯状，常 6~7 裂，裂片卵状披针形，密被星状粗硬毛，基部合生；萼钟状，5 齿裂，裂片卵状三角形，密被星状粗硬毛；花大，有红、紫、白、粉红、黄和黑紫等色，单瓣或重瓣，花瓣倒卵状三角形；雄蕊无毛；花柱分枝多数，微被细毛。果盘状，被短柔毛。花期 2~8 月。
- 分布与生境　广泛生于城镇及农村居民院落。
- 用途　全草入药，有清热止血、消肿之功效。

苘麻 *Abutilon theophrasti* Medikus

- 别名 青麻、孔麻、塘麻。
- 形态特征 一年生亚灌木状草本，高达 1~2m。茎枝被柔毛。叶互生，圆心形，长 5~10cm，先端长渐尖，基部心形，边缘具细圆锯齿，两面均密被星状柔毛；叶柄长 3~12cm，被星状细柔毛；托叶早落。花单生于叶腋，花梗长 1~13cm，被柔毛，近顶端具节；花萼杯状，密被短茸毛，裂片 5，卵形，长约 6mm；花黄色，花瓣倒卵形，长约 1cm；雄蕊柱平滑无毛，心皮 15~20，长 1~1.5cm，顶端平截，具扩展、被毛的长芒 2，排列成轮状，密被软毛。蒴果半球形，直径约 2cm，长约 1.2cm，分果片 15~20，被粗毛，顶端具长芒 2；种子肾形，褐色，被星状柔毛。花期 7~8 月。
- 分布与生境 常见于路旁、荒地和田野间。
- 用途 茎皮纤维色白，具光泽，可编织麻袋、搓绳索、编麻鞋等；种子含油量 15%~16%，供制皂、油漆和工业用润滑油；种子作药用称"冬葵子"，润滑性利尿剂，并有通乳汁、消乳腺炎、顺产等功效；全草也作药用。

红砂属

红砂 *Reaumuria soongarica* (Pall.) Maxim.

- 别名　枇杷柴。
- 形态特征　小灌木，高达 30~70cm。树皮不规则薄片剥裂，多分枝，老枝灰褐色。叶肉质，短圆柱形，鳞片状，上部稍粗，微弯，先端钝，灰蓝绿色，具点状泌盐腺体，常 4~6 枚簇生短枝。花单生叶腋，无梗，径约 4mm；苞片 3，披针形；花萼钟形，5裂，裂片三角形，被腺点；花瓣 5，白色略带淡红，内侧具 2 倒披针形附属物，薄片状；雄蕊 6~8(12)，分离，花丝基部宽，几乎与花瓣等长；子房椭圆形，花柱 3，柱头窄长。蒴果纺锤形或长椭圆形，具 3 棱，3(4) 瓣裂，常具 3~4 种子。种子长圆形，全被淡褐色长毛。花期 7~8 月，果期 8~9 月。
- 分布与生境　生于山间盆地、山前冲积及洪积平原、湖岸盐碱地、戈壁、砂砾山坡。
- 用途　荒漠地带重要建群种，可供放牧羊和骆驼。

长叶红砂 *Reaumuria trigyna* Maxim.

- 别名　黄花枇杷柴、黄花红砂。

- 形态特征　小半灌木，高 10~30cm。多分枝，小枝略开展，老枝灰黄色或褐灰白色，树皮片状剥裂；当年生枝由老枝发出，纤细，光滑，淡绿色。叶肉质，常 2~5 枚簇生，半圆柱状线形，向上部稍变粗，先端钝，基部渐变狭，干后弓曲。花单生叶腋（大多实为单生于小枝之顶），5 数；花梗纤细；苞片约 10，宽卵形，短突尖，覆瓦状排列，与花萼密接，较萼短或几乎等大；萼片 5，基部合生，与苞片同形；花瓣在花芽内旋转，黄色，长圆状倒卵形，略偏斜，内面下半部有两片鳞片状附属物；雄蕊 15，花丝钻    形；子房卵圆形至倒卵圆形，花柱 3，稀 4~5，长于子房，宿存。蒴果长圆形，3 瓣裂。

- 分布与生境　生于草原化荒漠的砂砾地、石质及土石质干旱山坡。

细穗柽柳 *Tamarix leptostachya* Bunge

- 形态特征　灌木，高 1~6m。当年的生长枝灰紫色或红色。生长枝的叶狭卵形或卵状披针形，基部稍下延，半抱茎，先端锐尖；营养枝的叶狭卵形或卵状披针形，基部下延，先端锐尖。总状花序长卵状，在当年枝上簇生至顶生，大而密，球形或卵圆锥状；上升苞片钻形，等长于花梗或花萼；花 5 瓣，小；萼片卵形，边缘狭膜质，先端渐尖；花瓣紫色、红色或粉红色，倒卵形，长约花萼 2 倍，早落；花盘 5 裂，偶有再分成 10 小裂片；雄蕊 5，对生于萼片；花丝外露，基部膨大，着生在花盘裂片先端，雄蕊着生在裂片之间；花药心形，不具细尖；子房圆锥形；花柱 3；蒴果。花期 6~7 月。

- 分布与生境　生于荒漠地区盆地下游的潮湿和松陷盐土、丘间低地、河湖沿岸、河漫滩和灌溉绿洲的盐土上。

- 用途　本种为最美丽多花的柽柳，花色艳丽，因而是荒漠盐土绿化造林的良好树种；也可作薪柴之用。

甘蒙柽柳 *Tamarix austromongolica* Nakai

- 形态特征　灌木或乔木，高1.5~6m。树干和老枝栗红色，枝直立，幼枝及嫩枝质硬直伸。叶灰蓝绿色，木质化生长枝上基部叶阔卵形，上部叶卵状披针形，先端均呈尖刺状，基部向外鼓胀；绿色嫩枝上的叶长圆形或长圆状披针形，基部亦向外鼓胀。总状花序侧生于去年生木质化枝上，密集，苞叶宽卵形，蓝绿色；苞片线状披针形，浅白色或带紫蓝绿色；当年生幼枝顶形成大型圆锥花序；花5数；萼片5，卵形，绿色；花瓣5，倒卵状长圆形，淡紫红色，顶端向外反折，花后宿存；花盘5裂，顶端微缺，紫红色；雄蕊5；花丝丝状，着于花盘裂片间，花药红色；子房三棱状卵圆形，红色；柱头3。蒴果长圆锥形。花期5~9月。

- 分布与生境　生于盐渍化河漫滩及冲积平原、盐碱沙荒地及灌溉盐碱地边。

- 用途　黄河中游半干旱和半湿润地区、黄土高原及山坡的主要水土保持林树种；枝条坚韧，为编筐原料。

短穗柽柳 *Tamarix laxa* Willd.

- 形态特征 灌木，高 1.5~3m。树皮灰色，幼枝灰色、淡红灰色或棕褐色，小枝短而直伸，脆而易折断。叶黄绿色，披针形，渐尖或急尖，边缘狭膜质。总状花序侧生在去年生的老枝上，早春绽放，稀疏；苞片卵形，长椭圆形，先端钝，边缘膜质，淡棕色或淡绿色；花 4 数；萼片 4，卵形，渐尖，边缘宽膜质；花瓣 4，粉红色，略呈长圆状椭圆形至长圆状倒卵形，充分开展，花后脱落；花盘 4 裂，肉质，暗红色；雄蕊 4，花丝基部变宽，生花盘裂片顶端（假顶生），花药红紫色，钝；花柱 3，顶端有头状之柱头。蒴果狭，草质。花期 4~5 月。偶见秋季二次在当年枝开少量的花，秋季花 5 数。

- 分布与生境 生于荒漠河流阶地、湖盆和沙丘边缘，土壤强盐渍化的盐土上。

- 用途 荒漠地区盐碱、沙地的优良固沙造林绿化树种；优良饲用植物。

多枝柽柳 *Tamarix ramosissima* Ledeb.

- 别名　红柳。

- 形态特征　灌木或小乔木，高
1~6m。老杆和老枝树皮暗灰色，
当年生木质化枝淡红色或橙黄色，
长而直伸，有分枝。木质化生长枝
上的叶披针形，基部短，半抱茎，
微下延；营养枝上的叶短卵圆形，急尖，略向内倾，半抱茎，下
延。总状花序生在当年生枝顶，集成顶生圆锥花序；苞片披针
形、卵状披针形或条状钻形，卵状长圆形，渐尖；花5数；花萼
广椭圆状卵形，边缘窄膜质，具不规则齿牙；花瓣粉红色或紫
色，倒卵形，顶端微缺，直伸，靠合，形成闭合的酒杯状花冠，
宿存；花盘5裂，裂片顶端有凹缺；雄蕊5，花丝基部不变宽，
着生在花盘裂片间；子房锥形瓶状具三棱；花柱3，棍棒状。蒴
果三棱圆锥形瓶状。花期5~9月。

- 分布与生境　生于河漫滩、河谷阶地上，砂质和黏土质盐碱化
的平原上，沙丘上。

- 用途　沙漠地区和盐碱地上绿化造林的优良树种；枝条编筐
用，2、3年生枝可制杈齿、编糖，粗枝可用作农具把柄；嫩枝
叶是羊和骆驼的良好饲料。

密花柽柳 *Tamarix arceuthoides* Bunge

- 形态特征　灌木或小乔木，高 2~5m。老枝树皮浅红黄色或淡灰色，小枝树皮红紫色。绿色营养枝鲜绿色；木质化生长枝上的叶长卵形；总状花序主要生在当年生枝条上，花小而着花极密；苞片与花萼等长或比花萼（包括花梗）长；花梗比花萼短或几乎等长；花萼深 5 裂，萼片卵状三角形；花瓣 5，花白色或粉红色至紫色，早落；花药小；蒴果小而狭细，高出紧贴蒴果的萼片 4~6 倍。花期 5~9 月，6 月最盛。

- 分布与生境　生于山地和山前河流两旁的砂砾戈壁滩上及季节性流水的干砂、砾质河床上，地下水为埋藏不深的淡水。

- 用途　山区、砂砾质戈壁滩上的优良绿化造林树种；枝叶是羊的良好饲料，亦可作薪架用。

柽柳　*Tamarix chinensis* Lour.

- 别名　西河柳、三春柳、红柳、香松、红筋条、观音柳。
- 形态特征　乔木或灌木，高3~8m。老枝直立，暗褐红色，幼枝常开展而下垂，红紫色或暗紫红色；嫩枝繁密纤细，悬垂。叶鲜绿色，从去年生木质化生长枝上生出的叶长圆状披针形或长卵形；营养枝上的叶钻形或卵状披针形，背面有龙骨状突起。每

年开花 2~3 次。总状花序侧生在去年生木质化的小枝上，或生于当年生幼枝顶端，花大而少；有短总花梗；苞片线状长圆形，或长圆形；花梗纤细，较萼短；花 5 出；萼片 5，狭长卵形；花瓣 5，粉红色，通常卵状椭圆形或椭圆状倒卵形，稀倒卵形；花盘 5 裂，裂片先端圆或微凹，紫红色，肉质；雄蕊 5；子房圆锥状瓶形。蒴果圆锥形。花期 4~9 月。
- 分布与生境　喜生于河流冲积平原、滩头、潮湿盐碱地和沙荒地。
- 用途　湿润盐碱地、沙荒地的优良造林树种；观赏植物；枝叶药用为解表发汗药，有去除麻疹之效。

刚毛柽柳 *Tamarix hispida* Willd.

- 别名　毛红柳。
- 形态特征　灌木或小乔木状，高达 6m。小枝密被细刚毛。木质化生长枝之叶卵状披针形或窄披针形，绿色营养枝之叶宽心状卵形或宽卵状披针形，长 0.8~2.2mm，先端内弯，背面隆起，被细柔毛。总状花序长 5~15cm，夏秋季生于当年生枝顶，集成顶生紧缩圆锥花序；苞片窄三角状披针形。花 5 数；萼片卵圆形，长 0.7~1mm，宽 0.5mm；花瓣倒卵形或长圆状椭圆形，长 1.5~2mm，宽 0.6~1mm，紫红色或鲜红色，开张，早落；花盘 5 裂；雄蕊 5，伸出花冠外，花丝基部粗，有蜜腺；子房长瓶状，花柱 3，柱头极短。蒴果窄锥形，长 4~7mm。花期 7~9 月。
- 分布与生境　生于荒漠区域河漫滩冲积、淤积平原和湖盆边缘的潮湿和松陷盐土上，盐碱化草甸和沙丘间，亦集成数米高的风植砂堆，在次生盐渍化的灌溉田地上有时也有生长。
- 用途　秋季开花，极美丽，适于荒漠地区低湿盐碱沙化地固沙、绿化造林之用，亦可作薪柴用。

水柏枝属

宽苞水柏枝 *Myricaria bracteata* Royle

- 别名　水柽柳、河柏。
- 形态特征　灌木，高约 0.5~3m。
多分枝，老枝灰褐色，多年生枝黄
绿色。叶密生于当年生绿色小枝
上，卵形、卵状披针形。总状花序
顶生于当年生枝条上，密集呈穗
状；苞片通常宽卵形或椭圆形，先端渐尖，边缘膜质，露出中脉
而呈凸尖头或尾状长尖，基部狭缩，具宽膜质的啮齿状边缘，中
脉粗厚，易脱落，基部残留于花序轴上常呈龙骨状脊；萼片披针
形，长圆形或狭椭圆形，内弯，具宽膜质边；花瓣倒卵形或倒卵
状长圆形，先端圆钝，内曲，基部狭缩，具脉纹，粉红色、淡红
色或淡紫色；雄蕊略短于花瓣；子房圆锥形，柱头头状。蒴果狭
圆锥形。种子狭长圆形或狭倒卵形。花期 6~7 月，果期 8~9 月。
- 分布与生境　生于河谷砂砾质河滩、湖边沙地以及山前冲积扇
砂砾质戈壁上。

宽叶水柏枝　*Myricaria platyphylla* Maxim.

- 别名　喇嘛秆、沙红柳。
- 形态特征　灌木，高达2m。多分枝。叶疏生，宽卵形或椭圆形，长0.7~1.2cm，宽3~8mm，基部圆或宽楔形，不抱茎。总状花序常侧生，基部被多数覆瓦状排列的卵形鳞片；苞片宽卵形或椭圆形，长约7mm，具宽膜质边。花梗长约2mm；萼片5，卵状披针形或长椭圆形，长4~5mm；花  瓣5，倒卵形，长5~6mm，粉红色或紫红色；雄蕊10，花丝2/3连合。蒴果圆锥形，长约1cm，3瓣裂。种子长圆形，顶端芒柱全被白色长柔毛。花期4~6月，果期7~8月。
- 分布与生境　生于河滩沙地、沙坡及流动沙丘间洼地。

胡颓子科 **Elaeagnaceae**

胡颓子属

沙枣 *Elaeagnus angustifolia* L.

- 别名 银柳、桂香柳、七里香、给结格代、则给毛道、红豆、牙格达、银柳胡颓子、刺柳、香柳。

- 形态特征 落叶乔木或小乔木，高 5~10m。无刺或具刺，刺长 3~4cm，棕红色，发亮；幼枝密被银白色鳞片，老枝鳞片脱落，红棕色，光亮。叶薄纸质，矩圆状披针形至线状披针形，基部楔形，全缘，叶面幼时具银白色圆形鳞片，成熟后部分脱落，带绿色，叶背灰白色，密被白色鳞片，有光泽，侧脉不甚明显；叶柄纤细，银白色。花白色，密被银白色鳞片，芳香，常 1~3 花簇生新枝基部最初 5~6 片叶的叶腋；花梗长 2~3mm；萼筒钟形；雄蕊几无花丝，花药淡黄色，矩圆形；花柱直立，上端甚弯曲；花盘明显，圆锥形。果实椭圆形，粉红色，密被银白色鳞片。花期 5~6 月，果期 9 月。

- 分布与生境 本种适应力强，在山地、平原、荒漠潮湿地带生长。

- 用途 果肉可食用；果实和叶可作牲畜饲料；花可提芳香油；蜜源植物；沙漠地区农村燃料的主要来源之一；防风固沙植物；果实、叶、根可入药。

中国沙棘 *Hippophae rhamnoides* L. subsp. *sinesis* Rousi

- 别名 酸刺柳、黄酸刺、醋柳。
- 形态特征 落叶灌木或乔木，高 l~5m，高山沟谷可达 18m。棘刺较多，粗壮，顶生或侧生；嫩枝褐绿色，密被银白色而带褐色鳞片或有时具白色星状柔毛，老枝灰黑色，粗糙。芽大，金黄色或锈色。单叶通常近对生，与枝条着生相似，纸质，狭披针形或矩圆状披针形，两端钝形或基部近圆形，基部最宽，叶面绿色，被白色盾形毛或星状柔毛，叶背银白色或淡白色，被鳞片，无星状毛；叶柄极短。果实圆球形，橙黄色或橘红色；果梗长 1~2.5mm。种子小，阔椭圆形至卵形，有时稍扁，黑色或紫黑色，具光泽。花期 4~5 月，果期 9~10 月。
- 分布与生境 在磴口县境内有栽培。
- 用途 优良的保土固沙植物；果实供食用或药用；种子可榨油；叶和嫩枝梢可作为饲料；树皮、叶、果含单宁酸，可分别用于染料及椅胶原料。

锁阳属

锁阳 *Cynomorium songaricum* Rupr.

- 别名　地毛球、铁棒锤、绣铁棒。
- 形态特征　多年生肉质寄生草本，全株红棕色，高 15~100cm。大部分埋于沙中。寄生根上着生大小不等的锁阳芽体，初近球形，后变椭圆形或长柱形。茎圆柱状，直立，棕褐色，基部略粗。茎上着生螺旋状排列脱落性鳞片叶，鳞片叶卵状三角形，先端尖。肉穗花序生于茎顶，伸出地面，棒状；小花密集，雄花、雌花和两性相伴杂生；花被片常 4，倒披针形或匙形；蜜腺近倒圆形，亮鲜黄色，顶端有 4~5 钝齿，半抱花丝；雄蕊 1，深红色；花药丁字形着生，深紫红色，矩圆状倒卵形；花柱棒状；子房半下位，胚珠 1。小坚果近球形或椭圆形。种子近球形。花期 5~7 月，果期 6~7 月。
- 分布与生境　生于荒漠草原、草原化荒漠与荒漠地带的河边、湖边、池边等生境且有白刺、枇杷柴生长的盐碱地区。
- 用途　除去花序的肉质茎供药用（药材名：锁阳），能补肾、益精、润燥；肉质茎富含鞣质，可提炼栲胶，并含淀粉，可酿酒，做饲料及代食品。
- 保护等级　国家二级保护野生植物。

阿魏属

沙茴香 *Ferula bungeana* Kitag.

- 别名　硬阿魏。
- 形态特征　多年生草本，高 30~60cm。全株密被短柔毛，蓝绿色。根圆柱形，根茎上残存有枯萎的棕黄色叶鞘纤维。茎细，单一，从下部向上分枝成伞房状，二至三回分枝，小枝互生或对生。基生叶莲座状，有短柄，柄的基部扩展成鞘；叶片轮廓为广卵形至三角形，二至三回羽状全裂，末回裂片长椭圆形或广椭圆形，再羽状深裂，小裂片楔形至倒卵形，常 3 裂，形似角状齿，密被短柔毛，灰蓝色；茎生叶少，向上简化，叶片一至二回羽状全裂。复伞形花序生于茎、枝和小枝顶端；伞辐 4~15，开展；小伞形花序有花 5~12，小总苞片 3~5，线状披针形；花瓣黄色，椭圆形或广椭圆形。分生果广椭圆形。花期 5~6 月，果期 6~7 月。
- 分布与生境　生长于沙丘、沙地、戈壁滩冲沟、旱田、路边以及砾石质山坡上。
- 用途　根供药用，民间用以清热解毒、消肿、止痛（内蒙古）；又用于养阴清肺、除虚热、祛痰止咳（陕西）。

报春花科 **Primulaceae**

海乳草属

海乳草 *Glaux maritima* L.

- 别名　麻雀舌头。
- 形态特征　茎高 3~25cm，直立或下部匍匐，节间短，通常有分枝。叶近于无柄，交互对生或有时互生，间距极短，仅 1mm，或有时稍疏离，相距可达 1cm，近茎基部的 3~4 对鳞片状，膜质，上部叶肉质，线形、线状长圆形或近匙形，长 4~15mm，宽 1.5~3.5 (5) mm，先端钝或稍锐尖，基部楔形，全缘。花单生于茎中上部叶腋；花梗长可达 1.5mm，有时极短，不明显；花萼钟形，白色或粉红色，花冠状，长约 4mm，分裂达中部，裂片倒卵状长圆形，宽 1.5~2mm，先端圆形；雄蕊 5，稍短于花萼；子房卵珠形，上半部密被小腺点，花柱与雄蕊等长或稍短。蒴果卵状球形，长 2.5~3mm，先端稍尖，略呈喙状。花期 6 月，果期 7~8 月。
- 分布与生境　生于海边及内陆河漫滩盐碱地和沼泽草甸中。
- 用途　中等饲用植物；种子和根具药用价值。

阿拉善点地梅 *Androsace alaschanica* Maxim.

● 形态特征　多年生草本。主根粗壮，木质。地上部分作多次叉状分枝，形成高 2.5~4cm 的垫状密丛；枝为鳞覆的枯叶丛覆盖，呈棒状。当年生叶丛位于枝端，叠生于老叶丛上；叶灰绿色，革质，线状披针形或近钻形，具软骨质边缘和尖头，基部稍增宽，近膜质，背面中肋隆起。花葶单一，藏于叶丛中，被长柔毛，顶生 1 (2) 花；苞片通常 2 枚，线形或线状披针形；花萼陀螺状或倒圆锥状，稍具 5 棱，分裂约达中部，裂片三角形，具缘毛；花冠白色，筒部与花萼近等长，喉部收缩，稍隆起，裂片倒卵形，先端截形或微呈波状。蒴果近球形，稍短于宿存花萼。花期 5~6 月。

● 分布与生境　生于石质坡地和干旱沙地。

● 用途　本种是内蒙古地区重要的野生花卉资源。

白花丹科 **Plumbaginaceae**

补血草属

黄花补血草 *Limonium aureum* (L.) Hill

- 别名 黄花矶松、全匙叶草、黄花苍蝇架。
- 形态特征 多年生草本，高 4~35cm。全株（除萼外）无毛。茎基常有残存的叶柄和红褐色芽鳞。叶基生，早凋，长圆状匙形至倒披针形，先端圆或钝，下部渐狭成叶柄。花序圆锥状，花序轴 2 至多数，绿色，密被疣状突起，由下部作数回叉状分枝，常呈之字形曲折，下部的多数分枝成为不育枝，末级的不育枝短而常略弯；穗状花序位于上部分枝顶端，由 3~5 小穗组成；小穗含 2~3 花；外苞宽卵形，先端钝或急尖；萼漏斗状，萼筒基部偏斜，全部沿脉和脉间密被长毛，萼檐金黄色；裂片正三角形，沿脉常疏被微柔毛，间生裂片常不明显；花冠橙黄色。花期 6~8 月，果期 7~8 月。
- 分布与生境 生于土质含盐的砾石滩、黄土坡和沙地上。
- 用途 药用植物，主要以花萼治妇女月经不调、鼻衄、带下。

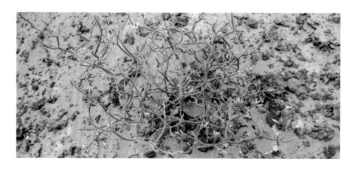

二色补血草 *Limonium bicolor* (Bunge) Kuntze

• 别名　苍蝇架、落蝇子花。

• 形态特征　多年生草本，高 20~50cm，全株（除萼外）无毛。叶基生，匙形至长圆状匙形，先端钝，基部渐狭成平扁的柄。花序圆锥状；花序轴单

生，或 2~5 枚各由不同的叶丛中生出，常有 3~4 棱角，有时具沟槽，分枝较多；不育枝少，位于分枝下部或单生于分叉处；穗状花序排列在花序分枝的上部至顶端，由 3~5 小穗组成；小穗含 2~3 花；外苞片长圆状宽卵形；萼漏斗状，萼筒脉密被长毛，淡紫红或粉红色，后来变白，裂片宽短，先端常圆，间生裂片明显，脉不达于裂片顶缘，沿脉被微柔毛或变无毛；花冠黄色。花期 5~7 月，果期 6~8 月。

• 分布与生境　生于平原地区，也见于山坡下部、丘陵和海滨，喜生于含盐的钙质土上或沙地。

• 用途　全草药用，功能与补血草相似。

细枝补血草 *Limonium tenellum* (Turcz.) Kuntze

● 别名　纤叶匙叶草。

● 形态特征　多年生草本，高 5~30cm，全株（除萼和第 1 内苞外）无毛。根粗壮；皮黑褐色，易开裂脱落，露出内层红褐色至黄褐色发状纤维。茎基木质，肥大而具多头，被有多数白色膜质芽鳞和残存的叶柄基部。叶基生，匙形、长圆状匙形至线状披针形，小。花序伞房状，花序轴常多数，细弱；穗状花序位于部分小枝的顶端，由 1~4 个小穗组成；小穗含 2~4 花；外苞宽卵形；萼长 8~9mm，漏斗状，萼檐淡紫色，干后逐渐变白，裂片先端钝或急尖，脉伸至裂片顶缘，沿脉被毛；花冠淡紫红色。花期 5~7 月，果期 7~9 月。

● 分布与生境　生于荒漠、半荒漠干燥多石场所和盐渍化滩地上。

木樨科　**Oleaceae**

白蜡树属（梣属）

小叶白蜡　*Fraxinus bungeana* A. DC.

- **别名**　青桐木、白荆树、白蜡树、白斤木、白蜡条、梣蜡条。

- **形态特征**　落叶乔木，高 10~24m。芽圆锥形，尖头，芽鳞 6~9 枚。小枝灰褐色，粗糙，皱纹纵直，疏生点状淡黄色皮孔；叶痕呈节状隆起。羽状复叶在枝端呈螺旋状三叶轮生；叶柄长 4~5cm；小叶 7~13 枚，纸质，卵状披针形或狭披针形，叶缘具不整齐而稀疏的三角形尖齿，叶面无毛，叶背密生细腺点，中脉在叶面平坦，叶背凸起，侧脉 10~14 对，细脉网结；小叶柄长 0.5~1.2cm。聚伞圆锥花序生于去年生枝上；花序梗短；花杂性，2~3 朵轮生，无花冠也无花萼；两性花。翅果倒披针形，上中部最宽，先端锐尖，翅下延至坚果基部，强度扭曲。花期 3~5 月，果期 8 月。

- **分布与生境**　生于河旁、河边低地、开阔落叶林中、林缘湿地、山坡。

- **用途**　耐干旱，可作沙漠绿洲中的营林树种，北方园林绿化重要树种；木材质地坚硬致密，纹理美丽而略粗，可供建筑用材。

大叶白蜡 *Fraxinus rhynchophylla* Hance

- 别名　花曲柳、大叶白蜡树、大叶梣。
- 形态特征　落叶乔木，高 12~15m。树皮灰褐色，光滑，老时浅裂。冬芽阔卵形，顶端尖，黑褐色。当年生枝淡黄色，通直，去年生枝暗褐色，皮孔散生。羽状复叶；叶柄基部膨大；小叶着生处具关节；小叶 5~7 枚，革质，阔卵形、倒卵形或卵状披针形，叶缘呈不规则粗锯齿，齿尖稍向内弯，有时也呈波状，通常下部近全缘；小叶柄长 0.2~1.5cm，叶面具深槽。圆锥花序顶生或腋生当年生枝梢；花序梗细而扁；苞片长披针形，先端渐尖，早落；花梗长约 5mm；雄花与两性花异株；花萼浅杯状；无花冠；两性花具雄蕊 2 枚，花药椭圆形，雌蕊具短花柱；雄花花萼小，花丝细。翅果线形，先端钝圆、急尖或微凹，翅下延至坚果中部。花期 4~5 月，果期 9~10 月。
- 分布与生境　生于山坡、河岸、路旁，对气候、土壤要求不严。
- 用途　木材质地坚硬致密，纹理美丽而略粗，可供建筑用材；树皮和干皮入药；各地常引种栽培，作行道树和庭园树。

罗布麻属

白麻 *Apocynum pictum* Schrenk

- 形态特征 直立半灌木，直立半灌木。高 0.5~2m，具乳汁，基部木质化。茎黄绿色，有条纹。小枝被灰褐色柔毛。叶坚纸质，互生，线形至线状披针形，边缘具细牙齿。圆锥状的聚伞花序一至多歧，顶生；苞片披针形；花萼 5 裂，下部合生，裂片卵圆状三角形；花冠骨盆状，粉红色，裂片 5 枚，具 3 条深紫色条纹，宽三角形；裂片 5，三角形；雄蕊 5，与副花冠裂片互生，被茸毛，花药箭头状，基部具耳；花盘肉质环状；子房半下位，由 2 枚离生心皮组成，花柱圆柱状，2 裂。蓇葖 2 枚，倒垂，外果皮灰褐色，有细纵纹；种子红褐色，长圆形，顶端具一簇白色绢毛。花期 4~9 月，果期 7~12 月。

- 分布与生境 生于荒漠、半荒漠干燥多石场所和盐渍化滩地上。

- 用途 茎皮为优质纤维；良好的蜜源植物；嫩叶可做茶和入药。

罗布麻 *Apocynum venetum* L.

- 别名　泽漆麻、野麻、茶叶花。
- 形态特征　直立半灌木，高 1.5~4m，具乳汁。枝条通常对生，无毛，紫红色或淡红色。叶对生，在分枝处为近对生；叶片椭圆状披针形至卵圆状矩圆形，长 1~8cm，宽 0.5~2.2cm，两面无毛，叶缘具细齿。花萼 5 深裂；花冠紫红色或粉红色，圆筒形钟状，两面具颗粒突起；雄蕊 5 枚；子房由 2 离生心皮组成。 蓇葖果叉生，下垂，箸状圆筒形；种子细小，顶端具一簇白色种毛。花期 4~9 月（盛开期 6~7 月），果期 7~12 月（成熟期 9~10 月）。
- 分布与生境　生于盐碱荒地和沙漠边缘及河流两岸、冲积平原、河泊周围及戈壁荒滩上。
- 用途　本种是我国野生大面积的纤维植物；叶含胶量达 4%~5%，作轮胎原料；嫩叶蒸炒揉制后当茶叶饮用，有清凉去火、防止头晕和强心的功用；种毛白色绢质，可作填充物；麻秆剥皮后可作保暖建筑材料；根部含有生物碱供药用；良好的蜜源植物。

萝藦科 **Asclepiadaceae**

杠柳属

杠柳 *Periploca sepium* Bunge

- 别名 北五加皮、羊奶子。
- 形态特征 落叶蔓性灌木，长可达 1.5m。主根圆柱状，外皮灰棕色，内皮浅黄色。具乳汁，除花外，全株无毛；茎皮灰褐色；小枝通常对生，有细条纹，具皮孔。叶卵状长圆形，顶端渐尖，

基部楔形，叶面深绿色，叶背淡绿色。聚伞花序腋生，着花数朵；花序梗和花梗柔弱；花萼裂片卵圆形，花萼内面基部有 10 个小腺体；花冠紫红色，辐状；副花冠环状，10 裂，其中 5 裂延伸丝状被短柔毛，顶端向内弯；雄蕊着生在副花冠内面，并与其合生。蓇葖 2，圆柱状，无毛，具有纵条纹；种子长圆形，黑褐色，顶端具白色绢质种毛；种毛长 3cm。花期 5~6 月，果期 7~9 月。

- 分布与生境 生于平原及低山丘的林缘、沟坡、河边砂质地或地埂等处。
- 用途 根皮、茎皮可入药，能祛风湿、壮筋骨强腰膝，但有毒，不宜过量和久服。

戟叶鹅绒藤 *Cynanchum sibiricum* Willd.

- 别名　沙牛皮消、羊奶角。

- 形态特征　多年生缠绕藤本。根粗壮，圆柱状，土灰色。叶对生，纸质，戟形或戟状心形，向端部长渐尖，基部具2个长圆状平行或略为叉开的叶耳，两面均被柔毛，脉上与叶缘被毛略密。伞房状聚伞花序腋生，花序梗长3~5cm；花萼外面被柔毛，内部腺体极小；花冠外面白色，内面紫色，裂片长圆形；副花冠双轮，外轮筒状，其顶端具有5条不同长短的丝状舌片，内轮5条裂较短；花粉块长圆状，下垂；子房平滑，柱头隆起，顶端微2裂。蓇葖单生，狭披针形；种子长圆形；种毛白色绢质。花期5~8月，果期6~10月。

- 分布与生境　生长于干旱、荒漠灰钙土洼地。

- 用途　根、茎、叶供药用，可治痈肿。

鹅绒藤 *Cynanchum chinense* R. Br.

- **别名** 祖子花。
- **形态特征** 缠绕草本。主根圆柱状，干后灰黄色；全株被短柔毛。叶对生，薄纸质，宽三角状心形，顶端锐尖，基部心形，叶面深绿色，叶背苍白色，两面均被短柔毛，脉上较密；侧脉约10

对，在叶背略为隆起。伞形聚伞花序腋生，二歧，着花约20朵；花萼外面被柔毛；花冠白色，裂片长圆状披针形；副花冠2形，杯状，上端裂成10个丝状体，分为两轮，外轮约与花冠裂片等长，内轮略短；花粉块每室1个，下垂；花柱头略为突起，顶端2裂。蓇葖双生或仅有1个发育，细圆柱状，向端部渐尖；种子长圆形；种毛白色绢质。花期6~8月，果期8~10月。
- **分布与生境** 生于山坡向阳灌木丛中或路旁、河畔、田埂边。
- **用途** 全株可作祛风剂。

牛心朴子 *Cynanchum mongolicum* (Maxim.) Hemsl.

- 别名　瓢柴、老瓜头。
- 形态特征　直立半灌木，高
达 50cm，全株无毛。根须状。
叶革质，对生，狭椭圆形，长
3~7cm，宽 5~15mm，顶端渐
尖或急尖，干后常呈粉红色，
近无柄。伞形聚伞花序近顶部
腋生，着花 10 余朵；花萼 5 深裂，两面无毛，裂片长圆状三角
形；花冠紫红色或暗紫色，裂片长圆形，长 2~3mm，宽 1.5mm；
副花冠 5 深裂，裂片盾状，与花药等长；花粉块每室 1 个，下
垂；子房坛状，柱头扁平。蓇葖单生，匕首形，向端部喙状渐
尖，长 6.5cm，直径 1cm；种子扁平；种毛白色绢质。花期 6~8
月，果期 7~9 月。
- 分布与生境　分布于内蒙古北部边缘地区附近的沙漠及黄河岸
边或荒山坡。
- 用途　根及带根全草具有活血、止痛、消炎之功效。

地梢瓜 *Cynanchum thesioides* (Freyn) K. Schum.

- 别名　雀瓢、地梢花、女青、细叶白前。

- 形态特征　直立半灌木。地下茎单轴横生，茎自基部多分枝。叶对生或近对生，线形，长 3~5cm，宽 2~5mm，叶背中脉隆起。伞形聚伞花序腋生；花萼外面被柔毛；花冠绿白色；副花冠杯状，裂片三角状披针形，渐尖，高过药隔的膜片。蓇葖纺锤形，先端渐尖，中部膨大，长 5~6cm，直径 2cm；种子扁平，暗褐色，长 8mm；种毛白色绢质，长 2cm。花期 5~8 月，果期 8~10 月。

- 分布与生境　生于沙丘或干旱山谷、荒地、田边等处。

- 用途　全株含橡胶 1.5%，树脂 3.6%，可作工业原料；幼果可食；种毛可作填充料。

旋花科 **Convolvulaceae**

旋花属

鹰爪柴 *Convolvulus gortschakovii* Schrenk

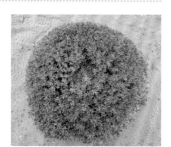

- 别名 郭氏木旋花。
- 形态特征 亚灌木或近于垫状小灌木。小枝具短而坚硬的刺；枝条，小枝和叶均密被贴生银色绢毛。叶倒披针形、披针形，或线状披针形，先端锐尖或钝，基部渐狭。花单生于短的侧枝上，常在末端具两个小刺，花梗短；萼片被散生的疏柔毛，或通常无毛，或仅沿上部边缘具短缘毛，2个外萼片宽卵圆形，基部心形，较3个内萼片显著的宽；花冠漏斗状，玫瑰色；雄蕊5，稍不等长，短于花冠1半，花丝丝状，基部稍扩大，无毛，花药箭形；雌蕊稍长过雄蕊，花盘环状；子房圆锥状，被长毛；花柱丝状，柱头2，线形。蒴果阔椭圆形，顶端具不密集的毛。花期5~6月。

- 分布与生境 生于沙漠及干燥多砾石的山坡。

刺旋花 *Convolvulus tragacanthoides* Turcz.

- 别名　鹰爪、木旋花。
- 形态特征　匍匐有刺亚灌木，全体被银灰色绢毛，高 4~15cm。茎密集分枝，形成披散垫状；小枝坚硬，具刺。叶狭线形，或稀倒披针形，均密被银灰色绢毛。花 2~6 朵密集于枝端，稀单花，花枝有时伸长，无刺，花柄长 2~5mm，密被半贴生绢毛；萼片长 5~8mm，椭圆形或长圆状倒卵形，外面被棕黄色毛；花冠漏斗形，粉红色，具 5 条密生毛的瓣中带，5 浅裂；雄蕊 5，不等长，花丝丝状，无毛，基部扩大，较花冠短一半；雌蕊较雄蕊长；子房有毛，2 室，每室 2 胚珠；花柱丝状，柱头 2，线形。蒴果球形，有毛。种子卵圆形。花期 5~7 月。
- 分布与生境　生于石缝中及戈壁滩。
- 用途　因遍体具刺，大大影响其适口性，绵羊、山羊于春季吃其嫩枝叶和花，骆驼四季吃当年枝条，马、牛不吃；为早春的蜜源植物；在荒漠半荒漠区的砂砾质、砾石质山坡、丘陵地区具水土保持和固沙作用。

田旋花 *Convolvulus arvensis* L.

- 别名　箭叶旋花、白花藤、扶秧苗。

- 形态特征　多年生草本。根状茎横走，茎平卧或缠绕，有条纹及棱角。叶卵状长圆形至披针形，先端钝或具小短尖头，基部大多戟形，或箭形及心形，全缘或3裂，侧裂片展开，微尖，中裂片卵状椭圆形，狭三角形或披针状长圆形，微尖或近圆；叶脉羽状，基部掌状。花序腋生，常1花，有时2~3花；苞片2，线形；萼片有毛，2个外萼片稍短，长圆状椭圆形，具短缘毛，内萼片近圆形，边缘膜质；花冠宽漏斗形，白色或粉红色，5浅裂；雄蕊5，花丝基部扩大，具小鳞毛；子房有毛，柱头2，线形。蒴果卵状球形，或圆锥形，无毛。种子4，卵圆形，无毛，暗褐色或黑色。

- 分布与生境　生于耕地及荒坡草地上。

- 用途　全草入药，调经活血，滋阴补虚。

银灰旋花 *Convolvulus ammannii* Desr.

- 别名 小旋花、阿氏旋花。
- 形态特征 多年生草本，高 2~15cm。根状茎短，木质化，平卧或上升，枝和叶密被贴生稀半贴生银灰色绢毛。叶互生，线形或狭披针形，先端锐尖，基部狭，无柄。花单生枝端，具细花梗；

萼片 5，外萼片长圆形或长圆状椭圆形，近锐尖或稍渐尖，内萼片较宽，椭圆形，渐尖，密被贴生银色毛；花冠小，漏斗状，淡玫瑰色或白色带紫色条纹，有毛，5 浅裂；雄蕊 5，较花冠短一半，基部稍扩大；雌蕊无毛，较雄蕊稍长，子房 2 室，每室 2 胚珠；花柱 2 裂，柱头 2，线形。蒴果球形，2 裂。种子 2~3 枚，卵圆形，光滑，具喙，淡褐红色。
- 分布与生境 生于干旱山坡草地或路旁。
- 用途 低等饲用植物；全草可入药，能解表、止咳。

菟丝子科 **Cuscutaceae**

菟丝子属

菟丝子 *Cuscuta chinensis* Lam.

- 别名　无娘藤、豆阎王、黄丝。
- 形态特征　一年生寄生草本。茎缠绕，黄色，纤细，直径约1mm，无叶。花序侧生，少花或多花簇生成小伞形或小团伞花序，近于无总花序梗；苞片及小苞片小，鳞片状；花梗稍粗壮，长仅1mm许；花萼杯状，中部以下连合，裂片三角状，长约1.5mm，顶端钝；花冠白色，壶形，长约3mm，裂片三角状卵形，顶端锐尖或钝，向外反折，宿存；雄蕊着生于花冠裂片弯缺微下处；鳞片长圆形，边缘长流苏状；子房近球形，花柱2，等长或不等长，柱头球形。蒴果球形，直径约3mm，几乎全为宿存的花冠所包围，成熟时整齐的周裂。种子2~49，淡褐色，卵形，长约1mm，表面粗糙。
- 分布与生境　生于海拔1000~1500m的田边、山坡阳处、路边灌丛或海边沙丘，通常寄生于豆科、菊科、藜科等多种植物上。
- 用途　种子药用，有补肝肾、益精壮阳、止泻的功能。

紫丹属

细叶砂引草 *Tournefortia sibirica* var. *angustior* (A. DC.) G. L. Chu et M. G. Gilbert

- 别名　蒙古紫丹草、紫丹草、细叶西伯利亚紫丹。
- 形态特征　多年生草本，高10~30cm。有细长的根状茎，茎单一或数条丛生，直立或斜升，常分枝，密生糙伏毛或白色长柔毛。叶狭细呈线形或线状披针形。花序顶生；萼片披针形，密生向上的糙伏毛；花冠黄白色，钟状，裂片卵形或长圆形；花药长圆形，先端具短尖；花丝极短，着生花筒中部；子房无毛，略现4裂；花柱细，柱头浅2裂，下部环状膨大。核果椭圆形或卵球形，粗糙，密生伏毛，先端凹陷，核具纵肋。花期5~6月，果期6~7月。
- 分布与生境　生于干旱山坡、路边及河边沙地。

软紫草属

黄花软紫草 *Arnebia guttata* Bunge

- 别名　假紫草、内蒙古紫草。
- 形态特征　多年生草本，高
15~40cm。根粗壮，富含紫色
物质。茎 1 条或 2 条，仅上部
花序分枝，基部有残存叶基形
成的茎鞘，被开展的白色或淡
黄色长硬毛。叶无柄，两面均疏生半贴伏的硬毛；基生叶线形
至线状披针形；茎生叶披针形至线状披针形，较小，无鞘状基
部。镰状聚伞花序生于茎上部叶腋，最初有时密集成头状，含多
数花；苞片披针形；花萼裂片线形，两面均密生淡黄色硬毛；花
冠筒状钟形，深紫色或淡黄色带紫红色，筒部直；雄蕊着生于花
冠筒中部（长柱花）或喉部（短柱花）。小坚果宽卵形，黑褐色，
有粗网纹和少数疣状突起。花果期 6~8 月。
- 分布与生境　生于砾石山坡、洪积扇、草地及草甸等处。
- 用途　根富含紫草素，可代紫草入药，功效同紫草。

灰毛软紫草 *Arnebia fimbriata* Maxim.

- 别名 灰毛假紫草。
- 形态特征 多年生草本，
高 10~18cm，全株密生灰白
色长硬毛。茎通常多条，多
分枝。叶无柄，线状长圆形
至线状披针形。镰状聚伞花
序长 1~3cm，具排列较密的
花；苞片线形；花萼裂片钻
形，两面密生长硬毛；花

冠淡蓝紫色、粉红色或白色，外面稍有毛，裂片宽卵形，几等
大，边缘具不整齐牙齿；雄蕊着生于花冠筒中部（长柱花）或喉
部（短柱花），花药长约 2mm；子房 4 裂，花柱丝状，稍伸出喉
部（长柱花）或仅达花冠筒中部，先端微 2 裂。小坚果三角状卵
形，长约 2mm，密生疣状突起。花果期 6~9 月。
- 分布与生境 生于戈壁、山前冲积扇及砾石山坡等处。

疏花软紫草 *Arnebia szechenyi* Kanitz

● 别名 多年生草本。根稍含紫色物质。茎高 20~30cm，有疏分枝，密生灰白色短柔毛。叶无叶柄，狭卵形至线状长圆形，长 1~2cm，宽 2~6mm，先端急尖，两面都有短伏毛和具基盘的短硬毛，边缘具钝锯齿，齿端有硬毛。镰状聚伞花序长 1.5~5cm，有数朵花，排列较疏；苞片与叶同型。花萼长约 1cm，裂片线形，两面密生长硬毛和短硬毛；花冠黄色，筒状钟形，长 15~22mm，外面有短毛，檐部直径 5~7mm，常有紫色斑点；雄蕊着生花冠筒中部（长柱花）或喉部（短柱花），花药长约 1.6mm；子房 4 裂，花柱丝状，稍伸出喉部（长柱花）或仅达花冠筒中部，先端浅 2 裂。小坚果三角状卵形，长约 2.7mm，有疣状突起和短伏毛。花果期 6~9 月。

● 分布与生境 生于向阳山坡。

硬萼软紫草 *Arnebia decumbens* (Vent.) Coss. et Kralik

- 别名　沙生假紫草。
- 形态特征　一年生草本。根含少量
紫色物质。茎直立，高 15~30cm，自
基部分枝，有伸展的长硬毛；枝互
生或近对生。茎生叶无柄，线状长
圆形至线状披针形，长 2~6cm，宽
2~16mm，两面均疏生硬毛，先端钝。
花萼裂片线形，长约 7mm，有长硬毛
和短伏毛，果期增大，长可达 12mm，
基部扩展并硬化，包围小坚果；花冠
黄色，筒状钟形，长 1~1.4cm，外面有短柔毛，筒部直或稍弯曲，
檐部直径 3~6mm，裂片宽卵形，近等大；雄蕊 5，螺旋状着生于
花冠筒上部，花药长圆形，长约 1mm；子房 4 裂，花柱丝状，长
近达喉部，先端 2 次浅 2 裂，每分枝各具 1 球形柱头。小坚果三
角状卵形，长约 2mm，褐色，密生疣状突起，背面凸，稍有皱
纹，近先端处龙骨状，腹面中线隆起。花果期 5~6 月。
- 分布与生境　生于山坡、沙地、荒地。

荻属

蒙古荻 *Caryopteris mongholica* Bunge

- 别名　白沙蒿、山狼毒、兰花茶。
- 形态特征　落叶小灌木，常自基部即分枝，高 0.3~1.5m。嫩枝紫褐色，圆柱形，有毛，老枝毛渐脱落。叶片厚纸质，线状披针形或线状长圆形，全缘，很少有稀齿，叶面深绿色，稍被细毛，叶背密生灰白色茸毛。聚伞花序腋生，无苞片和小苞片；花萼钟状，外面密生灰白色茸毛，深 5 裂，裂片阔线形至线状披针形；花冠蓝紫色，外面被短毛，5 裂，下唇中裂片较长大，边缘流苏状，花冠管喉部有细长柔毛；雄蕊 4 枚，与花柱均伸出花冠管外；子房长圆形，柱头 2 裂。蒴果椭圆状球形，果瓣具翅。花果期 8~10 月。
- 分布与生境　生长在干旱坡地、沙丘荒野及干旱碱质土壤上。
- 用途　药用植物；观赏植物。

益母草属

益母草 *Leonurus japonicus* Houtt.

- 别名　益母蒿、坤草、野麻。
- 形态特征　一年生或二年生草本，有于其上密生须根的主根。茎直立，通常高 30~120cm，钝四棱形，微具槽，有倒向糙伏毛。叶轮廓变化很大，茎下部叶轮廓为卵形，基部宽楔形，掌状 3 裂，裂片呈长圆状菱形至卵圆形，裂片上再分裂，叶面绿色，有糙伏毛；茎中部叶轮廓为菱形，较小，通常分裂成 3 个或偶有多个长圆状线形的裂片，基部狭楔形。花序最上部的苞叶近于无柄，线形或线状披针形。轮伞花序腋生，具 8~15 花，轮廓为圆球形，多数远离而组成长穗状花序；小苞片刺状，向上伸出，基部略弯曲，比萼筒短；花萼管状钟形；花冠粉红色至淡紫红色；雄蕊 4，均延伸至上唇片之下，花丝丝状，花药卵圆形。子房褐色，无毛。小坚果长圆状三棱形，顶端截平而略宽大，基部楔形，淡褐色，光滑。花果期 6~10 月。
- 分布与生境　生于多种生境，尤以阳处为多。
- 用途　全草可入药。

细叶益母草 *Leonurus sibiricus* L.

- 别名　四美草、风葫芦草、龙串彩。
- 形态特征　一年生或二年生草本。有
圆锥形的主根。茎直立，高 20~80cm，
钝四棱形，微具槽，有短而贴生的糙伏
毛。茎最下部的叶早落，中部的叶卵
形，基部宽楔形，掌状 3 全裂，裂片呈
狭长圆状菱形，其上再羽状分裂成 3 裂
的线状小裂片，叶面绿色，叶背淡绿色，叶脉明显凸起且呈黄白
色；花序最上部的苞叶轮廓近于菱形，3 全裂成狭裂片，中裂片
通常再 3 裂，小裂片均为线形。轮伞花序腋生，多花，花时轮廓
为圆球形；小苞片刺状；花萼管状钟形；花冠粉红色至紫红色，
雄蕊 4。子房褐色。小坚果长圆状三棱形，顶端截平，基部楔
形，褐色。花期 7~9 月，果期 9 月。
- 分布与生境　生于石质及砂质草地上。
- 用途　种子可榨取工业用油；全株可提取香料；全草可作植物
性杀虫剂；全草及果实入药，可治疗月经不调、痛经、经闭、恶
露不尽等；幼苗可食；嫩茎叶可作牛、马、羊等家畜饲料。

脓疮草属

脓疮草 *Panzerina lanata* (L.) Soják.

• 别名　白龙串彩、野芝麻。

• 形态特征　多年生草本，具
粗大的木质主根。茎从基部发
出，高 30~35cm，基部近于木
质，多分枝，茎、枝四棱形，
密被白色短茸毛。叶宽卵圆
形，茎生叶掌状 5 裂，裂片常

达基部，狭楔形，宽 2~4mm，小裂片线状披针形，苞叶较小，3
深裂，叶面由于密被贴生短毛而呈灰白色，叶背被有白色紧密的
茸毛。轮伞花序多花，多数密集排列成顶生长穗状花序；小苞片
钻形，先端刺尖，被茸毛；花萼管状钟形；花冠淡黄色或白色，
下唇有红条纹；雄蕊 4；花柱丝状，略短于雄蕊，先端相等 2 浅
裂。小坚果卵圆状三棱形，具疣点。花期 7~9 月。

• 分布与生境　生于沙地上。

• 用途　全草入药，用以治疥疮。

兔唇花属

冬青叶兔唇花 *Lagochilus ilicifolius* Bunge ex Benth.

● 形态特征　多年生植物。根木质。茎分枝，铺散，高 10~20cm，基部木质化，被白色细短硬毛。叶楔状菱形，先端具 3~5 齿裂，齿端短芒状刺尖，基部楔形，硬革质。轮伞花序具 2~4 花，生于中部以上的叶腋内；苞片细针状，向上；花萼管状钟形，白绿色，硬革质。花冠淡黄色，网脉紫褐色，上唇直立，先端 2 裂，外面被白色绵毛，内面被白色糙伏毛，下唇外面被微毛，内面无毛，3 深裂，中裂片大，倒心形，先端深凹，侧裂片小，卵圆形，先端具 2 齿；雄蕊着生于冠筒基部，后对短，前对较长，花丝扁平，边缘膜质，基部被微柔毛；花柱近方柱形，先端为相等的 2 短裂。子房无毛。花期 7~9 月，果期在 9 月以后。

● 分布与生境　生于沙地及缓坡半荒漠灌丛中。

枸杞属

枸杞 *Lycium chinense* Mill.

- 形态特征　多分枝灌木。枝条细弱，弓状弯曲或俯垂，淡灰色，有纵条纹，棘刺长 0.5~2cm，生叶和花的棘刺较长，小枝顶端锐尖成棘刺状。叶纸质或栽培者质稍厚，单叶互生或 2~4 枚簇生，卵形、卵状菱形、长椭圆形、卵状披针形，顶端急尖，基部楔形。花在长枝上单生或双生于叶腋，在短枝上则同叶簇生；花梗长 1~2cm，向顶端渐增粗。花萼长 3~4mm，通常 3 中裂或 4~5 齿裂；花冠漏斗状，淡紫色，5 深裂，裂片卵形，顶端圆钝，平展或稍向外反曲，边缘有缘毛，基部耳显著。浆果红色，卵状。种子扁肾脏形，长 2.5~3mm，黄色。花果期 6~11 月。

- 分布与生境　生于山间溪流石间。

- 用途　果实（中药称枸杞子）和根皮（中药称地骨皮）均为药物；嫩叶可作蔬菜；种子油可制润滑油或食用油；可作水土保持灌木。

黑果枸杞 *Lycium ruthenicum* Murr.

- 别名 苏枸杞。

- 形态特征 多棘刺灌
木，高 20~150cm。多分枝
白色或灰白色，坚硬，常
成之字形曲折，有不规则
的纵条纹，小枝顶端渐尖
成棘刺状，节间短缩，每
节有短棘刺；短枝位于棘
刺两侧，生有簇生叶或花、
叶同时簇生，更老的枝则
短枝成不生叶的瘤状凸
起。叶 2~6 枚簇生于短枝
上，在幼枝上则单叶互生、条形、条状披针形或条状倒披针形；花
1~2 朵生于短枝上；花梗细瘦；花萼狭钟状；花冠漏斗状，浅紫色；
雄蕊稍伸出花冠，着生于花冠筒中部；花柱与雄蕊近等长。浆果紫
黑色，球状，有时顶端稍凹陷。种子肾形，褐色。花果期 5~10 月。

- 分布与生境 常生于盐碱土荒地、沙地或路旁。

- 用途 可作为水土保持树种；嫩叶和果实富含花青素、蛋白
质、氨基酸、维生素等多种营养成分，阴干后可泡水饮用。

- 保护等级 国家二级保护野生植物。

龙葵 *Solanum nigrum* L.

• 形态特征　一年生草本，高 0.3~1m。茎直立，多分枝。叶卵形，长 2.5~10cm，宽 1.5~5.5cm，全缘或有不规则的波状粗齿，两面光滑或有疏短柔毛；叶柄长 1~2cm。花序短蝎尾状，腋外生，有 4~10 朵花，总花梗长 1~2.5cm；花梗长约 5mm；花萼杯状，直径 1.5~2mm；花冠白色，辐状，裂片卵状三角形，长约 3mm；雄蕊 5；子房卵形，花柱中部以下有白色茸毛。浆果球形，直径约 8mm，熟时黑色；种子近卵形，压扁状。

• 分布与生境　生于田边、荒地及村庄附近。

• 用途　全株入药，可散瘀消肿、清热解毒。

玄参属

砾玄参 *Scrophularia incisa* Weinm.

- 形态特征　半灌木状草本，高 20~50（70）cm。茎近圆形。叶片狭矩圆形至卵状椭圆形，基部楔形至渐狭呈短柄状，边缘变异很大，从有浅齿至浅裂，稀基部有 1~2 枚深裂片。顶生、稀疏而狭的圆锥花序长 10~35cm，聚伞花序有花 1~7 朵，总梗和花梗都生微腺毛；花萼长约 2mm，裂片近圆形，有狭膜质边缘；花冠玫瑰红色至暗紫红色，下唇色较浅，花冠筒球状筒形；雄蕊约与花冠等长，退化雄蕊长矩圆形，顶端圆至略尖；子房长约 1.5mm，花柱长约为子房的 3 倍。蒴果球状卵形。花期 6~8 月，果期 8~9 月。

- 分布与生境　生于河滩石砾地、湖边沙地或湿山沟草坡。

- 用途　全草可入蒙药。

野胡麻属

野胡麻 *Dodartia orientalis* L.

● 别名　牛汗水、紫花秧、多德草。

● 形态特征　多年生直立草本，高 15~50cm。根粗壮，伸长，带肉质，须根少。茎单一或束生，近基部被棕黄色鳞片，茎从基部起至到顶端，多

回分枝，枝伸直，细瘦，具棱角，扫帚状。叶疏生，茎下部的对生或近对生，上部的常互生，宽条形。总状花序顶生，伸长，花常 3~7 朵，稀疏；花梗短；花萼近革质，萼齿宽三角形，近相等；花冠紫色或深紫红色，花冠筒长筒状，上唇短而伸直，卵形，端 2 浅裂，下唇褶襞密被多细胞腺毛，侧裂片近圆形，中裂片突出，舌状；雄蕊花药紫色，肾形；子房卵圆形。蒴果圆球形，褐色或暗棕褐色，具短尖头。种子卵形，黑色。花果期 5~9 月。

● 分布与生境　生于山坡及田野。

● 用途　全草可入药。

地黄属

地黄 *Rehmannia glutinosa* (Gaert.) Libosch. ex Fisch. et C. A. Mey.

- 别名　生地、怀庆地黄。

- 形态特征　多年生草本，高
10~30cm。密被灰白色多细胞
长柔毛和腺毛。根茎肉质，鲜
时黄色，在栽培条件下，茎紫
红色。叶通常在茎基部集成莲
座状，向上则强烈缩小成苞片，

或逐渐缩小而在茎上互生；叶片
卵形至长椭圆形，叶面绿色，叶背略带紫色或成紫红色，边缘具
不规则圆齿或钝锯齿以至牙齿。花具长梗，在茎顶部略排列成总
状花序，或几乎全部单生叶腋而分散在茎上；萼片密被多细胞长
柔毛和白色长毛，具 10 条隆起的脉；萼齿 5 枚，矩圆状披针形
或卵状披针形抑或多少三角形；花冠筒弓曲，外面紫红色，被多
细胞长柔毛；花冠裂片 5 枚，内面黄紫色，外面紫红色；雄蕊 4
枚。蒴果卵形至长卵形。花果期 4~7 月。

- 分布与生境　生于砂质壤土、荒山坡、山脚、墙边、路旁等处。

- 用途　根茎药用。

北水苦荬 *Veronica anagallis-aquatica* L.

- 别名　仙桃草。
- 形态特征　多年生（稀为一年生）草本。通常全体无毛，极少在花序轴、花梗、花萼和蒴果上有几根腺毛。根茎斜走。茎直立或基部倾斜，高 10~100cm。叶无柄，上部的半抱茎，多为椭圆形或长卵形，少为卵状矩圆形，更少为披针形。花序比叶长，多花；花梗与苞片近等长，上升，与花序轴成锐角，果期弯曲向上，使蒴果靠近花序轴；花萼裂片卵状披针形，急尖，果期直立或叉开，不紧贴蒴果；花冠浅蓝色，浅紫色或白色，裂片宽卵形；雄蕊短于花冠。蒴果近圆形，长宽近相等，几乎与萼等长，顶端圆钝而微凹。花期 4~9 月。
- 分布与生境　见于山间溪流中。
- 用途　嫩苗可食用；果常因昆虫寄生而异常肿胀，这种具虫瘿的植株又称"仙桃草"，可药用，治跌打损伤。

列当科 Orobanchaceae

列当属

列当 *Orobanche coerulescens* Stephan

- 别名　兔儿拐棍、独根草。
- 形态特征　二年生或多年生寄生草本，高达 50cm。全株密被蛛丝状长绵毛。茎不分枝。叶卵状披针形，长 1.5~2cm，连同苞片、花萼外面及边缘密被蛛丝状长绵毛。穗状花序；苞片与叶同形，近等大；无小苞片。花萼 2 深裂近基部，每裂片中裂；花冠深蓝色、蓝紫色或淡紫色，筒部在花丝着生处稍上方缢缩，上唇 2 浅裂，下唇 3 中裂，具不规则小圆齿；花丝被长柔毛，花药无毛；花柱无毛。蒴果卵状长圆形或圆柱形，长约 1cm。花期 4~7 月，果期 7~9 月。

- 分布与生境　生于海拔 950~1500m 山坡、沙丘、沟边、草地；常寄生于蒿属根部。
- 用途　全草药用，补肾壮阳、强筋骨、润肠，主治阳痿、腰酸腿软、神经官能症及小儿腹泻等；外用可消肿。

肉苁蓉 *Cistanche deserticola* Ma

- 别名　苁蓉、大芸。
- 形态特征　多年生寄生草本，高 40~160cm。茎不分枝，直径向上渐细。茎下部叶宽卵形或三角状卵形，较密，上部叶披针形或狭披针形，较稀疏。花序穗状；苞片卵状披针形、披针形或线状披针形，与花冠等长；小苞片 2 枚，卵状披针形或披针形；花萼钟状，顶端 5 浅裂，裂片近圆形；花冠筒状钟形，顶端 5 裂，裂片近半圆形，边缘常稍外卷，淡黄白色或淡紫色。雄蕊 4 枚；花药长卵形，密被长柔毛。子房椭圆形，基部有蜜腺，花柱比雄蕊稍长，无毛，柱头近球形。蒴果卵球形，2 瓣开裂。种子椭圆形或近卵形，外面网状，有光泽。花期 5~6 月，果期 6~8 月。
- 分布与生境　生于梭梭荒漠的沙丘。
- 用途　茎入药（中药名：肉苁蓉），采后晾干为生大芸，盐渍为盐大芸，在西北地区有"沙漠人参"之称，有补精血、益肾壮阳、润肠通便之功效。
- 保护等级　国家二级保护野生植物。

沙苁蓉 *Cistanche sinensis* Beck

- 形态特征 多年生寄生草本，植株高 15~70cm。茎鲜黄色，不分枝，基部稍增粗。茎下部叶紧密，卵状三角形，上部叶稀疏，卵状披针形。穗状花序顶生；苞片卵状披针形或线状披针形，被蛛丝状长柔毛；小苞片 2 枚，比花萼稍短，线形或狭长圆状披针形；花萼近钟状；裂片线形或长圆状披针形，常具 3 脉；花冠筒状钟形，淡黄色，干后常变墨蓝色，顶端 5 裂，裂片近圆形或半圆形，全缘；雄蕊 4，花药长卵形，密被皱曲长柔毛。子房卵形，侧膜胎座 2，柱头近球形。蒴果长卵状球形或长圆形，具宿存的花柱基部。种子多数，长圆状球形，干后褐色，外面网状。花期 5~6 月，果期 6~8 月。

- 分布与生境 常生于荒漠草原带及荒漠区的砂质地、砾石地或丘陵坡地。根寄生植物，主要寄主有红砂、珍珠柴、沙冬青、藏锦鸡儿、霸王、四合木、绵刺等。

- 用途 入药具有温阳益精、润肠通便的功效。

车前属

平车前　*Plantago depressa* Willd.

- 别名　车轮菜、车串串、车前草、小车前。
- 形态特征　一年生或二年生草本。直根长，具多数侧根。根茎短。叶基生呈莲座状；叶片纸质，椭圆形、椭圆状披针形或卵状披针形，边缘具浅波状钝齿、不规则锯齿或牙齿，基部宽楔形至狭楔形，下延至叶柄，脉 5~7 条，叶面略凹陷，于叶背明显隆起，两面疏生白色短柔毛。穗状花序细圆柱状，3~10 余个，上部密集，基部常间断；苞片三角状卵形，龙骨突宽厚，宽于两侧片；花萼无毛；花冠白色，冠筒等长或略长于萼片，裂片极小，椭圆形或卵形；雄蕊着生于冠筒内面近顶端；胚珠 5。蒴果卵状椭圆形至圆锥状卵形，于基部上方周裂。种子 4~5，椭圆形，腹面平坦，黄褐色至黑色。花期 5~7 月，果期 7~9 月。
- 分布与生境　生于草地、河滩、沟边、草甸、田间及路旁。
- 用途　种子如有味甘，性寒，有清热利尿、渗湿通淋、清肝明目之功效，用于治疗淋病尿闭、暑湿泄泻、目赤肿痛、痰多咳嗽、视物昏花。

车前 *Plantago asiatica* L.

- 别名　蛤蟆草、饭匙草、车轱辘菜、蛤蟆叶、猪耳朵。
- 形态特征　二年生或多年生草本。须根多数。根茎短，稍粗。叶基生呈莲座状，平卧、斜展或直立；叶片薄纸质或纸质，宽卵形至宽椭圆形；脉5~7条。花序3~10个，直立或弓曲上升；花序梗长5~30cm，有纵条纹，疏生白色短柔毛；穗状花序细圆柱状；苞片狭卵状三角形或三角状披针形，长过于宽，龙骨突宽厚；具短梗；花萼长2~3mm；花冠白色，冠筒与萼片约等长，裂片狭三角形，具明显的中脉，于花后反折；雄蕊着生于冠筒内面近基部，与花柱明显外伸。蒴果纺锤状卵形、卵球形或圆锥状卵形。种子5~12，卵状椭圆形或椭圆形，具角；子叶背腹向排列。花期4~8月，果期6~9月。
- 分布与生境　生于草地、沟边、河岸湿地、田边、路旁或村边空旷处。
- 用途　全草可药用，具有利尿、清热、明目、祛痰的功效。

条叶车前 *Plantago minuta* Pall.

- 别名　蒙古车前、小车前。
- 形态特征　一年生或多年生小草本。直根细长。根茎短。叶基生呈莲座状，平卧或斜展；叶片硬纸质，线形、狭披针形或狭匙状线形，全缘，基部渐狭并下延，脉 3 条，基部扩大成鞘状。穗状花序短圆柱状至头状，花序 2 至多数，紧密，有时仅具少数花；苞片宽卵形或宽三角形，花萼长 2.7~3mm，龙骨突较宽厚，延至萼片顶端，前对萼片椭圆形或宽椭圆形，后对萼片宽椭圆形；花冠白色，冠筒约与萼片等长，裂片狭卵形；雄蕊着生于冠筒内面近顶端。胚珠 2。蒴果卵球形或宽卵球形，于基部上方周裂。种子 2，椭圆状卵形或椭圆形，深黄色至深褐色，有光泽，腹面内凹成船形。花期 6~8 月，果期 7~9 月。
- 分布与生境　生于戈壁滩、沙地、沟谷、河滩、沼泽地、盐碱地、田边。

盐生车前 *Plantago maritima* subsp. *ciliata* Printz

- 形态特征　多年生草本。直根，根茎粗，长达 5cm，常有分枝，顶端具叶鞘残基及枯叶。叶簇生呈莲座状，稍肉质，干后硬革质，线形，先端长渐尖，基部渐窄并下延，边缘全缘，平展或略反卷。穗状花序 1 至多个，紧密或下部间断，穗轴密生短糖毛；花序梗长 5~40cm，无沟槽，贴生白色短糙毛；苞片三角状卵形或披针状卵形，有短缘毛，背面龙骨突厚，不达顶端。花萼长 2.2~3mm，萼片有粗短毛；花冠淡黄色，花冠筒与萼片近等长，外面散生短毛，裂片宽卵形或长圆状卵形，花后反折，疏生短缘毛。蒴果圆锥状卵圆形。种子 1~2，椭圆形或长卵圆形，长 1.6~2.3mm，腹面平坦；子叶左右向排列。花期 6~7 月，果期 7~8 月。

- 分布与生境　生于海拔 1000~1500m 的戈壁、盐湖边、盐碱地、河漫滩或盐化草甸。

忍冬属

小叶忍冬 *Lonicera microphylla* Willd. ex Schult.

- 形态特征　矮小灌木，具灰白色旱生植物外貌。小枝表皮剥落，老枝灰黑色。叶卵形、椭圆形或倒卵状椭圆形，长 10~15mm，两面密生微毛或叶面近无毛。总花梗单生叶腋，长 10~15mm，下垂；相邻两花的萼筒几乎全部合生，萼檐呈环状；花冠黄白色，长 10~13mm，里面生柔毛，基部浅囊状，唇形，上唇具 4 裂片，开花时唇瓣开展；雄蕊 5，与有毛的花柱均稍伸出花冠之外。浆果红色，直径 5~6mm。花期 5~7 月，果熟期 7~9 月。

- 分布与生境　生于干旱多石山坡、草地或灌丛中及河谷疏林下或林缘。

菊科 **Compositae**

狗娃花属

阿尔泰狗娃花 *Heteropappus altaicus* (Willd.) Novopokr.

- 别名 阿尔泰紫菀。
- 形态特征 植株绿色。茎斜升或直立，高约 20~60cm，被上曲的短贴毛，从基部分枝，上部有少数分枝，头状花序单生于枝端；叶条状披针形或匙形，长 3~7（10）cm，宽 0.2~0.7cm，开展；总苞径 0.5~1.5cm，总苞片外层草质或边缘狭膜质，内层边缘宽膜质，被腺点及毛。
- 分布与生境 生于山地、戈壁滩地，河岸路旁。
- 用途 中等饲用植物。

中亚紫菀木 *Asterothamnus centrali-asiaticus* Novopokr.

- 别名　拉白。

- 形态特征　半灌木，高
20~40cm。根状茎粗壮。茎
多数，簇生，下部多分枝，
上部有花序枝，基部木质，
外皮淡红褐色，被灰白色短
茸毛，当年生枝被灰白色蜷

曲的短茸毛。叶较密集，斜上或直立，长圆状线形或近线形，先
端尖，基部渐狭，边缘反卷，两面被灰白色蜷曲密茸毛。头状花
序较大，在茎枝顶端排成疏散的伞房花序，花序梗较粗壮；总苞
宽倒卵形，总苞片 3~4 层，覆瓦状，外层较短，卵圆形或披针
形，内层长圆形，顶端全部渐尖或稍钝，通常紫红色，背面被灰
白色蛛丝状短毛。外围的舌状花 7~10 枚，淡紫色；中央的两性
花 11~12 个，花冠管状，黄色。瘦果长圆形，稍扁，基部缩小，
具小环；冠毛白色。花果期 7~9 月。

- 分布与生境　生于草原或荒漠地区。

- 用途　中等饲用植物。

碱菀属

碱菀　*Tripolium pannonicum* (Jacquin) Dobroczajeva in Visjulina

- 别名　竹叶菊、金盏菜。
- 形态特征　茎高 30~80cm，单生或数个丛生于根茎上，下部常带红色，无毛，上部有多少开展的分枝。基部叶在花期枯萎，下部叶条状或矩圆状披针形，顶端尖，全缘或有具小尖头的疏锯齿；中部叶渐狭，无柄，上部叶渐小，苞叶状；全部叶无毛，肉质。头状花序排成伞房状，有长花序梗。总苞近管状，花后钟状。总苞片 2~3 层，疏覆瓦状排列，绿色，边缘常红色，干后膜质，无毛，外层披针形或卵圆形，顶端钝，内层狭矩圆形。舌状花 1 层；舌片长 10~12mm，宽 2mm；管状花长 8~9mm，管部长 4~5mm，裂片长 1.5~2mm。瘦果长约 2.5~3mm，扁，有边肋，两面各有 1 脉，被疏毛。花果期 8~12 月。
- 分布与生境　生于沼泽及盐碱地。

百花蒿 *Stilpnolepis centiflora* (Maxim.) Krasch.

- 别名　臭蒿。
- 形态特征　一年生草本。具粗壮纺锤形的根。茎高 40cm，分枝，有纵条纹，被绢状柔毛。叶线形，具 3 脉，两面被疏柔毛，顶端渐尖，基部有 2~3 对羽状裂片，裂片条形，平展。头状花序半球形，下垂，梗长 3~5cm，多数头状花序排成疏松伞房花序；总苞片外层 3~4 枚，草质，有膜质边缘，中内层卵形或宽倒卵形，全部膜质或边缘宽膜质，顶端圆形，背面有长柔毛；花托半球形，无托毛；小花极多数，全为两性，结实；花冠长 4mm，黄色；花药顶端具宽披针形附片；花柱分枝顶端截形。瘦近纺锤形，被稠密腺点，无冠状冠毛。花果期 9~10 月。
- 分布与生境　生于沙丘。

小甘菊 *Cancrinia discoidea* (Ledeb.) Polja ex Tzvelev.

- 别名　金纽扣。
- 形态特征　二年生草本，高5~20cm。主根细。茎自基部分枝，直立或斜升，被白色绵毛。叶灰绿色，被白色绵毛至几无毛，叶片长圆形或卵形，长2~4cm，二回羽状深裂，裂片2~5对，少有全部或部分全缘，末次裂片卵形至宽线形，顶端钝或短渐尖；叶柄长，基部扩大。头状花序单生，但植株有少数头状花序，直立；总苞直径7~12mm，被疏绵毛至几无毛；总苞片3~4层，草质，外层少数，线状披针形，顶端尖，几无膜质边缘，内层较长，线状长圆形，边缘宽膜质；花托明显凸起，锥状球形；花黄色，花冠长约1.8mm。瘦果无毛，具5条纵肋；冠毛冠状，膜质，5裂。花果期4~9月。
- 分布与生境　生于山坡、荒地和戈壁。
- 用途　可应用于园林绿化中；因其含有黄酮类化合物而有疏风散热、明目消肿、败毒抗癌、清热祛湿等功效。

亚菊属

灌木亚菊 *Ajania fruticulosa* (Ledeb.) Poljak.

- 别名 灌木艾菊。
- 形态特征 小半灌木，高 8~40cm。老枝麦秆黄色，花枝灰白色或灰绿色，被稠密或稀疏的短柔毛。中部茎叶圆形至宽卵形，二回掌状或掌式羽状 3~5 分裂，第 1、2 回全部全裂；中上部和中下部的叶掌状 3~4 全裂或有时掌状 5 裂，或全部茎叶 3 裂，末回裂片线钻形，两面同色或几同色，灰白色或淡绿色，被等量的顺向贴伏的短柔毛。头状花序小，在枝端排成伞房花序或复伞房花序；总苞钟状，4 层，外层卵形或披针形，中内层椭圆形，全部苞片边缘白色或带浅褐色膜质，顶端圆或钝，仅外层基部或外层被短柔毛，麦秆黄色；边缘雌花 5 个，花冠细管状，顶端 3~5 齿。瘦果矩圆形。花果期 6~10 月。
- 分布与生境 生于荒漠及荒漠草原。
- 用途 观赏植物；中等牧草。

菁状亚菊 *Ajania achilleoides* (Turcz.) Poljak. ex Grub.

- 别名 菁状艾菊、菁状亚菊。
- 形态特征 小半灌木，高10~20cm。根木质，垂直直伸。老枝短缩，自不定芽发出多数的花枝，花枝分枝或仅上部有伞房状花序分枝，被贴伏的顺向短柔毛。中部茎叶卵形或楔形，二回羽状分裂，第1、2回全裂，第1回侧裂片2对，末回裂片线形或线状长椭圆形，自中部向上或向下叶渐小，有柄，白色或灰白色，被稠密顺向贴伏的短柔毛。头状花序小，少数在茎枝顶端排成复伞房花序或多数复伞房花序组成大型复伞房花序；总苞钟状；总苞片4层，有光泽，麦秆黄色，外层长椭圆状披针形，中内层卵形至披针形，中外层外面被微毛；全部苞片边缘白色膜质，顶端钝或圆；边缘雌花约6个，花冠细管状；中央两性花花冠长 2.2mm；全部花冠外面有腺点。花期8月。
- 分布与生境 生于草原和荒漠草原。
- 用途 秋季开花覆被黄土干旱山地，具较高的观赏价值；全草可入药，主治肺热咳嗽；放牧型饲用植物。

碱蒿 *Artemisia anethifolia* Weber ex Stechm.

- 形态特征　一年生、二年生草本。主根单一，垂直。茎高达50cm。茎、枝初被茸毛，叶时被柔毛。基生叶椭圆形或长卵形，长 3~4.5cm，二至三回羽状全裂；中部叶卵形、宽卵形或椭圆状卵形，长 2.5~3cm，一至二回羽状全裂，每侧裂片 3~4，侧边中部裂片常羽状全裂，裂片或小裂片窄线形，长 0.6~1.2cm；上部叶与苞片叶无柄，5 或 3 全裂或不裂。头状花序半球形或宽卵圆形，径 2~3（4）mm，具短梗，基部有小苞片，排成穗状总状花序，并在茎上组成疏散、开展圆锥花序；总苞片背面微被白色柔毛或近无毛；花序托凸起，托毛白色；雌花 3~6；两性花 18~28，檐部黄色或红色。瘦果椭圆形或倒卵圆形。花果期 8~10 月。

- 分布与生境　生于海拔 1000~1500m 附近的干山坡、干河谷、碱性滩地、盐渍化草原附近、荒地及固定沙丘附近，在低湿、盐渍化地常成区域性植物群落的主要伴生种。

- 用途　民间采基生叶作中药"茵陈"代用品；牧区作牲畜饲料。

黑沙蒿 *Artemisia ordosica* Krasch.

- 别名　油蒿、鄂尔多斯蒿、沙蒿、籽蒿、哈拉–沙巴嘎。

- 形态特征　小灌木，高50~100cm。根状茎粗壮。茎多枚，老枝暗灰白色或暗灰褐色，当年生枝紫红色或黄褐色。叶黄绿色，半肉质；茎下部叶宽卵形或卵形，一至二回羽状全裂，小裂片狭线形；中部叶卵形或宽卵形，一回羽状全裂，裂片狭线形，上部叶 5 或 3 全裂。头状花序多数，卵形，有短梗及小苞叶，斜生或下垂，在分枝上排成总状或复总状花序，并在茎上组成开展的圆锥花序；总苞片 3~4 层，外、中层卵形或长卵形，背面黄绿色，边缘膜质，内层长卵形或椭圆形，半膜质；雌花 10~14 朵，花冠狭圆锥状，两性花 5~7 朵。瘦果倒卵形，果壁上具细纵纹并有胶质物。花果期 7~10 月。

- 分布与生境　多分布于荒漠与半荒漠地区的流动与半流动沙丘或固定沙丘上，也生长在干草原与干旱的坡地上，在荒漠与半荒漠地区常组成植物群落的优势种或主要伴生种。

- 用途　良好固沙植物；茎、枝可作沙障或编筐；枝、叶入药；全草作饲料。

内蒙古旱蒿 *Artemisia xerophytica* Krasch.

- **别名** 旱蒿、小砂蒿。
- **形态特征** 小灌木，高 30~40cm。主根粗大，木质，侧根多。茎丛生，木质，棕黄色，纵棱明显；上部分枝多，初时密被茸毛。

叶小，半肉质，被灰黄色短茸毛；基生叶、茎下部叶二回羽状全裂，花后凋落；中部叶卵圆形，二回羽状全裂，裂片狭楔形，小裂片狭匙形；上部叶、苞片叶羽状全裂或 3~5 全裂，裂片狭匙形。头状花序近球形，具短梗，在分枝端排成总状花序，在茎上组成圆锥花序；总苞片 3~4 层，外层狭卵形，边狭膜质，中层卵形，边宽膜质，内层半膜质；花序托具白色托毛；雌花 4~10 朵，花冠近狭圆锥状；两性花 10~20 朵，花冠管状。瘦果倒卵状长圆形。花果期 8~10 月。

- **分布与生境** 生于戈壁、半荒漠草原及半固定沙丘上，局部地区为植物群落的优势种或主要伴生种。
- **用途** 优良固沙先锋植物；可作饲草。

白莲蒿 *Artemisia gmelinii* Web. ex Stechm.

- 别名　铁秆蒿、万年蒿。
- 形态特征　亚灌木状草本。茎、枝初被微柔毛。叶背初密被灰白色平贴柔毛；茎下部与中部叶长卵形、三角状卵形或长椭圆状卵形，长 2~10cm，二至三回栉齿状羽状分裂，一回全裂，每侧裂片 3~5，小裂片栉齿状披针形或线状披针形，中轴两侧具 4~7 栉齿，叶柄长 1~5cm，基部有小型栉齿状分裂的假托叶；上部叶一至二回栉齿状羽状分裂；苞片叶羽状分裂或不裂。头状花序近球形，下垂，径 2~4mm，具短梗或近无梗，排成穗状总状花序，在茎上组成密集或稍开展圆锥花序；总苞片背面初密被灰白色柔毛；雌花 10~12；两性花 20~40。瘦果窄椭圆状卵圆形或窄圆锥形。花果期 8~10 月。
- 分布与生境　生于狼山山坡或灌丛。
- 用途　民间入药，有清热、解毒、祛风、利湿之效，可作"茵陈"代用品，又作止血药。

圆头蒿 *Artemisia sphaerocephala* Krasch.

- 别名　白沙蒿、籽蒿、黄蒿。
- 形态特征　小灌木。主根粗长，木质，垂直，侧根多，水平伸展或斜向下；根状茎粗大，木质，有营养枝。茎通常多枚，成丛，稀单一，高 80~150cm，灰黄色或灰白色，光滑，干时灰褐色，常扭曲，具薄片状剥落的外皮，纵棱细，灰黄色或上部枝部分为淡紫红色。叶稍厚，半肉质；短枝上叶常密集着生成簇生状；茎下部、中部叶宽卵形或卵形，一至二回羽状全裂，每侧有裂片 1~3 枚；上部叶羽状分裂或 3 全裂；苞片叶不分裂，线形，稀 3 全裂。头状花序球形或近球形，具短梗，下垂；总苞片 3~4 层；雌花 4~12；两性花 6~20 朵，不孕育，花冠管状。瘦果小，黑色，果壁上具胶质物。花果期 7~10 月。
- 分布与生境　生于荒漠地区的流动、半流动或固定的沙丘上，也见生于干旱的荒坡上，局部地区常形成植物群落的建群种或优势种。
- 用途　良好的固沙植物；枝供编筐或作固沙的沙障；枝、叶为牧区牲畜饲料；果壁胶质物作食品的黏着剂；瘦果入药，作消炎或驱虫药。

冷蒿 *Artemisia frigida* Willd.

- 别名　小白蒿。

- 形态特征　多年生草本，有时略成半灌木状。主根细长或粗，木质化，侧根多；根状茎粗短或略细，有多条营养枝，并密生营养叶。茎直立，数枚或多数常与营养枝共组成疏松或稍密集的小丛，稀单生，基部多少木质化；茎、枝、叶及总苞片背面密被淡灰黄色或灰白色、稍带绢质的短茸毛，后茎上毛稍脱落。茎下部叶与营养枝叶长圆形或倒卵状长圆形，二至三回羽状全裂，每侧有裂片 2~4 枚；中部叶长圆形或倒卵状长圆形，一至二回羽状全裂，每侧裂片 3~4 枚；上部叶与苞片叶羽状全裂或 3~5 全裂，裂片长椭圆状披针形或线状披针形。头状花序半球形、球形或卵球形，在茎上排成总状花序或为狭窄的总状花序式的圆锥花序；总苞片 3~4 层；花序托有白色托毛；雌花 8~13 朵；花冠狭管状；两性花 20~30 朵，花冠管状。瘦果长圆形或椭圆状倒卵形。花果期 7~10 月。

- 分布与生境　生于荒漠草原及干旱与半干旱地区的山坡、路旁、砾质旷地、固定沙丘、戈壁等地区，常构成山地干旱与半干旱地区植物群落的建群种或主要伴生种。

- 用途　全草入药，有止痛、消炎、镇咳之功效，还作"茵陈"的代用品；在牧区为牲畜营养价值良好的饲料。

糜蒿 *Artemisia blepharolepis* Bunge

- **别名**　白沙蒿、白里蒿。
- **形态特征**　一年生草本，有臭味。根垂直、单一、细。茎单生，高 20~60cm，分枝多；茎、枝密被灰白色细短柔毛。叶两面密被灰白色柔毛；茎下部叶与中

部叶长卵形或长圆形，二回栉齿状的羽状分裂，第一回全裂，每侧具裂片 5~8 枚；上部叶与苞片叶栉齿状羽状深裂或浅裂或不分裂，椭圆状披针形或披针形，边缘具若干枚栉齿。头状花序椭圆形或长椭圆形，具短梗及小苞叶，下垂，在分枝的小枝上近排成穗状花序式的短总状花序，而在茎上组成开展的圆锥花序；总苞片 4~5 层；雌花 2~3 朵，花冠狭圆锥形；两性花 3~6 朵，不孕育，花冠短管状或长圆形。瘦果椭圆形。花果期 7~10 月。
- **分布与生境**　生于低海拔地区干山坡、草原、荒漠草原、荒地、路旁及河岸沙滩上，局部地区成为植物群落的优势种。为夏雨型一年生植物，夏季雨后迅速萌发生长、开花结实至死亡。
- **用途**　优良固沙植物；可作饲草。

黄花蒿 *Artemisia annua* L.

- 别名 臭黄蒿。

- 形态特征 一年生草本，高 100~200cm，植株有浓烈的挥发性香气。根单生，狭纺锤形。茎单生，有纵棱，多分枝；叶纸质，绿色；茎下部叶宽卵形或三角状卵形，绿色，两面具细小脱落性的白色腺点及细小凹点，三至四回栉齿状羽状深裂，中部叶二至三回栉齿状的羽状深裂。头状花序球形，有短梗，下垂或倾斜，基部有线形的小苞叶，在茎上组成开展、尖塔形的圆锥花序；总苞片 3~4 层，外层长卵形或狭长椭圆形，边膜质，中层、内层宽卵形或卵形，花序托凸起，半球形；花深黄色，雌花 10~18 朵，两性花 10~30 朵，结实或中央少数花不结实，花冠管状。瘦果小，椭圆状卵形，略扁。花果期 8~11 月。

- 分布与生境 生于路旁、荒地、山坡、林缘等处；也见于盐渍化的土壤上，局部地区可成为植物群落的优势种或主要伴生种。

- 用途 入药，作清热、解暑、截疟、凉血用，还作外用药；亦可用作香料、牲畜饲料；含挥发油、青蒿素、黄酮类化合物等，其中青蒿素为抗疟的主要有效成分。

艾 *Artemisia argyi* H. Lév. et Vaniot

- 别名　艾蒿、白蒿、甜艾、灸草、蕲艾、恰尔古斯-苏伊加、荽哈。

- 形态特征　多年生草本或稍亚灌木状，植株有浓香。茎有少数短分枝，茎、枝被灰色蛛丝状柔毛。叶面被灰白色柔毛，兼有白色腺点与小凹点，叶背密被白色蛛丝状茸毛；基生叶具长柄；茎下部叶近圆形或宽卵形，羽状深裂，每侧裂片 2~3，裂片有 2~3 小裂齿，干后下面主、侧脉常深褐色或锈色；中部叶卵形、三角状卵形或近菱形，一至二回羽状深裂或半裂，每侧裂片 2~3，裂片卵形、卵状披针形或披针形，干后主脉和侧脉深褐或锈色。头状花序椭圆形，排成穗状花序或复穗状花序，在茎上常组成尖塔形窄圆锥花序；总苞片背面密被灰白色蛛丝状绵毛，边缘膜质；雌花 6~10；两性花 8~12，檐部紫色。瘦果长卵圆形或长圆形。花果期 7~10 月。

- 分布与生境　生于荒地、路旁河边及山坡等地。

- 用途　全草入药，有温经、去湿、散寒、止血、消炎、平喘、止咳、安胎、抗过敏等功效；此外全草作杀虫的农药或作薰烟为房间消毒、杀虫；嫩芽及幼苗作菜蔬。

野艾蒿 *Artemisia lavandulifolia* DC.

- 别名　荫地蒿、野艾、小叶艾、狭叶艾、苦艾、色古得尔音–沙里尔日、哲尔日格–荬哈。

- 形态特征　多年生草本，高 50~120cm。茎直立，上部有斜升的花序枝，被密短毛。下部叶有长柄，二次羽状分裂，裂片常有齿；中部叶长达 8cm，宽达 5cm，基部渐狭成短柄，有假托叶，羽状深裂，裂片 1~2 对，条状披针形，或无裂片，顶端尖，叶面被短微毛，密生白腺点，叶背有灰白色密短毛，中脉无毛；上部叶渐小，条形、全缘。头状花序极多数，常下倾，在上部的分枝上排列成复总状，有短梗及细长苞叶；总苞矩圆形；总苞片矩圆形，约 4 层，外层渐短，边缘膜质，背面被密毛；花红褐色，外层雌性，内层两性。瘦果长不及 1mm，无毛。

- 分布与生境　生于山谷、草地、灌丛及路旁。

龙蒿 *Artemisia dracunculus* L.

- 别名　狭叶青蒿、蛇蒿、椒蒿、青蒿、伊舍根-沙里尔日、伊舍根-沙瓦格。

- 形态特征　多年生草本，高50~150cm，有长地下茎。茎直立，无毛，下部木质，中部以上有密集的分枝。下部叶在花期萎谢；中部以上叶密集，条形或矩圆状条形，两面无毛，长 3~6cm，宽 2~4mm，全缘，顶端渐尖；上部叶小，
宽约 1mm。头状花序多数，在茎和枝上排列成稍密集的复总状花序，有约与总苞等长的细梗及条形苞叶；总苞球形，直径 2.5~3mm，近无毛；总苞片 3 层，外层条形，内层较宽，边缘宽膜质；花外层雌性，能育，达 7 个；内层较多，两性，不育。瘦果倒卵形，长 0.6mm，无毛。花果期 7~10 月。

- 分布与生境　生于干山坡、半荒漠草原、林缘、田边、路旁、干河谷、河岸阶地，也见于盐碱滩附近，常成丛生长，局部地区成为植物群落的主要伴生种。

猪毛蒿 *Artemisia scoparia* Waldst. et Kit.

- 别名　石茵陈、山茵陈、扫帚艾、阿各弄、伊麻干-沙里尔日、察尔旺。
- 形态特征　一年生或二年生草本。茎直立，高 40~90cm，直径达 4mm，有多数开展或斜升的分枝，有时具叶较大而密集的不育枝。叶密集；下部叶与不育茎的叶同形，有长柄，叶片矩圆形，二或三回羽状全裂，裂片狭长或细条形，常被密绢毛或叶面无毛，顶端尖；中部叶长 1~2cm，一或二回羽状全裂，裂片极细；上部叶 3 裂或不裂。头状花  序极多数，有线形苞叶，在茎及侧枝上排列成复总状花序；总苞近球形；总苞片 2~3 层，卵形，边缘宽膜质，背面绿色，近无毛；花外层 5~7 个，雌性，能育，内层约 4 个，不育。瘦果矩圆形。花果期 7~10 月。
- 分布与生境　生于半干旱或半温润地区的山坡、林缘、路旁、草原、黄土高原、荒漠边缘地区，局部地区构成植物群落的优势种。

栉叶蒿 *Neopallasia pectinata* (Pall.) Poljak.

- **别名** 篦齿蒿。
- **形态特征** 一年生或多年生草本。茎自基部分枝或不分枝，直立，高 12~40cm，常带淡紫色，多少被稠密的白色绢毛。叶长圆状椭圆形，栉齿状羽状全裂，裂片线状钻形，单一或有 1~2 同形的小齿。头状花序，卵形或狭卵形，单生或数个集生于叶腋，多数头状花序在小枝或茎中上部排成多少紧密的穗状或狭圆锥状花序；总苞片宽卵形，草质，有宽的膜质边缘；内层较狭；边缘的雌性花 3~4 个，能育，花冠狭管状，全缘；中心花两性，9~16 个，有 4~8 个着生于花托下部，能育，其余着生于花托顶部的不育，全部两性花花冠 5 裂，有时带粉红色。瘦果椭圆形，深褐色，具细沟纹，在花托下部排成一圈。花果期 7~9 月。
- **分布与生境** 生于荒漠、河谷砾石地及山坡荒地。
- **用途** 干枯后，马和牛稍采食，而绵羊、山羊和骆驼均喜食。在荒漠草原带，羊、牛、骆驼均喜食其鲜草。

苍耳属

苍耳 *Xanthium strumarium* L.

- 别名　老苍子、粘头婆、虱马头、苍耳子。

- 形态特征　一年生草本，高20~90cm。根纺锤状，分枝或不分枝。茎下部圆柱形，上部有纵沟，被灰白色糙伏毛。叶三角状卵形或心形，近全缘或3~5浅裂，边缘有不规则的粗锯齿，有三基出脉，侧脉弧形，直达叶缘，脉上密被糙伏毛，叶面绿色，叶背苍白色，被糙伏毛。雄性的头状花序球形，总苞片长圆状披针形，被短柔毛，有多数的雄花，花冠钟形；花药长圆状线形；雌性的头状花序椭圆形，外层总苞片小，披针形，被短柔毛，内层总苞片结合成囊状，宽卵形或椭圆形，绿色，在瘦果成熟时变坚硬，外面有疏生的具钩状的刺；喙坚硬，锥形，上端略呈镰刀状。瘦果 2，倒卵形。花期 7~8 月，果期 9~10 月。

- 分布与生境　常生长于低山、荒野路边、田边。

- 用途　种子可榨油，苍耳子油可掺和桐油制油漆；果实供药用。

絭蒿 *Elachanthemum intricatum* (Franch.) Ling et Y. R. Ling

- **别名** 博尔-图柳格。

- **形态特征** 一年生草本，高 15~35cm。自基部多分枝，并形成球形枝丛，茎淡红色，被稀疏的绵毛。叶无柄，有绵毛，羽状分裂；基部叶和茎中

下部的叶长 1~3cm，裂片 7 枚，其中 4 裂片位于叶基部，3 裂片位于叶先端，裂片线形，长 2~5mm；茎上部叶 5 裂、3 裂或线形不裂。头状花序多数，在茎枝顶端排成疏松伞房花序。总苞杯状半球形，直径 5~6mm，内含 60~100 朵花；总苞片 3~4 层，内外层近等长或外层稍短，最外面有绵毛；全部小花花冠淡黄色，顶端裂片短，三角形，外卷。瘦果斜倒卵形，有 15~20 条细沟纹。花果期 9~10 月。

- **分布与生境** 生于荒漠或草原。

- **用途** 牧区牲畜饲料。

花花柴 *Karelinia caspia* (Pall.) Less.

- 别名　胖姑娘。

- 形态特征　多年生草本，高 50~150cm。茎粗壮，直立，多分枝，圆柱形，中空，幼枝有沟或多角形，被密糙毛或柔

毛，老枝除有疣状突起外，几乎无毛。叶卵圆形，长卵圆形，或长椭圆形，有圆形或戟形的小耳，抱茎，全缘，几乎肉质。头状花序；苞叶渐小，卵圆形或披针形；总苞卵圆形或短圆柱形，约 5 层，外层卵圆形，顶端圆形，较内层短，内层长披针形，顶端稍尖，厚纸质，外面被短毡状毛，边缘有较长的缘毛；小花黄色或紫红色；雌花花冠丝状；两性花花冠细管状；冠毛白色；雌花冠毛有纤细的微糙毛；雄花冠毛顶端较粗厚，有细齿。瘦果圆柱形，基部较狭窄，有 4~5 纵棱。花期 7~9 月，果期 9~10 月。

- 分布与生境　生于戈壁滩地、沙丘、草甸盐碱地和苇地水田旁，常大片群生，极常见。

- 用途　具有极好的耐盐和耐旱性，是一种改良盐碱土的有效植物；也是营养价值和产草量都较高的野生饲草。

蓼子朴 *Inula salsoloides* (Turcz.) Ostenf.

- 别名　沙地旋覆花、黄喇嘛。
- 形态特征　亚灌木，高 10~45cm。地下茎分枝长，横走，木质，膜质鳞片状叶；茎直立，下部木质，基部有密集的长分枝，分枝细，常弯曲，被白色基部常疣状的长粗毛。叶披针状或长圆状线形，全缘，基部常心形或有小耳，半抱茎，稍肉质，叶面无毛，叶背有腺及短毛。头状花序单生于枝端；总苞倒卵形，4~5 层，线状卵圆状至长圆状披针形，干膜质，基部稍革质，黄绿色，背面无毛，上部或全部有缘毛；舌状花浅黄色，椭圆状线形，顶端有 3 个细齿；花柱分枝细长，管状花花冠上部狭漏斗状，顶端有尖裂片；冠毛白色。瘦果有多数细沟，被腺和疏粗毛。花期 5~8 月，果期 7~9 月。
- 分布与生境　生于干旱草原、半荒漠、荒漠地区的戈壁滩地、流砂地、固定沙丘、湖河沿岸冲积地。
- 用途　良好的固沙植物。

蓝刺头属

砂蓝刺头 *Echinops gmelinii* Turcz.

- 别名　刺头、火茸草。
- 形态特征　一年生草本。茎单生，茎枝淡黄色，疏被腺毛。下部茎生叶线形或线状披针形，边缘具刺齿或三角形刺齿裂或刺状缘毛；中上部茎生叶与下部茎生叶同形；叶纸质，两面绿色，疏被蛛丝状毛及腺点。复头状花序单生茎顶或枝端，径 2~3cm，基毛白色，长 1cm，细毛状，边缘糙毛状；总苞片 16~20，外层线状倒披针形，爪基部有蛛丝状长毛，中层倒披针形，长 1.3cm，背面上部被糙毛，背面下部被长蛛丝状毛，内层长椭圆形，中间芒刺裂较长，背部被长蛛丝状毛；小花蓝色或白色。瘦果倒圆锥形，密被淡黄棕色长直毛，遮盖冠毛。冠毛膜片线形，边缘疏糙毛状。花果期 6~9 月。
- 分布与生境　生于山坡砾石地、荒漠草原、黄土丘陵或河滩。
- 用途　中等饲用植物；根可入药，有清热解毒、消臃肿、通乳等功效。

盐地风毛菊 *Saussurea salsa* (Pall.) Spreng.

● 形态特征　多年生草本，高15~50cm。根状茎粗，茎单生或数个，上部或自中部以上伞房花序状分枝。基生叶与下部茎叶全形长圆形，大头羽状深裂或浅裂，顶裂片三角形或箭头形，侧裂 2 对，椭圆形或三角形；中下部茎叶长圆形、长圆状线形或披针形，无柄；上部茎叶披针形，无柄，全缘；全部叶绿色，肉质，叶面被稀疏白色短糙毛，叶背具白色透明腺点。头状花序多数，在茎枝顶端排成伞房花序，有花序梗，被稀疏蛛丝状绵毛；总苞狭圆柱状，5~7 层，外层卵形，中层披针形，内层长披针形，全部总苞片外面被蛛丝状绵毛；小花粉紫色。瘦果长圆形，红褐色，无毛；冠毛白色。花果期 7~9 月。

● 分布与生境　生于盐土草地、戈壁滩、湖边。

苓菊属

蒙新苓菊 *Jurinea mongolica* Maxim.

- **别名** 蒙古久苓菊、蒙疆苓菊。
- **形态特征** 多年生草本，高
8~25cm。根直伸，粗厚。茎基
粗厚，团球状或疙瘩状，被密厚
的绵毛及残存的褐色的叶柄。基
生叶全形长椭圆形或长椭圆状披
针形，羽状深裂、浅裂或齿裂，侧裂片 3~4 对；全部裂片全缘，
反卷；茎生叶与基生叶同形，但基部无柄，小耳状扩大；全部茎
叶两面同色，绿色或灰绿色。头状花序单生枝端；总苞碗状，绿
色或黄绿色，4~5 层，最外层披针形；中层披针形或长圆状披针
形；最内层线状长椭圆形或宽线形；全部苞片质地坚硬，革质，外
面有黄色小腺点及稀疏蛛丝毛，中外层苞片外面通常被稠密的短
糙毛；花冠红色，外面有腺点。瘦果淡黄色，倒圆锥状，4 肋，
上部有稀疏的黄色小腺点。冠毛褐色，有 2~4 根超长的冠毛刚
毛，冠毛刚毛短羽毛状，基部永久固结在瘦果上。花期 5~8 月。
- **分布与生境** 分布于固定及半固定沙丘。
- **用途** 以茎基部绵毛入药，主治外伤出血、鼻出血。

革苞菊 *Tugarinovia mongolica* Iljin

• 形态特征　多年生低矮草本。根茎粗壮。茎基被污白色厚茸毛，上端有少数稀多数簇生或单生的花茎。花茎不分枝，密被白色茸毛，无叶。叶多数簇生茎基成莲座状，叶革质，长圆形，长 7~15cm，羽状深裂或浅裂，裂片宽短，有浅齿，齿端有长 2~4mm 的硬刺，叶柄基部扩大被长茸毛。头状花序单生花茎顶端，下垂，具多数同形的盘状两性花，径达 2cm；总苞倒卵圆形，总苞片 3~4 层，上部稍紫红色，先端有刺。小花多数，花冠管状，褐黄色，5 裂，裂片卵圆状披针形；花药顶端尖，基部有丝状全缘长尾部；花柱分枝卵圆形，有泡状突起，花柱基部在子房上围有冠状具 5 齿的附片；冠毛污白色，有不等长微糙毛。瘦果有细沟，无毛。

• 分布与生境　生于干旱草地，海拔 1000~1500m。

• 保护等级　国家二级保护野生植物。

顶羽菊 *Acroptilon repens* (L.) DC.

● 形态特征　多年生草本，高 25~70cm。根直伸。茎单生，或少数茎成簇生，直立，自基部分枝，分枝斜升，全部茎枝被蛛丝毛，被稠密的叶。全部茎叶质地稍坚硬，长椭圆形或匙形或线形，边缘全缘，无锯齿或少数不明显的细尖齿，或叶羽状半裂，侧裂片三角形或斜三角形，两面灰绿色，被稀疏蛛丝毛或脱毛。头状花序多数在茎枝顶端排成伞房花序或伞房圆锥花序；总苞卵形或椭圆状卵形。总苞片约 8 层，覆瓦状排列，向内层渐长，外层与中层卵形或宽倒卵形，上部有附属物，附属物圆钝。全部苞片附属物白色，透明，两面被稠密的长直毛。全部小花两性，管状，花冠粉红色或淡紫色。瘦果倒长卵形，淡白色。冠毛白色，多层，向内层渐长，全部冠毛刚毛基部不连合成环，短羽毛状。花果期 5~9 月。

● 分布与生境　生于山坡、丘陵、平原、农田、荒地，广布。

拐轴鸦葱 *Scorzonera divaricata* Turcz.

- 别名 分枝亚葱。
- 形态特征 多年生草本，高20~70cm。根垂直直伸。茎直立，自基部多分枝，茎枝灰绿色，纤细，茎基裸露。叶线形或丝状，先端长渐尖，常卷曲成钩状，向上部的茎叶短小，中脉宽厚。头状花序单生于茎枝顶端，形成疏松的伞房状花序，具4~5枚舌状小花；总苞狭圆柱状，约4层，外层短，宽卵形或长卵形，中内层渐长，长椭圆状披针形或线状长椭圆形，顶端急尖或钝；全部苞外面被尘状短柔毛或果期变稀毛；舌状小花黄色。瘦果圆柱状，有多数纵肋，无毛，淡黄色或黄褐色；冠毛污黄色，羽毛状，羽枝蛛丝毛状，冠毛上部细锯齿状。花果期5~9月。
- 分布与生境 生于荒漠地带干河床、沟谷中及沙地中的丘间低地、固定沙丘上。
- 用途 全草入药，清热解毒，主治疔毒恶疮。

帚状鸦葱 *Scorzonera pseudodivaricata* Lipsch.

- 别名　假叉枝鸦葱。
- 形态特征　多年生草本，高 7~50cm。根垂直直伸。茎自中部以上分枝，成帚状；全部茎枝被尘状短柔毛或稀毛至无毛。叶互生或植株含有对生的叶序，线
形，基生叶的基部鞘状扩大，半抱茎，茎生叶顶端渐尖或长渐尖，被白色短柔毛或脱毛。头状花序多数，单生茎枝顶端，黄色舌状小花 7~12 枚；总苞狭圆柱状，总苞片顶端急尖或钝，外面被白色尘状短柔毛，5 层，外层卵状三角形，中内层椭圆状披针形、线状长椭圆形或宽线形。瘦果圆柱状，冠毛污白色，冠毛长大部羽毛状，顶端锯齿状，冠毛与瘦果连接处有蛛丝状毛环。花果期 5~8 月。
- 分布与生境　生于荒漠砾石地、干山坡、石质残丘、戈壁和沙地。

蒙古鸦葱 *Scorzonera mongolica* Maxim.

- 别名　羊角菜。
- 形态特征　多年生草本，高 5~35cm。根垂直直伸，圆柱状。茎多数，上部有分枝，全部茎枝灰绿色，光滑；茎基部被褐色或淡黄色的鞘状残遗。基生叶长椭圆形或长椭圆状披针形或线状披针形，顶端渐尖，基部渐狭成柄；茎生叶披针形、长披针形、椭圆形、长椭圆形或线状长椭圆形，顶端尖，基部楔形收窄；全部叶肉质，两面光滑无毛，灰绿色，离基 3 出脉。头状花序单生于茎端，或茎生 2 枚头状花序，成聚伞花序状排列，含 19 枚舌状小花；总苞狭圆柱状；舌状小花黄色。瘦果圆柱状，淡黄色，有多数高起纵肋；冠毛白色，羽毛状，仅顶端微锯齿状。花果期 4~8 月。
- 分布与生境　生于盐化草甸、盐化沙地、盐碱地、干湖盆、湖盆边缘、草滩及河滩地。
- 用途　幼嫩茎叶是优质饲草。

头序鸦葱 *Scorzonera capito* Maxim.

- 别名　绵毛鸦葱。
- 形态特征　多年生草本，高 5~13cm。根黑褐色，垂直。茎簇生，粗壮，有条棱，茎基粗大成球形或几球形，被稠密的鞘状残遗，鞘内被稠密的污白色长绵毛。基生叶莲

座状，卵形、匙形、长椭圆形、披针状长椭圆形或线状长椭圆形；茎生叶少数，2~3 枚，较小，卵形或披针形；全部叶质地坚硬，稍革质，边缘皱波状，离基 5~9 出脉。头状花序单生茎端，极少单生于枝端；总苞钟状，4~5 层，向内层渐长，外层卵形或长卵形，中层长椭圆状披针形，内层长披针形；舌状小花黄色。瘦果圆柱状，淡黄色，有多数纵肋，沿肋有多数尖脊瘤状突起，上部被稀疏的长柔毛。冠毛白色。花果期 5~8 月。
- 分布与生境　生于荒漠砾石地、砂质地及山前平原。

蒲公英 *Taraxacum mongolicum* Hand.-Mazz.

- 别名　姑姑英、婆婆丁。
- 形态特征　多年生草本，含白色乳汁。根圆柱状，黑褐色，粗壮。叶倒卵状披针形、倒披针形或长圆状披针形，边缘具波状齿，或羽状深裂、倒向羽状深裂、大头羽状深裂，侧裂片 3~5 片，三角形或三角状披针形，平展或倒向，裂片间常夹生小齿。花莛 1 至数个，高10~25cm，上部紫红色；头状花序

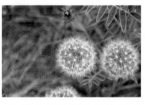

总苞钟状，淡绿色；总苞片 2~3 层，外层总苞片卵状披针形或披针形，边缘宽膜质，基部淡绿色，上部紫红色，具角状突起；内层总苞片线状披针形，先端紫红色，具小角状突起；舌状花黄色，边缘花舌片背面具紫红色条纹，花药和柱头暗绿色。瘦果倒卵状披针形，暗褐色，纤细；冠毛白色。花果期 4~10 月。
- 分布与生境　生于山坡草地、路边、田野、河滩。
- 用途　全草供药用，有清热解毒、消肿散结的功效。

苣荬菜 *Sonchus brachyotus* DC.

- 别名　取麻菜、甜苣、苦菜。
- 形态特征　多年生草本。根垂直直伸，多少有根状茎。茎直立，高 30~150cm，上部或顶部有伞房状花序分枝，花序分枝与花序梗被稠密的头状具柄的腺毛。基生叶多数，与中下部茎叶全形倒披针形或长椭圆形，羽状或倒向羽状深裂、半裂或浅裂，侧裂片 2~5 对；全部叶裂片边缘有小锯齿或小尖头；全部叶基部渐窄成翼柄，但中部以上茎叶无柄，基部圆耳状扩大半抱茎。头状花序在茎枝顶端排成伞房状花序；总苞钟状，基部有茸毛，3 层，披针形；全部总苞片外面沿中脉有 1 行头状具柄的腺毛；舌状小花黄色。瘦果稍压扁，长椭圆形，每面有 5 条细肋，肋间有横皱纹。冠毛白色，彼此纠缠，基部连合成环。花果期 1~9 月。
- 分布与生境　生于山坡草地、林间草地、潮湿地或近水旁、村边或河边砾石滩。
- 用途　全草入药，有清热解毒、利湿排脓、凉血止血之功效。

苦苣菜 *Sonchus oleraceus* L.

- 别名　滇苦荬菜、苦菜。

- 形态特征　一年生或二年生草本，高40~150cm。根圆锥状，垂直直伸。茎直立，中空，具白乳汁，上部分枝有纵条棱或条纹。基生叶羽状深裂，全形长椭圆形或倒披针形，基部渐狭成翼柄；中下部茎叶羽状深裂或大头状羽状深裂，全形椭圆形或倒披针形，下部茎叶披针形，基部半抱茎；全部叶或裂片边缘及抱茎小耳边缘有大小不等的锯齿，两面光滑，质地薄。头状花序少数，在茎枝顶端排成伞房花序或总状花序或单生茎枝顶端；总苞宽钟状，3~4层，外层长披针形或长三角形，中内层长披针形至线状披针形，外面被腺毛和微毛；舌状小花黄色。瘦果褐色，长椭圆形或长椭圆状倒披针形，扁，每面具3细脉。冠毛白色。花果期5~12月。

- 分布与生境　生于山坡或山谷林缘、林下或平地田间、空旷处或近水处。

- 用途　全草入药，有祛湿、清热解毒之功效。

莴苣属

乳苣 *Lactuca tatarica* (L.) C. A. Mey.

- 别名　紫花山莴苣、苦菜。
- 形态特征　多年生草本，高 15~60cm。根垂直直伸。茎直立，有细条棱或条纹，上部有圆锥状花序分枝，全部茎枝光滑。中下部茎叶长椭圆形或线状长椭圆形或线形，基部渐狭成短柄，羽状浅裂或半裂或边缘有大锯齿，侧裂片 2~5 对；全部叶质地稍厚，两面光滑无毛。头状花序约含 20 枚小花，在茎枝顶端成狭或宽圆锥花序；总苞圆柱状或楔形，4 层，中外层较小，卵形至披针状椭圆形，内层披针形或披针状椭圆形，全部苞片外面光滑，带紫红色；舌状小花紫色或紫蓝色。瘦果长圆状披针形，稍压扁，灰黑色，每面有 5~7 条高起的纵肋，中肋稍粗厚，顶端渐尖成喙。冠毛 2 层，白色。花果期 6~9 月。
- 分布与生境　生于河滩、湖边、草甸、田边、固定沙丘或砾石地。

鳍蓟 *Olgaea leucophylla* (Turcz.) Iljin

- 别名　火媒草、白山蓟。
- 形态特征　多年生草本，高 15~80cm。根粗壮，直伸。茎直立，粗壮，全部茎枝灰白色，被稠密的蛛丝状茸毛。基部茎叶长椭圆形，或稍明显羽状浅裂，侧裂片 7~10 对；全部裂片及刺齿顶端及边缘有褐色或淡黄色的针刺；茎生叶与基生叶同形或椭圆形或椭圆状披针形，但较小；上部及接头状花序下部的叶椭圆形、披针形或长三角形；全部茎叶两面几乎同色，灰白色，厚纸质，基生叶有短柄；茎叶沿茎下延成茎

翼，两面异色，叶面无毛，绿色，叶背灰白色，被密厚茸毛，边缘有大小不等的刺齿。头状花序多数或少数单生茎枝顶端；总苞钟状，多层，向内层渐长；全部苞片顶端渐尖成针刺，外层全部或上部向下反折；小花紫色或白色，外面有腺点。瘦果长椭圆形，稍压扁，浅黄色，有棕黑色色斑，约有 10 条高起的肋棱及多数肋间细条纹，果缘边缘尖齿状。冠毛浅褐色，多层，向内层渐长；冠毛刚毛细糙毛状。花果期 5~10 月。
- 分布与生境　生于草地、农田或水渠边。
- 用途　全草入药，有清热解毒、消痰散结、凉血止血之功效。

薊属

大刺儿菜 *Cirsium setosum* (Wild.) Besser ex M. Bieb.

- 别名 刺儿菜、大蓟、小蓟。
- 形态特征 多年生草本。茎直立，高
30~120cm，上部有分枝。基生叶和中
部茎叶椭圆形、长椭圆形或椭圆状倒披
针形，顶端钝或圆形，基部楔形，上部
茎叶渐小，椭圆形或披针形或线状披针形，或全部茎叶不分裂，
叶缘有细密的针刺，针刺紧贴叶缘；全部茎叶两面同色。头状花
序单生茎端，或植株含少数或多数头状花序在茎枝顶端排成伞房
花序；总苞卵形、长卵形或卵圆形，约6层，覆瓦状排列，向内
层渐长；内层及最内层长椭圆形至线形，中外层苞片顶端有短针
刺，内层及最内层渐尖，膜质，短针刺；小花紫红色或白色，两
性花花冠较雌花花冠长。瘦果淡黄色，椭圆形或偏斜椭圆形，压
扁，顶端斜截形。冠毛污白色，多层，整体脱落；冠毛刚毛长羽
毛状，顶端渐细。花果期5~9月。
- 分布与生境 生于山坡、河旁或荒地、田间。
- 用途 幼嫩时期可作饲草；蜜源植物；药用植物；嫩苗可食用。

香蒲科 **Typhaceae**

香蒲属

水烛　*Typha angustifolia* L.

- 别名　狭叶香蒲、蒲草。

- 形态特征　多年生水生或沼生草本。根状茎乳黄色、灰黄色，先端白色。地上茎直立，粗壮，高约1.5~3m。叶片上部扁平，中部以下腹面微凹，背面向下逐渐隆起呈凸形；叶鞘抱茎。雌雄花序相距2.5~6.9cm；雄花序轴具褐色扁柔毛，单出，或分叉；叶状苞片1~3枚，花后脱落；雌花序长15~30cm，基部具1枚叶状苞片，通常比叶片宽，花后脱落；雄花由3枚雄蕊合生，有时2枚或4枚组成。小坚果长椭圆形，具褐色斑点，纵裂。种子深褐色。花果期6~9月。

- 分布与生境　生于湖泊、河流、池塘浅水处，水深稀达1m或更深，沼泽、沟渠亦常见，当水体干枯时可生于湿地及地表龟裂环境中。

- 用途　花粉即蒲黄可入药；叶片用于编织、造纸等；幼叶基部和根状茎先端可作蔬食；雌花序可作枕芯和坐垫的填充物，是重要的水生经济植物之一；常作花卉观赏。

小香蒲 *Typha minima* Funck ex Hoppe

• 形态特征 多年生沼生或水生草本。根状茎姜黄色或黄褐色，顶端乳白色，茎直立，高 16~65cm。叶通常基生，鞘状，叶鞘边缘膜质，叶耳长 0.5~1cm。雌雄花序远离，雄花序长 3~8cm，花序轴无毛，基部具 1 叶状苞片，脱落；雌花序长 1.6~4.5cm，叶状苞片宽于叶片。雄花无花被，雄蕊单生，有时 2~3 合生，基部具短柄，花药长 1.5mm；雌花具小苞片；孕性 雌花子房长 0.8~1mm，纺锤形；不孕雌花子房倒圆锥形，白色丝状毛先端膨大呈圆形，生于子房柄基部，与不孕雌花及小苞片近等长，短于柱头。小坚果椭圆形，纵裂；果皮膜质。种子黄褐色，椭圆形。花果期 5~8 月。

• 分布与生境 生于池塘、水沟边浅水处，亦常见于一些水体干枯后的湿地及低洼处。

眼子菜科 **Potamogetonaceae**

眼子菜属

小眼子菜 *Potamogeton pusillus* L.

● 形态特征　沉水草本，无根茎。茎椭圆状柱形或近圆柱形，纤细，径约 0.5mm，具分枝，近基部常匍匐地面，节疏生白色须根，茎节无腺体，偶有不明显腺体，节间长 1.5~6cm。叶线形，长 2~6cm，宽约 1mm，先端渐尖，全缘，叶脉 1 或 3，中脉明显，两侧有通气组织所形成的细纹，侧脉无或不明显；无柄，托叶透明膜质，与叶离生，长 0.5~1.2cm，边缘合生成套管状抱茎（或幼时套管状），常早落；休眠芽腋生，纤细纺锤状，长 1~2.5cm，下面具 2 或 3 枚小苞叶。穗状花序顶生，花 2~3 轮，间断排列；花序梗与茎相似或稍粗于茎。花小，花被片 4，绿色；雌蕊 4。果斜倒卵圆形，长 1.5~2mm，顶端具稍后弯短喙，龙骨脊钝圆。花果期 5~10 月。

● 分布与生境　生于池塘、水田或沟渠。

穿叶眼子菜 *Potamogeton perfoliatus* L.

- 别名 抱茎眼子菜。
- 形态特征 多年生沉水草本。根茎白色，节生须根。茎圆柱形，径 0.5~2.5mm，上部多分枝。叶宽卵形、卵状披针形或近圆形，先端钝圆，基部心形，耳状  抱茎，边缘波状，具微齿，基出 3 脉或 5 脉，弧形，顶端连接，次级脉细弱；无柄，托叶较小，膜质，无色，长 3~7mm，早落；无特化休眠芽。穗状花序顶生，花 4~7 轮，密集或稍密集；花序梗与茎近等粗，长 2~4cm。花小，花被片 4，淡绿或绿色；雌蕊 4，离生。果离生，倒卵圆形，长 3~5mm，顶端具 0.5mm 长的短喙，背部 3 脊，中脊稍锐，侧脊不明显，边缘无齿。花果期 5~10 月。

- 分布与生境 生于池塘、灌渠或河流，水体多为微酸至中性。

龙须眼子菜 *Stuckenia pectinata* (L.) Börner

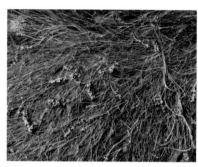

- 别名　内蒙眼子菜。
- 形态特征　沉水草本。茎的皮层中几乎不具机械束；维管柱中木质管道不明显。叶线形，长 2~10cm，宽 0.2~1mm，先端渐尖或尖，基部与托叶贴生成鞘，鞘长 1~4cm，绿色，边缘叠压抱茎，顶端具长 4~8mm 小舌片，叶脉 3，平行，顶端连接，中脉显著，有与之近于垂直的次级叶脉，边脉细弱。穗状花序顶生，具花 4~7 轮，间断排列；花序梗细长，与茎近等粗；花被片 4，圆形或宽卵形，径约 1mm；雌蕊 4，通常 1~2 发育。果倒卵圆形，长 3.5~5mm，顶端斜生长约 0.3mm 的喙，背部钝圆。花果期 5~10 月。
- 分布与生境　生于清水河沟等流水中，需微酸性水体。

水麦冬科 **Juncaginaceae**

水麦冬属

海韭菜 *Triglochin maritima* L.

- 形态特征　多年生草本，高 10~25cm。植株稍粗壮。根茎短，着生多数须根，常有棕色叶鞘残留物。叶全部基生，条形，长 7~30 cm，宽 1~2 mm，基部具鞘，鞘缘膜质，顶端与叶舌相连。花莛直立，较粗壮，圆柱形，光滑，中上部着生多数排列较紧密的花，呈顶生总状花序，无苞片，花梗长约 1 mm，开花后长可达 2~4 mm。花两性；花被片 6 枚，绿色，2 轮排列，外轮呈宽卵形，内轮较狭；雄蕊 6 枚，分离，无花丝；雌蕊淡绿色，由 6 枚合生心皮组成，柱头毛笔状。蒴果 6 棱状椭圆形或卵形，长 3~5 mm，径约 2 mm，成熟后呈 6 瓣开裂。花果期 6~10 月。

- 分布与生境　生于湿润沙地、海边及盐滩上。

- 用途　全草、果实可入药；也可作饲用植物。

禾本科 **Gramineae**

芦苇属

芦苇 *Phragmites australis* (Cav.) Trin. ex Steud.

- **别名** 胡芦斯。
- **形态特征** 多年生草本，根状茎十分发达。秆直立，高 1~8m，具 20 多节，基部和上部的节间较短，最长节间位于下部第 4~6 节，长 20~40cm，节下被腊粉。叶鞘向上渐长；叶舌边缘密生一圈短纤毛，两侧具缘毛，易脱落；叶片披针状线形，顶端长渐尖成丝形。圆锥花序大

型，分枝多数，着生稠密下垂的小穗；小穗柄无毛；小穗含 4 花；颖具 3 脉，第 1 颖长 4mm；第 2 颖长约 7mm；第 1 不孕外稃雄性，第 2 外稃长 11mm，具 3 脉，顶端长渐尖，基盘延长，两侧密生等长于外稃的丝状柔毛，与无毛的小穗轴相连接处具明显关节，成熟后易自关节上脱落；内稃长约 3mm，两脊粗糙；雄蕊 3，黄色。颖果长约 1.5mm。

- **分布与生境** 生于江河湖泽、池塘沟渠沿岸和低湿地。除森林生境不生长外，各种有水源的空旷地带，常以其迅速扩展的繁殖能力，形成连片的芦苇群落。
- **用途** 秆为造纸原料或作编席织帘及建棚材料；茎、叶嫩时为饲料；根状茎供药用；为固堤造陆先锋环保植物。

三芒草属

三芒草 *Aristida adscensionis* L.

- 别名 三枪茅。
- 形态特征 一年生草本。须根坚韧，有时具砂套。秆具分枝，丛生，光滑，直立或基部膝曲，高 15~45cm。叶鞘短于节间，光滑，疏松包茎，叶舌短而平截，膜质，具纤毛；叶片纵卷。圆锥花序狭窄或疏松；分枝细弱，单生，多贴生或斜向上升；小穗灰绿色或紫色；颖膜质，具 1 脉，披针形，脉上粗糙，两颖稍不等长，第 1 颖长 4~6mm，第 2 颖长 5~7mm；外稃明显长于第 2 颖，长 7~10mm，具 3 脉，中脉粗糙，背部平滑或稀粗糙，基盘尖，被长约 1mm 之柔毛，芒粗糙，主芒长 1~2cm，两侧芒稍短；内稃长 1.5~2.5mm，披针形；鳞被 2，薄膜质，长约 1.8mm；花药长 1.8~2mm。花果期 6~10 月。
- 分布与生境 生于干山坡、黄土坡、河滩沙地及石隙内。
- 用途 可用作饲料；须根可作刷、帚等用具。

碱茅 *Puccinellia distans* (Jacq.) Parl.

- 形态特征　多年生草本。秆直立，丛生或基部偃卧，节着土生根，高 20~60cm，径约 1mm，具 2~3 节，常压扁。叶鞘长于节间，平滑无毛，顶生者长约 10cm；叶舌长 1~2mm，截平或齿裂；叶片线形，扁平或对折，微粗糙或叶背平滑。圆锥花序开展，每节具 2~6 分枝；分枝细长，平展或下垂，下部裸露，微粗糙，基部主枝长达 8cm；小穗柄短；小穗含 5~7 小花；小穗轴节间长约 0.5mm，平滑无毛；颖质薄，顶端钝，具细齿裂，第 1 颖具 1 脉，长 1~1.5mm，第 2 颖长 1.5~2mm，具 3 脉；外稃具不明显 5 脉，顶端截平或钝圆，与边缘均具不整齐细齿，基部有短柔毛；第 1 外稃长约 2mm；内稃等长或稍长于外稃，脊微粗糙；花药长约 0.8mm。颖果纺锤形，长约 1.2mm。花果期 5~7 月。

- 分布与生境　生于轻度盐碱性湿润草地、田边、水溪、河谷、低草甸盐化沙地。

- 用途　家畜喜食的牧草。

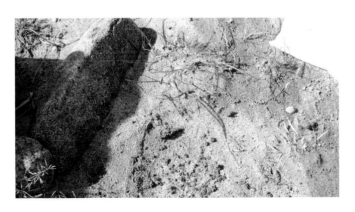

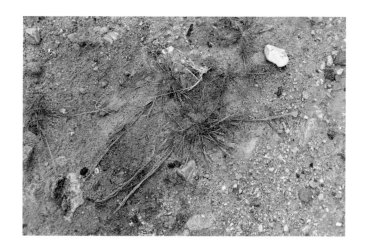

鹤甫碱茅 *Puccinellia hauptiana* (Trin. ex V. I. Krecz.) Kitag.

• 形态特征　多年生疏丛型草本。秆高 20~60cm，径 1~2mm。叶舌长 1~1.5mm；叶片扁平，长 2~6cm，宽 1~2mm，叶面与叶缘微粗糙。圆锥花序开展，长 15~20cm；分枝微粗糙，长 3~5cm，下部裸露不具小枝，平展或反折；小穗含 5~8 小花，长 4~5mm；颖卵形，第 1 颖长 0.7~1mm，第 2 颖长 1.2~1.5mm；外稃倒卵形，长 1.6~1.8mm，先端宽圆而钝，具纤毛状细齿，绿色，脉不明显，基部具短柔毛；内稃等长或长于其外稃，脊上具纤毛状粗糙；花药狭椭圆形，长 0.5~0.6mm。花果期 6~7 月。

• 分布与生境　生于河滩、湖畔沼泽地、田边沟旁、低湿盐碱地及河谷沙地。

• 用途　家畜喜食的牧草。

冰草属

冰草 *Agropyron cristatum* (L.) Gaertn.

- 别名　毛油油、野麦子。
- 形态特征　秆成疏丛，上部紧接花序部分被短柔毛或无毛，高 20~75cm，有时分蘖横走或下伸成长达 10cm 的根茎。叶片长 5~20cm，宽 2~5mm，质较硬而粗糙，常内卷，叶面叶脉强烈隆起成纵沟，脉上密被微小短硬毛。穗状花序较粗壮，矩圆形或两端微窄，长 2~6cm，宽 8~15mm；小穗紧密平行排列成两行，整齐呈篦齿状，含 3~7 小花，长 6~12mm；颖舟形，脊上连同背部脉间被长柔毛，第 1 颖长 2~3mm，第 2 颖长 3~4mm，具略短于颖体的芒；外稃被有稠密的长柔毛或显著地被稀疏柔毛，顶端具短芒长 2~4mm；内稃脊上具短小刺毛。
- 分布与生境　生于干燥草地、山坡、丘陵以及沙地。
- 用途　优良牧草。

沙芦草 *Agropyron mongolicum* Keng

- 别名　沙芦苇。
- 形态特征　秆成疏丛，直立，高 20~60cm，有时基部横卧而节生根成匍茎状，具 2~3（6）节。叶片长 5~15cm，宽 2~3mm，内卷成针状，叶脉隆起成纵沟，脉上密被微细刚毛。穗状花序长 3~9cm，宽 4~6mm，穗轴节间长 3~5(10)mm，光滑或生微毛；小穗向上斜升，长 8~14mm，宽 3~5mm，含（2）3~8 小花；颖两侧不对称，具 3~5 脉，第 1 颖长 3~6mm，第 2 颖长 4~6mm，先端具长约 1mm 左右的短尖头，外稃无毛或具稀疏微毛，具 5 脉，先端具短尖头长约 1mm，第 1 外稃长 5~6mm；内稃脊具短纤毛。
- 分布与生境　生于干燥草原、沙地。
- 用途　为良好的牧草，各种家畜均喜食。
- 保护等级　国家二级保护野生植物。

披碱草 *Elymus dahuricus* Turcz. ex Griseb. in Ledeb.

- 形态特征　秆疏丛，<u>直立</u>，高 70~140cm，基部膝曲。叶鞘光滑无毛；叶片扁平，稀可内卷，叶面粗糙，叶背光滑，有时呈粉绿色，长 15~25cm，宽 5~12mm。穗状花序直立，较紧密，长 14~18cm，宽 5~10mm；穗轴边缘具小纤毛，中部各节具 2 小穗而接近顶端和基部各节只具 1 小穗；小穗绿色，成熟后变为草黄色，含 3~5 小花；颖披针形或线状披针形，长 8~10mm，先端长达 5mm 的短芒，有 3~5 明显而粗糙的脉；外稃披针形，上部具 5 条明显的脉，全部密生短小糙毛，第 1 外稃长 9mm，先端延伸成芒，芒粗糙，成熟后向外展开；内稃与外稃等长，先端截平，脊上具纤毛，至基部渐不明显，脊间被稀少短毛。
- 分布与生境　多生于山坡草地或路边。
- 用途　本种为优质高产的饲草。

赖草属

赖草 *Leymus secalinus* (Georgi) Tzvel.

- 别名　厚穗冰草。
- 形态特征　多年生草本。具下伸和横走的根茎。秆单生或丛生，直立，高 40~100cm，具 3~5 节，光滑无毛或在花序下密被柔毛。叶鞘光滑无毛，或在幼嫩时边缘具纤毛；叶舌膜质，截平；叶片扁平或内卷，叶面及叶缘粗糙或具短柔毛，叶背平滑或微粗糙。穗状花序直立，灰绿色；穗轴被短柔毛，节与边缘被长柔毛；小穗通常 2~3；颖短于小穗，线状披针形，先端狭窄如芒，不覆盖第 1 外稃的基部，具不明显的 3 脉，上半部粗糙，边缘具纤毛，第 1 颖短于第 2 颖；外稃披针形，边缘膜质，先端渐尖或具长 1~3mm 的芒，背具 5 脉，被短柔毛或上半部无毛；内稃先端常微 2 裂，脊的上半部具纤毛。花果期 6~10 月。
- 分布与生境　生境范围较广，可见于沙地、平原绿洲及山地草原带。

假苇拂子茅 *Calamagrostis pseudophragmites* (A. Hall) Koeler

- 别名　假苇子。
- 形态特征　秆直立，高 40~100cm。叶鞘平滑无毛，或稍粗糙，短于节间，有时在下部者长于节间；叶舌膜质，长圆形，顶端钝而易破碎；

叶片扁平或内卷，叶面及叶缘粗糙，叶背平滑。圆锥花序长圆状披针形，疏松开展，分枝簇生，直立，细弱，稍糙涩；小穗长 5~7mm，草黄色或紫色；颖线状披针形，成熟后张开，顶端长渐尖，不等长，第 2 颖较第 1 颖短 1/4~1/3，具 1 脉或第 2 颖具 3 脉，主脉粗糙；外稃透明膜质，具 3 脉，顶端全缘，稀微齿裂，芒自顶端或稍下伸出，细直、细弱，基盘的柔毛等长或稍短于小穗；内稃长为外稃的 1/3~2/3；雄蕊 3，花药长 1~2mm。花果期 7~9 月。

- 分布与生境　生于山坡或河岸阴湿之地。
- 用途　可作饲料；生命力强，可作防沙固堤的材料。

拂子茅 *Calamagrostis epigeios* (L.) Roth

• 形态特征 多年生草本，具根状茎。秆直立，平滑无毛或花序下稍粗糙，高 45~100cm，径 2~3mm。叶鞘平滑或稍粗糙，短于或基部者长于节间；叶舌膜质，长 5~9mm，长圆形，先端易破裂；叶片扁平或  边缘内卷，叶面及叶缘粗糙，叶背较平滑。圆锥花序紧密，圆筒形；小穗长 5~7mm，淡绿色或带淡紫色；两颖近等长或第 2 颖微短，先端渐尖，具 1 脉，第 2 颖具 3 脉，主脉粗糙；外稃透明膜质，长约为颖之半，顶端具 2 齿，基盘的柔毛几与颖等长，芒自稃体背中部附近伸出，细直，长 2~3mm；内稃长约为外 2/3，顶端细齿裂；小穗轴不延伸于内稃之后，或有时仅于内稃之基部残留 1 微小的痕迹；雄蕊 3，花药黄色。花果期 5~9 月。

• 分布与生境 生于潮湿地及河岸沟渠旁。

长芒棒头草 *Polypogon monspeliensis* (L.) Desf.

- 别名　厚穗冰草。
- 形态特征　一年生草本。秆直立或基部膝曲，多光滑无毛，具4~5节，高8~60cm。叶鞘松弛抱茎，大多短于或下部者长于节间；叶舌膜质，长2~8mm，2深裂或呈不规则地撕裂状；叶面及叶缘粗糙，叶背较光滑。圆锥花序穗状；小穗淡灰绿色，成熟后枯黄色，长2~2.5mm（包括基盘）；颖片倒卵状长圆形，被短纤毛，先端2浅裂，芒自裂口处伸出，细长而粗糙，长3~7mm；外稃光滑无毛，长1~1.2mm，先端具微齿，中脉延伸成约与稃体等长而易脱落的细芒；雄蕊3，花药长约0.8mm。颖果倒卵状长圆形，长约1mm。花果期5~10月。
- 分布与生境　生于山间潮湿地带。
- 用途　花序优美，可作切插花素材；可作饲草。

沙生针茅 *Stipa glareosa* P. A. Smirn.

- 别名　小针茅。
- 形态特征　须根粗韧，外具砂套。秆粗糙，高 15~25cm，具 1~2 节，基部宿存枯死叶鞘。叶鞘具密毛；基生与秆生叶舌短而钝圆，长约 1mm，边缘具长 1~2mm 的纤毛；叶片纵卷如针，叶背粗糙或具细微的柔毛，基生叶长为秆高 2/3。圆锥花序常包藏于顶生叶鞘内，长约 10cm，分枝简短，仅具 1 小穗；颖尖披针形，先端细丝状，基部具 3~5 脉，长 2~3.5cm；外稃长 7~9mm，背部的毛呈条状，顶端关节处生 1 圈短毛，基盘尖锐，密被柔毛，芒一回膝曲扭转，芒柱长 1.5cm，具长约 2mm 之柔毛，芒针长 3cm，具长约 4mm 之柔毛；内稃与外稃近等长，具 1 脉，背部稀具短柔毛。花果期 5~10 月。
- 分布与生境　多生于石质山坡、丘间洼地、戈壁沙滩及河滩砾石地上。
- 用途　优良牧草。

戈壁针茅 *Stipa gobica* Roshev.

- 形态特征　须根粗韧，外具砂套。秆粗糙，高 15~25cm，具 1~2 节，基部宿存枯死叶鞘。叶鞘具密毛；基生与秆生叶舌短而钝圆，长约 1mm，边缘具长 1~2mm 之纤  毛；叶片纵卷如针，叶背粗糙或具细微的柔毛，基生叶长为秆高 2/3。圆锥花序常包藏于顶生叶鞘内，长约 10cm，分枝简短，仅具 1 小穗；颖尖披针形，先端细丝状，基部具 3~5 脉，长 2~3.5cm；外稃长 7~9mm，背部的毛呈条状，顶端关节处生 1 圈短毛，基盘尖锐，密被柔毛，芒一回膝曲扭转，芒柱长 1.5cm，具长约 2mm 之柔毛，芒针长 3cm，具长约 4mm 之柔毛；内稃与外稃近等长，具 1 脉，外稃顶端光滑，不具毛环。花果期 5~10 月。

- 分布与生境　多生于石质山坡、丘间洼地、戈壁沙滩及河滩砾石地上。

- 用途　荒漠草原的宝贵牧草之一。

短花针茅 *Stipa breviflora* Griseb.

- 别名　酥油草。

- 形态特征　须根坚韧，细
长。秆高 20~60cm，具 2~3
节，基部有时膝曲，宿存枯
叶鞘。叶鞘短于节间，基部
者具短柔毛；基生叶舌钝，
秆生叶舌顶端常两裂，均具

缘毛；叶片纵卷如针状，基生叶长为秆高 1/2~2/3。圆锥花序狭
窄，基部常为顶生叶鞘所包藏，分枝细而光滑，孪生，上部可再
分枝而具少数小穗；小穗灰绿色或呈浅褐色；颖披针形，先端渐
尖具 3 脉；外稃具 5 脉，顶端关节处生 1 圈短毛，其下具微小
硬刺毛，背部具条状毛，基盘尖锐，密生柔毛，芒两回膝曲扭
转，第 1 芒柱长 1~1.6cm，第 2 芒柱长 0.7~1cm，具柔毛，芒针
长 3~6cm，具羽状毛；内稃与外稃近等长，具 2 脉，背部具疏柔
毛。颖果长圆柱形，绿色。花期 5~7 月。

- 分布与生境　多生于石质山坡、干山坡或河谷阶地上。

- 用途　返青早，荒漠草原地区主要牧草。

紫花针茅 *Stipa purpurea* Griseb.

- 形态特征　须根较细
而坚韧。秆细瘦，高
20~45cm，具 1~2 节，
基部宿存枯叶鞘。叶
鞘平滑无毛，长于节
间；基生叶舌端钝，长
约 1mm，秆生叶舌披

针形，长 3~6mm，两侧下延与叶鞘边缘结合，均具有极短缘毛；
叶片纵卷如针状，叶背微粗糙，基生叶长为秆高 1/2。圆锥花序
较简单，基部常包藏于叶鞘内，长可达 15cm，分枝单生或孪生；
小穗呈紫色；颖披针形，先端长渐尖，长 1.3~1.8cm，具 3 脉
（基部或有短小脉纹）；外稃长约 1cm，背部遍生细毛，顶端与芒
相接处具关节，基盘尖锐，长约 2mm，密毛柔软，芒两回膝曲
扭转，第 1 芒柱长 1.5~1.8cm，遍生长约 3mm 的柔毛；内稃背
面亦具短毛。颖果长约 6mm。花果期 7~10 月。

- 分布与生境　生于海拔 1000~1500m 的山前洪积扇或河谷阶
地上。

- 用途　草原或草甸草原地区优良牧草之一。

芨芨草属

芨芨草 *Achnatherum splendens* (Trin.) Nevski

- 别名　积机草。
- 形态特征　植株具粗而坚韧外被砂套的须根。秆直立，坚硬，内具白色的髓，形成大的密丛，高 50~250cm，节多聚于基部，具 2~3 节，平滑无

毛，基部宿存枯萎的黄褐色叶鞘。叶鞘具膜质边缘；叶舌三角形或尖披针形；叶片纵卷，质坚韧，叶面脉纹凸起，微粗糙，叶背光滑。圆锥花序，开花时呈金字塔形开展，主轴平滑，或具角棱而微粗糙，分枝细弱，2~6 枚簇生，基部裸露；小穗灰绿色，基部带紫褐色，成熟后常变草黄色；颖膜质，披针形，第 1 颖长 4~5mm，具 1 脉，第 2 颖长 6~7mm，具 3 脉；外稃长 4~5mm，厚纸质，顶端具 2 微齿，背部密生柔毛，具 5 脉，芒自外稃齿间伸出，直立或微弯，粗糙，不扭转，易断落；内稃长 3~4mm，具 2 脉，脉间具柔毛。花果期 6~9 月。

- 分布与生境　生于微碱性的草滩及砂土山坡上。
- 用途　早春植株幼嫩时，为牲畜良好的饲料；其秆叶供造纸及人造丝，又可编织筐、草帘、扫帚等；叶浸水后，韧性极大，可作草绳；又可改良碱地、保护渠道及保持水土。

细柄茅属

中亚细柄茅 *Ptilagrostis pelliotii* (Danguy) Grub.

- 别名　荒漠细柄茅。
- 形态特征　多年生。须根较粗且坚韧。秆直立，密丛，光滑，高 20~50cm，具 2~3 节，基部宿存枯萎的叶鞘。叶鞘光滑，紧密抱茎，短于节间；叶舌平截，顶端和边缘具纤毛；叶片质地较硬，纵卷如刚毛状，灰绿色，微粗糙，秆生者较短，有的缩至 3cm。圆锥花序疏松，分枝细弱，常孪生，下部，裸露，上部着生小穗；小穗柄细弱；小穗淡黄色；颖薄膜质，光滑，透明，几乎等长，披针形，先端渐尖，具 3 脉；外稃长 3~4mm，顶端具 2 微齿，背部遍生柔毛，具 3 脉，脉于顶端汇合，基盘短钝，被短毛，芒全被毛，不明显的一回膝曲；内稃稍短于外稃，具 1 脉，疏被柔毛；鳞被 3，顶端无毫毛。花果期秋季。
- 分布与生境　多生于石砾地、荒漠平原、戈壁滩、石质山坡及岩石上。

沙鞭属

沙鞭 *Psammochloa villosa* (Trin.) Bor

- 别名　沙竹。
- 形态特征　多年生。具长
2~3m 的根状茎；秆直立，
光滑，高 1~2m，基部具有
黄褐色枯萎的叶鞘。叶鞘光
滑，几乎包裹全部植株；叶
舌膜质，披针形；叶片坚硬，扁平，常先端纵卷，平滑无毛。圆
锥花序紧密直立，分枝数枚生于主轴 1 侧，斜向上升，微粗糙，
小穗柄短；小穗淡黄白色；两颖近等长或第 1 颖稍短，披针形，
被微毛，具 3~5 脉，其 2 边脉短而不很明显；外稃长 10~12mm，
背部密生长柔毛，具 5~7 脉，顶端具 2 微齿，基盘钝，芒直立，
易脱落；内稃近等长于外稃，背部被长柔毛，圆形无脊，具 5
脉，中脉不明显，边缘内卷，不为外稃紧密包裹；鳞被 3，卵状
椭圆形；雄蕊 3。花果期 5~9 月。
- 分布与生境　生于沙丘上。
- 用途　具发达的根茎，为良好的固沙植物。

獐毛属

獐毛 *Aeluropus sinensis* (Debeaux) Tzvel.

- 别名　小叶芦、马绊草、马牙头。
- 形态特征　多年生草本。通常有长匍匐枝，秆高 15~35cm，径 1.5~2mm，具多节，节上多少有柔毛。叶鞘通常长于节间或上部者可短于节间，鞘口常有柔毛，其余部分常无毛或近基部有柔毛；叶舌截平，长约 0.5mm；叶片无毛，通常扁平，长 3~6cm，宽 3~6mm。圆锥花序穗形，其上分枝密接而重叠，长 2~5cm，宽 0.5~1.5cm；小穗长 4~6mm，有 4~6 小花，颖及外稃均无毛，或仅背脊粗糙，第 1 颖长约 2mm，第 2 颖长约 3mm，第 1 外稃长约 3.5mm。
- 分布与生境　生于盐碱地。
- 用途　优良固沙植物。

画眉草属

画眉草 *Eragrostis pilosa* (L.) P. Beauv.

● 形态特征　一年生草本。秆丛生，直立或基部膝曲，高 15~60cm。叶鞘松裹茎，扁压，鞘缘近膜质，鞘口有长柔毛；叶舌为一圈纤毛，长约 0.5mm；叶片线形扁平或卷缩，长 6~20cm，宽 2~3mm。

圆锥花序开展或紧缩，长 10~25cm，分枝单生，簇生或轮生，腋间有长柔毛，小穗长 3~10mm，宽 1~1.5mm，含 4~14 小花；颖为膜质，披针形，先端渐尖。第 1 颖长约 1mm，无脉，第 2 颖长约 1.5mm，具 1 脉；第 1 外稃长约 1.8mm，广卵形，具 3 脉；内稃长约 1.5mm，稍作弓形弯曲，脊上有纤毛，迟落或宿存；雄蕊 3 枚，花药长约 0.3mm。颖果长圆形，长约 0.8mm。花果期 8~11 月。

● 分布与生境　多生于荒芜田野草地上。

● 用途　优良饲料；可入药。

小画眉草 *Eragrostis minor* Host

- 别名　星星草、蚊子草。
- 形态特征　一年生草本。秆纤细，丛生，膝曲上升，高15~50mm，具3~4节，节下具有一圈腺体。叶鞘较节间短，松裹茎，叶鞘脉上有腺体，鞘口有长毛；叶舌为一圈长柔毛；叶片线形，平展或卷缩，叶背光滑，叶面粗糙并疏生柔毛，主脉及边缘都有腺体。圆锥花序开展而疏松，每节一分枝，分枝平展或上举，腋间无毛，花序轴、小枝以及柄上都有腺体；小穗长圆形，含3~16

小花，绿色；颖锐尖，具1脉，脉上有腺点，第1颖长1.6mm，第2颖长约1.8mm；第1外稃，广卵形，先端圆钝，具3脉，侧脉明显并靠近边缘，主脉上有腺体；内稃弯曲，脊上有纤毛，宿存；雄蕊3枚。颖果红褐色，近球形。花果期6~9月。
- 分布与生境　生于荒芜田野、草地和路旁。
- 用途　饲料植物。

无芒隐子草 *Cleistogenes songorica* (Roshev.) Ohwi

- 形态特征 多年生草本。秆丛生，直立或稍倾斜，高 15~50cm，基部具密集枯叶鞘。叶鞘长于节间，无毛，鞘口有长柔毛；叶舌长 0.5mm，具短纤毛；叶片线形，长 2~6cm，宽 1.5~2.5mm，叶面粗糙，扁平或边缘稍内卷。圆锥花序开展，长 2~8cm，宽 4~7mm，分枝开展或稍斜上，分枝腋间具柔毛；小穗长 4~8mm，含 3~6 小花，绿色或带紫色；颖卵状披针形，近膜质，先端尖，具 1 脉，第 1 颖长 2~3mm，第 2 颖长 3~4mm；外稃卵状披针形，边缘膜质，第 1 外稃长 3~4mm，5 脉，先端无芒或具短尖头；内稃短于外稃，脊具长纤毛；花药黄色或紫色，长 1.2~1.6mm。颖果长约 1.5mm。花果期 7~9 月。

- 分布与生境 多生于干旱草原、荒漠或半荒漠砂质地。

- 用途 优良牧草，各种家畜均喜采食。

虎尾草 *Chloris virgata* Swartz

- 别名　刷头草。
- 形态特征　一年生草本。秆直立或基部膝曲，高 12~75cm，光滑。叶鞘背部具脊，包卷松弛；叶片线形，两面无毛。穗状花序 5~10 枚，指状着生于秆顶，常直立而并拢成毛刷状，成熟时常带紫色；小穗无柄；颖膜质，1 脉；第 1 颖长约 1.8mm，第 2 颖等长或略短于小穗；第 1 小花两性，外稃纸质，两侧压扁，呈倒卵状披针形，3 脉，沿脉及边缘被疏柔毛，两侧边缘上部 1/3 处有白色柔毛，顶端尖或有时具 2 微齿，芒自背部顶端稍下方伸出；内稃膜质，略短于外稃，具 2 脊，脊上被微毛；第 2 小花不孕，长楔形，仅存外稃，顶端截平或略凹，自背部边缘稍下方伸出。颖果纺锤形，淡黄色，光滑而半透明。花果期 6~10 月。
- 分布与生境　生于路旁荒野、河岸沙地、土墙及房顶上。
- 用途　优良牧草。

隐花草 *Crypsis aculeata* (L.) Ait.

- 别名　扎屁股草。
- 形态特征　一年生草本。须根细弱。秆平卧或斜向上升，具分枝，光滑，高5~40cm。叶鞘短于节间，松弛或膨大；叶舌短小，顶生纤毛；叶片线状披针形，扁平或对折，边缘内卷，先端呈针刺状，叶面微糙涩，叶背平滑。圆锥花序短缩成头状或卵圆形，下面紧托两枚膨大的苞片状叶鞘，小穗长约4mm，淡黄白色；颖膜质，不等长，顶端钝，具1脉，脉上粗糙或生纤毛，第1颖长约3mm，窄线形，第2颖长约3.5mm，披针形；外稃长于颖，薄膜质，具1脉，长约4mm；内稃与外稃同质，等长或稍长于外稃，具极接近而不明显的2脉，雄蕊2，花药黄色。囊果长圆形或楔形。花果期5~9月。
- 分布与生境　生于河岸、沟旁及盐碱地。
- 用途　为盐碱土指示植物；牲畜可食。

稗属

稗 *Echinochloa crusgalli* (L.) P. Beauv.

- 别名　扁扁草、稗子。
- 形态特征　一年生草本，秆高
50~150cm，光滑，基部倾斜或
膝曲。叶鞘疏松裹秆，平滑，下
部者长于而上部者短于节间；叶
舌缺；叶片扁平，线形，边缘粗糙。圆锥花序直立，近尖塔形；
主轴具棱，粗糙或具疣基长刺毛；分枝斜上举或贴向主轴，有时
再分小枝；穗轴粗糙或生疣基长刺毛；小穗卵形，脉上密被疣基
刺毛；第1颖三角形，长为小穗的1/3~1/2，具3~5脉，脉上具
疣基毛，基部包卷小穗，先端尖；第2颖与小穗等长，先端渐尖
或具小尖头，具5脉，脉上具疣基毛；第1小花通常中性，其外
稃草质，上部具7脉，脉上具疣基刺毛，顶端延伸成一粗壮的
芒，内稃薄膜质，狭窄，具2脊；第2外稃椭圆形，平滑，光
亮，成熟后变硬，顶端具小尖头，尖头上有一圈细毛，边缘内
卷，包着同质的内稃，但内稃顶端露出。花果期夏秋季。
- 分布与生境　多生于沼泽地、沟边及水稻田中。
- 用途　中国东北地区稗属中的地方优良牧草之一；子实可以作
为家畜及家禽的精料。

马唐 *Digitaria sanguinalis* (L.) Scop.

- **形态特征** 一年生草本。秆直立或下部倾斜，膝曲上升，高 10~80cm，直径 2~3mm，无毛或节生柔毛。叶鞘短于节间，无毛或散生疣基柔毛；叶舌长 1~3mm；叶片线状披针形，长 5~15cm，宽 4~12mm，基部圆形，边缘较厚，微粗糙，具柔毛或无毛。总状花序长 5~18cm，4~12 枚成指状着生于长 1~2cm 的主轴上；穗轴直伸或开展，两侧具宽翼，边缘粗糙；小穗椭圆状披针形，长 3~3.5mm；第 1 颖小，短三角形，无脉；第 2 颖具 3 脉，披针形，长为小穗的 1/2 左右，脉间及边缘大多具柔毛；第 1 外稃等长于小穗，具 7 脉，中脉平滑，两侧的脉间距离较宽，无毛，边脉上具小刺状粗糙，脉间及边缘生柔毛；第 2 外稃近革质，灰绿色，顶端渐尖，等长于第 1 外稃；花药长约 1mm。花果期 6~9 月。
- **分布与生境** 生于路旁、田野。
- **用途** 优良牧草。

光梗蒺藜草 *Cenchrus incertus* M. A. Curtis

- 形态特征 一年生杂草，高 15~50cm。总状花序呈穗状，顶生；小穗外面具不孕小枝愈合而成的具刺总苞，近球形，具短梗，与小穗一起脱落，种子在总苞内萌发；小穗无柄，含 2 小花，第 1 小花雄性，第 2 小花两性；两颖不等长，短于小穗；第 1 小花的外稃膜质，第 2 小花的外稃成熟时变硬。
- 分布与生境 生于居民点、田边。

狗尾草 *Setaria viridis* (L.) P. Beauv.

- 别名　谷莠子。
- 形态特征　一年生草本。根须状，高大植株具支持根。秆直立或基部膝曲，高 10~100cm。叶鞘松弛，无毛或疏具柔毛或疣毛，边缘具较长的密绵毛状纤毛；叶舌极短，缘有长 1~2mm 的纤毛；叶片长三角状狭披针形或线状披针形，常无毛，边缘粗糙。圆锥花序紧密呈圆柱状，主轴被较长柔毛，刚毛绿色或褐黄色到紫红色或紫色，粗糙，长 4~12mm；小穗 2~5 个簇生，椭圆形，铅绿色；第 1 颖卵形、宽卵形，长约为小穗的 1/3，具 3 脉；第 2 颖几乎与小穗等长，椭圆形，具 5~7 脉；第 1 外稃与小穗第长，具 5~7 脉；第 2 外稃椭圆形，具细点状皱纹，狭窄。颖果灰白色。花果期 5~10 月。
- 分布与生境　生于荒野、道旁，为旱地作物常见的一种杂草。
- 用途　秆、叶可作饲料；也可入药；小穗可提炼糠醛。

白草 *Pennisetum flaccidum* Griseb.

● 形态特征　多年生草本。具横走根茎。秆直立，高 20~90cm。叶鞘疏松包茎，基部者密集近跨生，上部短于节间；叶舌短，具纤毛；叶片狭线形，两面无毛。圆锥花序紧密，直立或稍弯曲；主轴具棱角；刚毛柔软，细弱，微粗糙，灰绿色或紫色；小穗常单生，卵状披针形；第 1 颖微小，先端钝圆、锐尖或齿裂；第 2 颖长为小穗的 1/3~3/4，先端芒尖，具 1~3 脉；第 1 小花雄性，罕或中性，第 1 外稃与小穗等长，厚膜质，先端芒尖，具 3~7 脉，第 1 内稃透明，膜质或退化；第 2 小花两性，第 2 外稃具 5 脉，先端芒尖，与其内稃同为纸质；雄蕊 3；花柱近基部联合。颖果长圆形。花果期 7~10 月。

● 分布与生境　多生于山坡和较干燥之处。

● 用途　优良牧草。

莎草科 **Cyperaceae**

水葱属

水葱 *Schoenoplectus tabernaemontani* (C. C. Gmel.) Palla

- 形态特征 匍匐根状茎粗壮，具许多须根。秆高大，圆柱状，高 1~2m，平滑，基部具 3~4 个叶鞘，鞘长可达 38cm，管状，膜质，最上面一个叶鞘具叶片。叶片线形。苞片 1 枚，为秆的延长，直立，钻状；长侧枝聚伞花序；小穗单生或 2~3 个簇生于辐射枝顶端，卵形或长圆形，具多数花；鳞片椭圆形或宽卵形，顶端稍凹，具短尖，膜质，长约 3mm，棕色或紫褐色，有时基部色淡，背面有铁锈色突起小点，脉 1 条，边缘具缘毛；下位刚毛 6 条，等长于小坚果，红棕色，有倒刺；雄蕊 3，花药线形，药隔突出；柱头 2，罕 3，长于花柱。小坚果倒卵形或椭圆形，双凸状，少有三棱形，长约 2mm。花果期 6~9 月。
- 分布与生境 生长在湖边或浅水塘中。
- 用途 观赏植物。

单鳞苞荸荠 *Eleocharis uniglumis* (Link) Schult.

● 形态特征 秆单生或丛生，高 10~15cm，细弱，有少数钝肋。秆的基部有 2~3 个叶鞘，鞘上部黄绿色，下部血红色，鞘口截形或微斜，高 1~4cm。小穗窄卵形、卵形或长圆形，长 3~8mm，宽 1.5~3mm，具 4~10 余花，基部 1 鳞片无花，抱小穗基部一周。余鳞片全有花，鳞片松散螺旋状排列，长圆状披针形，先端钝，长 4mm，膜质，背部中间淡褐色，两侧血紫色，具干膜质边缘，具中脉；下位刚毛 6，等长或稍长于小坚果，白色，密生倒刺，柱头 2；小坚果顶端缢缩部分为下延花柱基掩盖，倒卵形或宽倒卵形，双凸状或近钝三棱形；花柱基近圆，基部下延，宽为小坚果的 1/2，海绵质，白色。花果期 4~6 月。

● 分布与生境 生长在湖边、水旁或沼泽土中。

砾薹草 *Carex stenophylloides* V. I. Krecz.

- **别名** 细叶薹草。
- **形态特征** 根状茎细长、匍匐。秆高 5~20cm，纤细，平滑，基部叶鞘灰褐色，细裂成纤维状。叶短于秆，内卷，边缘稍粗糙。苞片鳞片状。穗状花序卵形或球形；小穗 3~6 个，卵形，密生，雄雌顺序，具少数花。雌花鳞片宽卵形或椭圆形，锈褐色，边缘及顶端为白色膜质，顶端锐尖，具短尖。果囊稍长于鳞片，宽椭圆形或宽卵形，平凸状，革质，锈色或黄褐色，成熟时稍有光泽，两面具多条脉，基部近圆形，有海绵状组织，具粗的短柄，顶端急缩成短喙，喙缘稍粗糙，喙口白色膜质，斜截形。小坚果稍疏松地包于果囊中，果囊较大，卵形或卵状椭圆形，顶端渐狭成较长的喙；花柱基部膨大，柱头 2 个。花果期 4~6 月。
- **分布与生境** 生干草原、河岸砾石地或沙地。
- **用途** 早春家畜最先采食的返青草之一。

蔗草 *Scirpus triqueter* L.

● 形态特征　匍匐根状茎长，直径 1~5mm，干时呈红棕色。秆散生，粗壮，高 20~90cm，三棱形，基部具 2~3 个鞘，鞘膜质，横脉明显隆起，最上一个鞘顶端具叶片。叶片扁平。苞片 1 枚，为秆的延长，三棱形。简单长侧枝聚伞花序假侧生，有 1~8 个辐射枝；辐射枝三棱形，棱上粗糙，长可达 5cm，每辐射枝顶端有 1~8 个簇生的小穗；小穗卵形或长圆形，密生许多花；鳞片长圆形、椭圆形或宽卵形，顶端微凹或圆形，膜质，黄棕色，背面具 1 条中肋，稍延伸出顶端呈短尖，边缘疏生缘毛；下位刚毛 3~5 条，几等长或稍长于小坚果，全长都生有倒刺；雄蕊 3，花药线形，药隔暗褐色，稍突出；花柱短，柱头 2，细长。小坚果倒卵形，平凸状，成熟时褐色，具光泽。花果期 6~9 月。

● 分布与生境　生于水沟、水塘、山溪边或沼泽地。

● 用途　在江苏、湖南一带用其秆代替细麻绳包扎东西。

百合科 Liliaceae

葱属

蒙古葱 *Allium mongolicum* Regel

- 别名　蒙古韭。
- 形态特征　鳞茎密集地丛生，圆柱状；鳞茎外皮褐黄色，破裂成纤维状，呈松散的纤维状。叶半圆柱状至圆柱状，比花葶短。花葶圆柱状，高 10~30cm，下部被叶鞘；总苞单侧开裂，宿存；伞形花序半球状至球状，具多而通常密集的花；小花梗近等长，从与花被片近等长直到比其长 1 倍，基部无小苞片；花淡红色、淡紫色至紫红色，大；花被片卵状矩圆形，先端钝圆，内轮的常比外轮的长；花丝近等长，为花被片长度的 1/2~2/3，基部合生并与花被片贴生，

内轮的基部约 1/2 扩大成卵形，外轮的锥形；子房倒卵状球形；花柱略比子房长，不伸出花被外。
- 分布与生境　生于荒漠、沙地或干旱山坡。
- 用途　可食用；地上部分可入药；优等饲用植物；是一种生态价值和经济价值兼具的重要荒漠植物。

碱韭 *Allium polyrhizum* Turcz. ex Regel

- 别名　多根葱、紫花韭。
- 形态特征　鳞茎成丛地紧密簇生，圆柱状；鳞茎外皮黄褐色，破裂成纤维状，呈近网状。叶半圆柱状，边缘具细糙齿，稀光滑，比花葶短。花葶圆柱状，高 7~35cm，下部被叶鞘；总苞 2~3 裂，宿存；伞形花序半球状，具多而密集的花；小花梗近等长，从与花被片等长直到比其长 1 倍，基部具小苞片，稀无小苞片；花紫红色或淡紫红色，稀白色；花被片外轮狭卵形

至卵形，内轮矩圆形至矩圆状狭卵形，稍长；子房卵形，腹缝线基部深绿色，不具凹陷的蜜穴；花柱比子房长。花果期 6~8 月。
- 分布与生境　生于向阳山坡或草地上。
- 用途　优良饲草；可食用。

戈壁天门冬 *Asparagus gobicus* N. A. Ivan ex Grub.

● 形态特征　半灌木，坚挺，近直立，高 15~45cm。根细长，粗约 1.5~2mm。茎上部通常迴折状，中部具纵向剥离的白色薄膜，分枝常强烈迴折状，略具纵凸纹，疏生软骨质齿。叶状枝每 3~8 枚成簇，通常下倾或平展，和分枝交成钝角；近圆柱形，略有几条不明显的钝棱，长 0.5~2.5cm，粗约 0.8~1mm，较刚硬；鳞片状叶基部具短距，无硬刺。花每 1~2 朵腋生；花梗长 2~4mm，关节位于近中部或上部；雄花：花被长 5~7mm；花丝中部以下贴生于花被片上；雌花略小于雄花。浆果直径 5~7mm，熟时红色，有 3~5 颗种子。花期 5 月，果期 6~9 月。

● 分布与生境　生于沙地或多沙荒原上。

鸢尾科 **Iridaceae**

鸢尾属

马蔺 *Iris lactea* Pall.

* 别名　马兰花、马兰、马莲

* 形态特征　多年生密丛草本。

根状茎粗壮，木质，斜伸，外包有大量致密的红紫色折断的老叶残留叶鞘及毛发状的纤维；须根粗而长，黄白色，少分枝。叶基生，坚韧，灰绿色，条形或狭剑形，顶端渐尖，基部鞘状，带红紫色。花茎光滑，高 3~10 cm；苞片 3~5 枚，草质，绿色，边缘白色，披针形，顶端渐尖或长渐尖，内包含有 2~4 朵花；花浅蓝色、蓝色或蓝紫色，花被上有较深色的条纹；雄蕊长 2.5~3.2cm，花药黄色，花丝白色；子房纺锤形。

蒴果长椭圆状柱形，有 6 条明显的肋，顶端有短喙。种子为不规则的多面体，棕褐色，略有光泽。花果期 5~9 月。

* 分布与生境　生于荒地、路旁、山坡草地，尤以过度放牧的盐碱化草场上生长较多。

* 用途　耐盐碱、耐践踏，根系发达，可用于水土保持和改良盐碱土；叶在冬季可作牛、羊、骆驼的饲料；根的木质部可制刷子；花和种子入药。

细叶鸢尾 *Iris tenuifolia* Pall.

- 别名　丝叶马蔺、细叶马蔺、老牛拽、老牛揣。

- 形态特征　多年生密丛草本。植株基部存留有红褐色或黄棕色折断的老叶叶鞘，根状茎块状，短而硬，木质，黑褐色；根坚硬，细长，分枝少。叶质地坚韧，丝状或狭条形，扭曲。花茎长度随埋砂深度而变化，通常甚短，不伸出地面；苞片4枚，披针形，顶端长渐尖或尾状尖，边缘膜质，中肋明显，内包含有2~3朵花；花蓝紫色；花梗短；外花被裂片匙形，爪部较长，中央下陷呈沟状，中脉上无附属物，但常生有纤毛，内花被裂片倒披针形，直立；雄蕊长约3cm，花丝与花药近等长；花柱顶端裂片狭三角形，子房细圆柱形。蒴果倒卵形，顶端有短喙，成熟时沿室背自上而下开裂。花期4~5月，果期8~9月。

- 分布与生境　生于固定沙丘或砂质地上。

- 用途　叶可制绳索或脱胶后制麻。

野鸢尾 *Iris dichotoma* Pall.

- 别名 扇子草、二歧鸢尾、白
射干。

- 形态特征 多年生草本。根状
茎不规则块状，棕褐色。须根发
达，粗长。茎二歧分枝。叶基生
或在花茎基部互生，剑形，长
15~35cm，宽 1.5~3cm，两面灰
绿色，无明显中脉。花茎实心，
上部二歧状分枝，高 40~60cm；
苞片 4~5，膜质，披针形，长
1.5~2.3cm，包 3~4 花。花蓝紫
色或淡蓝色，径 4~4.5cm 花被筒

甚短；外花被裂片宽倒披针形，长 3~3.5cm，无附属物，有棕褐
色斑纹，内花被裂片窄倒卵形，长约 2.5cm；雄蕊长 1.6~1.8cm；
花柱分枝花瓣状，顶端裂片窄三角形，子房长约 1cm。蒴果圆柱
形，长 3.5~5cm。种子椭圆形，暗褐色，有小翅。花期 7~8 月，
果期 8~9 月。

- 分布与生境 生于砂质草地、山坡石隙等向阳干燥处。

- 用途 根状茎药用，有清热解毒、活血消肿之功效。

乌 兰 布 和 沙 漠 动 植 物 手 册

下篇 ▽ 动物

乌兰布和沙漠动植物手册

乌 兰 布 和 沙 漠 动 植 物 手 册

脊索动物门
Chordata

鸭科 Anatidae

大天鹅 *Cygnus cygnus*

天鹅属

- 别名　天鹅、咳声天鹅、白天鹅、黄嘴天鹅、鹄、白鹅。
- 形态特征　体形高大，体长 120~160cm，翼展 218~243cm，体重 8~12kg。全身的羽毛均为雪白的颜色，仅头稍沾棕黄色，颈长弯曲，体态优雅，嘴端黑色。雌雄外形相似，雌略较雄小。跗趾、蹼、爪亦为黑色。与小天鹅相比，大天鹅个体较大，嘴基部的黄斑更大，其黄色超过了鼻孔的位置，延至上喙侧缘成尖形。亚成鸟灰色，嘴色亦淡。
- 生活习性　性喜集群，除繁殖期外常成群生活。通常多在水上活动，善游泳，一般不潜水。性胆小，警惕性极高，活动和栖息时远离岸边，游泳亦多在开阔的水域。主要在早晨和黄昏觅食，以水生植物叶、茎、种子和根茎为主要食物来源，偶尔也取食少量软体动物、水生昆虫和蚯蚓。觅食地和栖息地常常在一起或相距不远。单配置，雌雄常终生为伴。

马学献 / 摄

- 地理分布　分布于磴口县水域，范围非常广阔。无论是繁殖期还是越冬期，活动范围都与当年的气候因素有着密切的关系。
- 保护级别　列入《世界自然保护联盟（IUCN）濒危物种红色名录》，无危（LC）;《国家重点保护野生动物名录》，二级。
- 种群现状　单型种。旅鸟。

马学献 / 摄

小天鹅 *Cygnus columbianus*

天鹅属

- 形态特征　大型水禽，体重 4~7kg，体长 110~135cm。全身洁白，嘴端黑色，嘴基黄色，外形和大天鹅非常相似，颈部和嘴略短。两性同色，雌体略小，成鸟全身羽毛白色，仅头顶至枕部常略沾棕黄色。虹膜棕色，嘴黑灰色，上嘴基部两侧黄斑向前延伸最多仅及鼻孔；跗跖、蹼和爪黑色。幼鸟全身呈淡灰褐色。
- 生活习性　性喜集群，除繁殖期外常呈小群或家族群活动。有时也和大天鹅在一起混群，行动极为小心谨慎。在水中游泳和栖息时，也常在距离岸边较远的地方。主要以水生植物的叶、根、茎和种子等为食，也吃少量螺类、软体动物、水生昆虫和其他小

马学献 / 摄

马学献 / 摄

型水生动物，有时还吃农作物的种子、幼苗和粮食。性活泼，游泳时颈部垂直竖立。鸣声高而清脆，常常显得有些嘈杂。

- 地理分布　分布于磴口县水域，范围非常广阔。
- 保护级别　列入《世界自然保护联盟（IUCN）濒危物种红色名录》，无危（LC）;《国家重点保护野生动物名录》，二级。
- 种群现状　多型种。旅鸟。分布范围广，种群数量多。

疣鼻天鹅 *Cygnus olor*

天鹅属

- 别名　赤嘴天鹅。
- 形态特征　体大，约140cm，是一种大型游禽。颈修长，两翼常高拱。雄鸟全身雪白，头顶至枕略沾浅棕色。眼先裸露，黑色；嘴基、嘴缘亦为黑色，其余嘴呈红色，前端稍淡，近肉桂色，嘴甲褐色，前额有突出的黑色疣状物。雌鸟羽色和雄鸟相同，但体形较小，前额疣状突不显。雏鸟为绒灰色或污白色，嘴灰紫色。幼鸟头、

颈淡棕灰色，前额和眼先裸露，黑色，不具疣状突，飞羽灰白色，尾羽较长而尖，淡棕灰色，具污白色端斑。

- 生活习性　栖息于水草繁茂的河湾和开阔的湖面。性温顺而胆怯，行动极为谨慎小心，

常在开阔的湖心水面游泳和觅食，主要以水生植物的叶、根、茎、芽和果实为食，也吃水藻和小型水生动物。白天觅食，晚上休息。觅食时主要是用嘴撕裂植物，有时也能像一些鸭类一样头朝下、尾朝上，将头伸到水底挖掘水生植物的根为食，偶尔也到水边地面觅食青草。

- 地理分布　分布在磴口县金马湖水域，范围广阔。
- 保护级别　列入《世界自然保护联盟（IUCN）濒危物种红色名录》，无危（LC）;《国家重点保护野生动物名录》，二级。
- 种群现状　单型种。旅鸟。种群数量稀少。

豆雁 *Anser fabalis*

- 别名　大雁、鸿、东方豆雁、西伯利亚豆雁、普通大雁、麦鹅。
- 形态特征　体形高大，头部和颈部深褐色，上体棕褐色，带有淡淡的条纹。覆羽灰色，飞羽黑褐色。尾下覆羽及尾缘白色。嘴黑色，具橘黄色次端条带。边缘锯齿状。脖子较长。飞行中较其他灰色雁类色暗而颈长。脚为橘黄色。
- 生活习性　成群活动于近湖泊的沼泽地带及农田。飞行时双翼拍打用力，振翅频率高。腿位于身体的中心支点，行走自如。有迁徙的习性，迁飞距离也较远。性喜集群，飞行时成有序的队列，有一字形、人字形等。栖息时常和鸿雁在一起。性机警，不易接近。为一夫一妻制，雌雄共同参与雏鸟的养育。主要以植物性食物为食。繁殖季节主要以苔藓、地衣、植物嫩芽、嫩叶为食，包括芦苇和一些小灌木，也吃植物果实与种子和少量动物性食物。觅食多在陆地上。
- 地理分布　分布在黄河湿地，范围广阔。

马学献 / 摄

- 保护级别　列入《世界自然保护联盟（IUCN）濒危物种红色名录》，无危（LC）;《国家保护的有益的或者有重要经济、科学研究价值的陆生野生动物名录》。
- 种群现状　多型种。旅鸟。分布广，数量多，常见。

赤麻鸭　*Tadorna ferruginea*

麻鸭属

- 别名　黄鸭、黄凫、渎凫、红雁。
- 形态特征　头皮黄。外形似雁。全身橙栗色。腿长、颈长，具有长且窄的翅膀。体色为明亮的橙棕色，头部浅黄褐色或乳白色，在前额及面部颜色尤为浅。臀部、尾部和飞羽为黑色，飞行时白色的翅上覆羽及铜绿色翼镜明显可见。成年雄鸟夏季有狭窄的黑色领圈。嘴

近黑色，腿黑色。

● 生活习性 栖息于开阔湖泊、农田等环境中。性机警，很远见人就飞。主要以水生植物叶、芽、种子、农作物幼苗、谷物等植物性食物为食，也吃昆虫、软体动物、蚯蚓、小蛙和小鱼等动物性食物。觅食多在黄昏和清晨。

● 地理分布 分布在磴口具天鹅湖。

● 保护级别 列入《世界自然保护联盟（IUCN）濒危物种红色名录》，无危（LC）;《国家保护的有益的或者有重要经济、科学研究价值的陆生野生动物名录》》。

● 种群现状 单型种。旅鸟。地区性常见。

马学献 / 摄

马学献 / 摄

翘鼻麻鸭 *Tadorna tadorna*

麻鸭属

- 别名　白鸭、冠鸭、掘穴鸭、潦鸭、翘鼻鸭、花凫。
- 形态特征　体大而具醒目色彩的黑白色鸭。绿黑色光亮的头部与鲜红色的嘴及额基部隆起的皮质肉瘤对比强烈。胸部有一栗色横带。雌鸟似雄鸟，但色较暗淡，嘴基肉瘤形小或阙如。亚成体褐色斑驳，嘴暗红色，脸侧有白色斑块。
- 生活习性　繁殖期主要栖息于开阔的盐碱平原草地、碱水和淡水湖泊地带。迁徙和越冬期间也栖息于淡水湖泊、水库等地。喜欢成群生活，特别是冬季，常集成数十只至数百只的大群。繁殖期间则成对生活。飞行疾速，两翅煽动较快。善游泳和潜水，也善行走。能在地上轻快的奔跑。性机警，常不断的伸颈四处观望。翘鼻麻鸭主要以水生无脊椎动物为食，也吃一些小型鱼类和植物。
- 地理分布　分布在磴口县天鹅湖水域。
- 保护级别　列入《世界自然保护联盟（IUCN）濒危物种红色名录》，无危（LC）;《国家保护的有益的或者有重要经济、科学研究价值的陆生野生动物名录》。
- 种群现状　单型种。夏候鸟。数量多，地区性常见。

马学献 / 摄

马学献 / 摄

赤嘴潜鸭 *Netta rufina*

狭嘴潜鸭属

- 别名　红冠潜鸭。
- 形态特征　繁殖期的雄鸟有锈红色的头部，头冠偏淡，嘴鲜红色，后颈、部中央、尾部黑色，胁部浅红色，上体棕色。雄鸟具浅灰棕色的头冠和枕色的脸部，其余的羽毛呈浅灰棕色。繁殖期雄鸟易识别，锈色的头部和橘红色的嘴与黑色前半身成对比。两胁白色，尾部黑色，翼下羽白，飞羽在飞行时显而易见。雌鸟纯褐色，两胁无白色，但脸下、喉及颈侧为白色。额、顶盖及枕部深褐色，眼周色最深。繁殖后雄鸟似雌鸟但嘴为红色。
- 生活习性　深水鸟类，善于收拢翅膀潜水。性迟钝，不善鸣叫，常成对或成小群活动，飞行笨重而迟缓。栖于有植被或芦苇的湖泊或缓水河流。主要通过潜水取食，也常采用尾朝上、头朝下的姿势在浅水觅食。觅食多在清晨和黄昏。食物主要为水藻以及其他水生植物的嫩芽、茎和种子，有时也到岸上觅食青草和其他一些禾本科植物种子与草籽。
- 地理分布　分布在磴口县奈伦湖。
- 保护级别　列入《世界自然保护联盟（IUCN）濒危物种红色名录》，无危（LC）;《国家保护的有益的或者有重要经济、科学研究价值的陆生野生动物名录》。
- 种群现状　单型种。旅鸟变为夏候鸟。地区性常见。

绿头鸭 *Anas platyrhynchos*

鸭属

- 别名　大头绿（雄）、蒲鸭（雌）。
- 形态特征　中等体形，为家鸭的野生型。雄性夏羽有深绿色具金属光泽的头部和颈部，白色颈环使头与栗色胸隔开，尾部黑色，尾羽白色，黑色的尾上覆羽向上卷曲；有时可见蓝色翼镜。磁性棕色具条纹，褐色斑驳，顶冠和过眼纹暗色，也有蓝色的翼镜。较雌针尾鸭尾短而钝；较雌赤膀鸭体大且翼上图纹不同。
- 生活习性　主要栖息于水生植物丰富的湖泊、河流、池塘、沼泽等水域中。鸭脚趾间有蹼，但很少潜水，游泳时尾露出水面，善于在水中觅食、戏水和求偶交配。喜欢干净，常在水中和陆地上梳理羽毛精心打扮，睡觉或休息时互相照看。觅食多在清晨和黄昏，主要以野生植物的叶、芽、茎、水藻和种子等植物性食物为食，也吃软体动物、甲壳类、水生昆虫等动物性食物。
- 地理分布　分布在磴口县水域。
- 保护级别　列入《世界自然保护联盟（IUCN）濒危物种红色名录》，无危（LC）;《国家保护的有益的或者有重要经济、科学研究价值的陆生野生动物名录》。
- 种群现状　多型种。夏候鸟。地区性常见。

马学献 / 摄

马学献 / 摄

绿翅鸭 *Anas crecca*

鸭属

- 别名　小凫、小水鸭、小麻鸭、巴鸭、小蚬鸭。
- 形态特征　体小，飞行快速。绿色翼镜在飞行时显而易见，翼镜亮绿色，繁殖期的雄鸟有栗色的头部，肩羽上有一道长长的白色条纹，深色的尾下羽外缘具皮黄色斑块，长而宽的暗绿色眼带，奶油色胸部有黑色斑点，尾部两侧黄色，其余体羽多灰色。雌鸟暗棕色，脸部干净，有过眼纹，褐色斑驳，腹部色淡。
- 生活习性　繁殖期主要栖息在开阔而水生植物茂盛，且少干扰的中小型湖泊和各种水塘中。非繁殖期则喜欢栖息在开阔的地带。喜集群，特别是迁徙季节和冬季，常集成数百甚至上千只的大群活动。飞行疾速，敏捷而有力。两翼鼓动快而且声响很大。飞行时头向前伸直，常成直线或 V 字队形飞行。
- 地理分布　分布在黄河湿地附近。
- 保护级别　列入《世界自然保护联盟（IUCN）濒危物种红色名录》，无危（LC）;《国家保护的有益的或者有重要经济、科学研究价值的陆生野生动物名录》。
- 种群现状　多型种。夏候鸟。地区性常见。

斑嘴鸭 *Anas zonorhyncha*

- 形态特征　从额至枕棕褐色，从嘴基经眼至耳有一棕褐色纹；眉纹淡黄白色；眼先、颊、颈侧、颏、喉均呈淡黄白色，并缀有暗褐色斑点。上背灰褐色沾棕色，具棕白色羽缘，下背褐色；腰、尾上覆羽和尾羽黑褐色，尾羽羽缘较浅淡。雌鸭似雄鸭，但上体后部较淡，下体自胸以下均淡白色，杂以暗褐色斑；嘴端黄斑不明显。

- 生活习性　除繁殖期外，常成群活动，也和其他鸭类混群。善游泳，亦善于行走，但很少潜水。活动时常成对或分散成小群游泳于水面。清晨和黄昏成群飞往附近农田、沟渠、水塘和沼泽地上寻食。主食植物性食物，常见的主要为水生植物的叶、嫩芽、茎、根等，水生藻类、草籽和谷物种子，也吃昆虫、软体动物等动物性食物。

- 地理分布　分布在磴口县奈伦湖和黄河湿地水域。

- 保护级别　列入《世界自然保护联盟（IUCN）濒危物种红色名录》，无危（LC）。

- 种群现状　种群数量趋势稳定，旅鸟、夏候鸟。地区性常见。

马学献／摄

针尾鸭 *Anas acuta*

鸭属

- 形态特征　雄鸟夏羽头顶暗褐色，具棕色羽缘，后颈中部黑褐色；头侧、颏、喉和前颈上部淡褐色，颈侧白色，呈一条白色纵带向下与腹部白色相连。冬羽似雌鸟。雌鸟头为棕 色，密杂以黑色细纹；后颈暗褐色而缀有黑色小斑；上体黑褐色，上背和两肩杂有棕白色 V 字形斑；下背具灰白色横斑。

- 生活习性　性喜成群，特别是迁徙季节和冬季，常成几十只至数百只的大群。游泳轻快敏捷，亦善飞翔，且快速有力。在陆地上行走亦好。性胆怯而机警。主要以草籽和其他水生植物为食，也到农田觅食部分散落的谷粒。

- 地理分布　分布在磴口县奈伦湖。

- 保护级别　列入《世界自然保护联盟（IUCN）濒危物种红色名录》，无危（LC）;《国家保护的有益的或者有重要经济、科学研究价值的陆生野生动物名录》。

- 种群现状　夏候鸟。地区性常见。

赤膀鸭 *Mareca strepera*

亚鸭属

- **别名** 漈凫。
- **形态特征** 中等体形的灰色鸭。嘴黑色，头棕色，尾黑色，次级飞羽具白斑及腿橘黄色为其主要特征。比绿头鸭稍小，嘴稍细。雄鸭上体大都暗灰褐色，杂白色细斑；翅上具栗红色块斑；翼镜呈黑白色。雌鸭上体大都黑褐色，具棕色斑纹，似雌绿头鸭但头较扁，嘴侧橘黄色，腹部及次级飞羽白色。
- **生活习性** 常成小群活动，也喜欢与其他野鸭混群活动。性胆小而机警，有危险时立刻从水草中冲出。飞行极快，两翅煽动有力而快速。以水生植物为主。常在水边水草丛中觅食。觅食时常将头沉入水中，有时也头朝下，尾朝上倒栽在水中取食。觅食时间多在清晨和黄昏。除食水生植物外，也常到岸上或农田地中觅食青草、草籽和谷粒。
- **地理分布** 分布在磴口县天鹅湖、黄河湿地。
- **保护级别** 列入《世界自然保护联盟（IUCN）濒危物种红色名录》，无危（LC)；《国家保护的有益的或者有重要经济、科学研究价值的陆生野生动物名录》。
- **种群现状** 多型种。旅鸟。地区性常见。

鸟学敏 / 摄

凤头潜鸭 *Aythya fuligula*

潜鸭属

- 形态特征　中等体形、矮扁结实的鸭。雄鸟头带特长羽冠，除腹部、两胁、翼镜为白色外，余部都为黑色。雌鸟全身大致为深褐色，两胁褐而头上羽冠短，有浅色脸颊斑，飞行时二级飞羽呈白色带状，尾下羽偶为白色。雏鸟似雌鸟但眼为褐色，头形较白眼潜鸭顶部平而眉突出。

- 生活习性　性喜成群，常成群活动，特别是迁徙期间和越冬期间常集成上百只的大群。善游泳和潜水，可潜入水下 2~3m 深。游泳时尾向下垂于水面。常成群在碧波荡漾的湖中水面上随波逐流。凤头潜鸭主要在白天觅食。觅食方式主要通过潜水，有时也在沼泽或水边浅水处涉水取食，尾朝上地在水中觅食。食物主要以水生植物和鱼虾类为食。

- 地理分布　分布在黄河湿地。

- 保护级别　列入《世界自然保护联盟（IUCN）濒危物种红色名录》，无危（LC）;《国家保护的有益的或者有重要经济、科学研究价值的陆生野生动物名录》。

- 种群现状　单型种。旅鸟。地区性常见。

红头潜鸭 *Aythya ferina*

马学献 / 摄

- 别名　红头鸭、矶凫、矶雁，英文直译为普通潜鸭。

- 形态特征　中等体形、外观漂亮的鸭类。栗红色的头部与亮灰色的嘴和黑色的胸部及上背成对比。腰黑色但背及两胁显灰色。近看为白色带黑色蠕虫状细纹。飞行时翼上的灰色条带与其余较深色部位对比不明显。雌鸟背灰色，头、胸及尾近褐色，眼周皮黄色。

- 生活习性　常成群活动，有时也和其他鸭类混群。性胆怯而机警。善于潜水。常通过潜水取食或逃离敌人。危急时也能从水面直接起飞。主要在深水处通过潜水觅食，也常在岸边浅水处头朝下尾朝上扎入水中取食。食物主要为水藻、水生植物叶、茎、根和种子。

- 地理分布　分布在磴口县金马湖。

- 保护级别　列入《世界自然保护联盟（IUCN）濒危物种红色名录》，易危（VU）；《国家保护的有益的或者有重要经济、科学研究价值的陆生野生动物名录》。

- 种群现状　单型种。旅鸟。地区性常见。

马学献 / 摄

白眼潜鸭 *Aythya nyroca*

马学献/摄

● 形态特征　中等体形的全深色型鸭。仅眼及尾下羽白色。雄鸟头、颈、胸及两胁浓栗色，眼白色。雌鸟暗烟褐色，眼色淡。侧看头部羽冠高耸。飞行时，飞羽为白色带狭窄黑色后缘。

● 生活习性　善于收拢翅膀潜水，但在水下停留时间不长。常在富有芦苇和水草的水面活动，并潜伏其中。性胆小而机警，常成对或成小群活动，仅在繁殖后的换羽期和迁徙期才集成较大的群体。杂食性，主要以植物性食物、水生植物和鱼虾类为食。

● 地理分布　分布在磴口县金马湖。

● 保护级别　列入《世界自然保护联盟（IUCN）濒危物种红色名录》，近危（NT）；《国家保护的有益的或者有重要经济、科学研究价值的陆生野生动物名录》。

● 种群现状　单型种。旅鸟。地区性较少见。

马学献/摄

马学献 / 摄

斑背潜鸭 *Aythya marila*

潜鸭属

- 别名　铃凫、东方蚬鸭。
- 形态特征　中等体形的体矮型鸭。雄鸟体比凤头潜鸭长，背灰色，无羽冠。雌鸟与雌凤头潜鸭区别在于嘴基有一宽白色环。与小潜鸭甚相像但体形较大且无小潜鸭的短羽冠。飞行时不同于小潜鸭处在于初级飞羽基部为白色。
- 生活习性　繁殖期常成对活动，非繁殖期则喜成群。善游泳和潜水。系杂食性，主要捕食甲壳类、软体动物、水生昆虫、小型鱼类等水生动物为食。通常白天觅食。
- 地理分布　分布在黄河湿地。
- 保护级别　列入《世界自然保护联盟（IUCN）濒危物种红色名录》，无危（LC）;《国家保护的有益的或者有重要经济、科学研究价值的陆生野生动物名录》。
- 种群现状　多型种。夏候鸟。地区性不常见。

普通秋沙鸭 *Mergus merganser*

- 别名　川秋沙鸭。
- 形态特征　体形略大的食鱼鸭，细长的嘴具钩。繁殖期雄鸟头及背部绿黑色，与光洁的乳白色胸部及下体成对比。飞行时翼白色而外侧三极飞羽黑色。雌鸟及非繁殖期雄鸟上体深灰色，下体浅灰色，头棕褐色而颏白色。体羽具蓬松的副羽，较中华秋沙鸭的为短但比体形较小的为厚。飞行时次级飞羽及覆羽全白色，并无红胸秋沙鸭那种黑斑。
- 生活习性　繁殖期主要栖息于附近的湖泊和河口地区，也栖息于开阔的水域。常成小群，迁徙期间和冬季，也常集成数十只甚至上百只的大群，偶尔也见单只活动。游泳时颈伸得很直，有时也将头浸入水中频频潜水。飞行快而直，两翅扇动较快，常发出清晰的振动翅膀声。起飞时显得很笨拙，需要两翅在水面急速拍打和在水面助跑一阵才能飞起。
- 地理分布　分布在磴口县水域。
- 保护级别　列入《世界自然保护联盟（IUCN）濒危物种红色名录》，无危（LC）;《国家保护的有益的或者有重要经济、科学研究价值的陆生野生动物名录》。
- 种群现状　多型种。夏候鸟。地区性常见。

马学献 / 摄　马学献 / 摄

马学献 / 摄　　　　马学献 / 摄

斑头秋沙鸭 *Mergellus albellus*

秋沙鸭属

- 形态特征　雄鸟夏羽头颈白色，眼周和眼先黑色，在眼区形成一黑斑。枕部两侧黑色，中央白色，各羽均延长形成羽冠。背黑色，上背前部白色而具黑色端斑，形成两条半圆形黑色狭带，往下到胸侧。肩前部白色，后部暗褐色；腰和尾上覆羽灰褐色，尾羽银灰色。下体白色，两胁、具灰褐色波浪状细纹。雌鸟额、头顶一直到后颈栗色，眼先和脸黑色；颊、颈侧、颏和喉白色，背至尾上覆羽黑褐色，肩羽灰褐色，前颈基部至胸灰白色，两胁灰褐色。

- 生活习性　除繁殖外常成群活动，雌雄分别集群。善游泳和潜水。通常一边游泳一边潜水取食。休息时多游荡在岸边或栖息于水边沙滩上。日行性，觅食活动在白天，属于杂食性鸟类，食物包括小型鱼类、甲壳类、等无脊椎动物，偶尔也吃少量植物性食物水草、种子、树叶等。

- 地理分布　分布在磴口县奈伦湖。

- 保护级别　列入《世界自然保护联盟（IUCN）濒危物种红色名录》，无危（LC）。

- 种群现状　种群数量趋势稳定。旅鸟。地区性常见。

马学献 / 摄

鹊鸭 *Bucephala clangula*

鹊鸭属

- 别名　金眼鸭、喜鹊鸭、
白脸鸭。

- 形态特征　体形中等的深
色潜鸭。头大而高耸，眼金
色，黑色羽毛而泛蓝光。繁
殖期雄鸟胸腹白色，雌鸟烟
灰色，冬季雌雄羽色近似。

马学献 / 摄

非繁殖期雄鸟似雌鸟，但近嘴基处点斑仍为浅色。

- 生活习性　食物主要为昆虫及其幼虫、蠕虫、甲壳类、软体动
物、小鱼、蛙、蝌蚪等各种所能利用的淡水和咸水水生动物。性
机警而胆怯，游泳时尾翘起，边游边不断潜水觅食。

- 地理分布　分布在磴口县奈伦湖。

- 保护级别　列入《世界自然保护联盟（IUCN）濒危物种红色
名录》，无危（LC）；《国家保护的有益的或者有重要经济、科学
研究价值的陆生野生动物名录》。

- 种群现状　多型种。夏候鸟。地区性常见。

琵嘴鸭 *Spatula clypeata*

匙嘴鸭属

- **别名** 琵琶嘴鸭、铲土鸭、杯凿、广味凫。

- **形态特征** 体大嘴长，末端宽大有如铲子因为其嘴形如琵琶，故而得名琵嘴鸭。雄鸟头部绿色，腹部栗色，胸白色，头深绿色而具光泽。雌鸟褐色斑驳，尾近白色，贯眼纹深色。

- **生活习性** 常成对或成3~5只的小群活动，也见有单只活动的。多在有烂泥的水塘和浅水处活动和觅食。飞行力不强，但飞行速度快而有力，常发出翅膀振动的呼呼声。主要以螺、软体动物、水生昆虫、鱼、蛙等动物性食物为食。

- **地理分布** 分布在磴口县金马湖。

- **保护级别** 列入《世界自然保护联盟（IUCN）濒危物种红色名录》，无危（LC）;《国家保护的有益的或者有重要经济、科学研究价值的陆生野生动物名录》。

- **种群现状** 单型种。旅鸟。地区性常见。

马学献 / 摄

鸡形目 GALLIFORMES

雉科 Phasianidae

石鸡 *Alectoris chukar*

石鸡属

- 形态特征　中型雉类，体长 27~37cm，体重 440~580g，比山鹑稍大一些。两胁具显著的黑色和栗色斑。尾圆。雄鸟具微小的瘤状距，嘴和足红色。雌雄在羽色上一样，仅在大小上有些不同。嘴、脚珊瑚红色。虹膜栗褐色。眼的上方有一条宽宽的白纹。围绕头侧和黄棕色的喉部有完整的黑色环带。上体紫棕褐色，胸部灰色，腹部棕黄色，两胁各具 10 余条黑色、栗色并列的横斑。

- 生活习性　白天活动，性喜集群，有时白天成群窜到靠近山坡的农田地中觅食，遇惊后径直地朝山上迅速奔跑。以草本植物和灌木的嫩芽、嫩叶、浆果、种子以及昆虫为食。

- 地理分布　分布在磴口县。

- 保护级别　列入《世界自然保护联盟（IUCN）濒危物种红色名录》，无危（LC）。

- 种群现状　种群数量趋势稳定，被评价为无生存危机的物种。留鸟。

马学献 / 摄

雉鸡 *Phasianus colchicus*

雉属

- 形态特征　体形较家鸡略小，但尾巴却长得多。雄鸟羽色华丽，分布在中国东部的几个亚种，颈部都有白色颈圈，与金属绿色的颈部，形成显著的对比；尾羽长而有横斑。雌鸟的羽色暗淡，大都为褐色和棕黄色，而杂以黑斑；尾羽也较短。

- 生活习性　栖息于低山丘陵、农田、地边、沼泽草地，以及林缘灌丛和公路两边的灌丛与草地中，杂食性。所吃食物随地区和季节而不同。

- 地理分布　分布在磴口县。

- 保护级别　列入《世界自然保护联盟（IUCN）濒危物种红色名录》，无危（LC）;《国家保护的有益的或者有重要经济、科学研究价值的陆生野生动物名录》。

- 种群现状　种群数量趋势稳定，被评价为无生存危机的物种。

鹈形目 PELECANIFORMES

鹮科 Threskiornithidae

白琵鹭 *Platalea leucorodia*

鹮鹭属

- **形态特征** 嘴长而直，上下扁平，前端扩大呈匙状，黑色，端部黄色；脚亦较长，黑色，胫下部裸出。幼鸟全身白色。第1至第4枚初级飞羽具黑褐色端斑，内侧飞羽基部缀有灰褐色，多数翅羽具黑色羽轴。虹膜暗黄色，嘴黑色，前端黄色，幼鸟全为黄色，杂以黑斑，眼先、眼周、脸和喉裸出皮肤黄色，脚黑色。

- **生活习性** 多在白天迁飞，傍晚停落觅食。常成群活动，偶尔见单只。休息时常在水边成一字形散开，长时间站立不动。性机警畏人，很难接近。飞行时两脚伸向后，头颈向前伸直。主要以虾、蟹、水生昆虫、软体动物、蛙、蝌蚪、小鱼等小型脊椎动物和无脊椎动物为食，偶尔也吃少量植物性食物。

- **地理分布** 分布在磴口县金马湖、渡口。

- **保护级别** 列入《世界自然保护联盟（IUCN）濒危物种红色名录》，无危（LC）；《国家重点保护野生动物名录》，二级。

- **种群现状** 种群数量趋势稳定。旅鸟。地区性不常见。

马学献 / 摄

马学献 / 摄

苍鹭 *Ardea cinerea*

鹭属

• 别名 灰鹭。

• 形态特征 雄鸟头顶中央和颈白色，头顶两侧和枕部黑色。羽冠由 4 根细长的羽毛形成，分为两条位于头顶和枕部两侧，状若辫子，颜色为黑色，前颈中部有 2~3 列纵行黑斑。上体自背至尾上覆羽苍

马学献 / 摄

灰色，尾羽暗灰色，两肩有长尖而下垂的苍灰色羽毛，羽端分散，呈白色或近白色。

• 生活习性 成对和成小群活动，常单独涉水于水边浅水处，或长时间的在水边站立不动，颈常曲缩于两肩之间，并常以一脚站

马学献 / 摄

立，另一脚缩于腹下，站立可达数小时之久而不动。主要以小型鱼类、泥鳅、虾、蝲蛄、蜻蜓幼虫、蜥蜴、蛙和昆虫等动物性食物为食。

- 地理分布 分布在磴口县金马湖、冬青湖和黄河。
- 保护级别 列入《世界自然保护联盟（IUCN）濒危物种红色名录》，无危（LC）；《国家保护的有益的或者有重要经济、科学研究价值的陆生野生动物名录》。
- 种群现状 种群数量较少，旅鸟。

草鹭 *Ardea purpurea*

鹭属

- 形态特征 额和头顶蓝黑色，枕部有两枚灰黑色长形羽毛形成的冠羽，悬垂于头后，状如辫子。其余头和颈棕栗色。从嘴裂处开始有一蓝色纵纹，向后经颊延伸至后枕部，并于枕部会合形成一条宽阔的黑色纵纹沿后颈向下延伸至后颈基部，背、腰和尾上覆羽灰褐色。两肩和下背被有矛状长羽，羽端分散如丝，颜色为灰白色或灰褐色；尾暗褐色，具蓝绿色金属光泽。
- 生活习性 活动时彼此分散开单独或成对活动和觅食。休息时则多聚集在一起。行动迟缓，常漫步在水边浅水处低头觅食。主要以小鱼、蛙、甲壳类、蜥蜴、蝗虫等动物性食物为食。觅食活动在白天，尤以早晨和黄昏觅食活动最为频繁。
- 地理分布 分布在黄河湿地。
- 保护级别 列入《世界自然保护联盟（IUCN）濒危物种红色名录》，无危（LC）；《国家保护的有益的或者有重要经济、科学研究价值的陆生野生动物名录》。
- 种群现状 该物种分布范围广，种群数量趋势稳定。夏候鸟。

马瑞平/摄

大白鹭 *Ardea alba*

鹭属

- **形态特征** 大型鹭类。颈、脚甚长，两性相似，全身洁白。嘴和眼先黑色，嘴角有一条黑线直达眼后。虹膜黄色，嘴、眼先和眼周皮肤繁殖期为黑色，非繁殖期为黄色，胫裸出部肉红色，跗跖和趾黑色。

- **生活习性** 常成单只或小群活动，偶尔亦见和其他鹭混群。白天活动，行动极为谨慎小心。以甲壳类、软体动物、水生昆虫以及小鱼、蛙、蝌蚪

和蜥蜴等动物性食物为食。

- 地理分布　分布在磴口县金马湖、黄河。

- 保护级别　列入《世界自然保护联盟（IUCN）濒危物种红色名录》，无危（LC）；《国家保护的有益的或者有重要经济、科学研究价值的陆生野生动物名录》。

- 种群现状　该物种分布范围广，种群数量趋势稳定。夏候鸟。

马瑞平／摄

大麻鳽 *Botaurus stellaris*

麻鳽属

- 形态特征　大型涉禽，额、头顶和枕黑色，眉纹淡黄白色；背和肩主要为黑色，羽缘有锯齿状皮黄色斑，从而使背部表现为皮黄色而具粗著的黑色纵纹；其余上体部分和尾上覆羽皮黄色，具有黑色波浪状斑纹和黑斑；尾羽亦为皮黄色，具黑色横斑。幼鸟似成鸟，但头顶较褐，整个体羽亦较淡和较褐。

- 生活习性　除繁殖期外常单独活动。夜行性，多在黄昏和晚上活动，白天多隐蔽在水边芦苇丛和草丛中。受惊时常在草丛或芦苇丛站立不动，头、颈向上垂直伸直、嘴尖朝向天空，和四周枯草、芦苇融为一体。通常飞不多远又落入草丛。活动时不时发出"会儿，会儿"的叫声，很远即能听见。

- 地理分布　分布在磴口县巴彦高勒镇。
- 保护级别　列入《世界自然保护联盟（IUCN）濒危物种红色名录》，无危（LC）；《国家保护的有益的或者有重要经济、科学研究价值的陆生野生动物名录》。
- 种群现状　种群数量趋势稳定。夏候鸟。

马瑞平／摄

马瑞平 / 摄

池鹭 *Ardeola bacchus*

池鹭属

- 形态特征　夏羽头、头侧、长的羽冠、颈和前胸与胸侧粟红色，羽端呈分枝状；冠羽甚长，一直延伸到背部，背、扁部羽毛也甚长，呈披针形，颜色蓝黑色，一直延伸到尾；尾短，圆形，颜色为白色。颏、喉白色，前颈有一条白线，从下嘴下面一直沿前颈向下延伸。下颈有长的粟褐色丝状羽悬垂于胸。腹、两胁、腋羽、翼下覆羽和尾下覆羽以及两翅全为白色。

- 生活习性　常单独或成小群活动，有时也集成多达数十只的大群在一起，性较大胆。以动物性食物为主，包括鱼、虾、螺、蛙、泥鳅、水生昆虫、蝗虫等，兼食少量植物性食物。性不甚畏人。白昼或晨昏活动。常站在水边或浅水中，用嘴飞快地攫食。

- 地理分布　分布在磴口县北海湿地。

- 保护级别　列入《世界自然保护联盟（IUCN）濒危物种红色名录》，无危（LC）；《国家保护的有益的或者有重要经济、科学研究价值的陆生野生动物名录》。

- 种群现状　种群数量趋势稳定。旅鸟。

鹳形目 CICONIIFORMES

鹳科 Ciconiidae

黑鹳 *Ciconia nigra*

鹳属

- 形态特征 两性相似。成鸟嘴长而直，基部较粗，往先端逐渐变细。鼻孔小，呈裂缝状。脚甚长，胫下部裸出，前趾基部间具蹼，爪钝而短。头、颈、上体和上胸黑色，颈具辉亮的绿色光泽。背、肩和翅具紫色和青铜色光泽，胸亦有紫色和绿色光泽。虹膜褐色或黑色，嘴红色，尖端较淡，眼周裸露皮肤和脚亦为红色。

刘永平 / 摄

刘永平 / 摄

- 生活习性 性孤独，常单独或成对活动在水边浅水处或沼泽地上，有时也成小群活动和飞翔。白天活动，晚上多成群栖息在水边上。不善鸣叫，活动时悄然无声。性机警而胆小，听觉、视觉均很发达，人难于接近。主要以小型鱼类为食，也吃蛙、蜥蜴、虾、蟋等其他动物性食物。
- 地理分布 分布在磴口县补隆镇。
- 保护级别 列入《世界自然保护联盟（IUCN）濒危物种红色名录》，无危（LC）;《国家重点保护野生动物名录》，一级。
- 种群现状 种群数量趋势稳定。夏候鸟。

大红鹳 *Phoenicopterus roseus*

红鹳属

• 形态特征　体形大小似鹳，高约 80~160cm，体重 2.5~3.5kg。雄性较雌性稍大；通身为洁白泛红的羽毛，翅膀上有黑色部分，覆羽深红色，诸色相衬。火烈鸟脖子长，常呈 S 型弯曲；嘴短而厚，上嘴中部突向下曲，下嘴较大成槽状，上嘴比下嘴小；脚极长而裸出，向前的 3 趾间有蹼，后趾短小不着地；翅大小适中；尾短。全身的羽毛主要为朱红色。

• 生活习性　喜欢结群生活。火烈鸟与雁类相似的叫声此起彼伏，震耳欲聋。性情温和，胆怯而机警，游泳的技术也很出色。飞翔时，能把颈部和两腿伸长呈一条直线，而且只要有一只飞上天空，就会有一大群紧紧跟随，边飞边鸣。食物以水中的藻类、原生动物、小虾、昆虫幼虫等为主，偶尔也吃小的软体动物和甲壳类。

马学献 / 摄

- 地理分布　分布在磴口县天鹅湖。
- 保护级别　列入《世界自然保护联盟（IUCN）濒危物种红色名录》，无危（LC）。
- 种群现状　种群数量趋势稳定。迷鸟。

沙鸡科 Pteroclididae

毛腿沙鸡 *Syrrhaptes paradoxus*

沙鸡属

- 形态特征 中型鸟类，体长 27~43cm，大小似家鸽，但尾甚长而尖，翅亦尖长。通体大都呈沙灰色，背部密被黑色横斑。头部锈黄色，腹部具一大型黑斑。脚短、跗蹠被羽直到趾。
- 生活习性 主要栖息于平原草地、荒漠和半荒漠地区，常成群活动，不迁徙，但游荡，主要以各种野生植物种子、浆果、嫩芽、嫩枝、嫩叶等植物性食物为食。
- 地理分布 分布在乌兰布和沙漠。
- 保护级别 列入《世界自然保护联盟（IUCN）濒危物种红色名录》，无危（LC）;《国家保护的有益的或者有重要经济、科学研究价值的陆生野生动物名录》。
- 种群现状 种群数量趋势稳定。

苗华/摄

䴙䴘科 Podicipedidae

凤头䴙䴘 *Podiceps cristatus*

䴙䴘属

—马学献 / 摄

- 形态特征　游禽，也是体形最大的一种䴙䴘，雄鸟和雌鸟比较相似，嘴又长又尖，从嘴角到眼睛还长着一条黑线。它的脖子很长，向上方直立着，通常与水面保持垂直的姿势。

- 生活习性　常成对和成小群活动。多活动在开阔的水面。善游泳和潜水。飞行较快，两翅鼓动有力，但在地上行走困难。主要以各种鱼类为食，也吃昆虫、昆虫幼虫、虾、软体动物等水生无脊椎动物，偶尔也吃少量水生植物。

- 地理分布　分布在磴口县冬青湖、北海公园和黄河。

- 保护级别　列入《世界自然保护联盟（IUCN）濒危物种红色名录》，无危（LC）。

- 种群现状　种群数量趋势稳定。夏候鸟。

马学献 / 摄

马瑞平 / 摄

黑颈䴙䴘 *Podiceps nigricollis*

䴙䴘属

- 形态特征　夏羽头、颈和上体黑色；眼后有一簇呈扇形散开像头发一样的丝状饰羽，基部棕红色，逐渐变为金黄色；两翅覆羽黑褐色，初级飞羽淡褐色，内侧初级飞羽尖端和内翈白色，逐渐过渡到内外翈全白色；外侧次级飞羽白色，内侧次级飞羽和肩羽黑褐色；胸、腹丝光白色，肛周灰褐色，胸侧和两胁栗红色，缀有褐色斑；翅下覆羽和腋羽白色。

- 生活习性　白天活动，通常成对或成小群活动在开阔水面。繁殖期则多在附近水域中活动，遇人则躲入水草丛。日活动时间较长，活动时频频潜水。主要通过潜水觅食。食物主要为昆虫及其幼虫、各种小鱼、蛙、蝌蚪、蠕虫以及甲壳类和软体动物，偶尔也吃少量水生植物。

- 地理分布　分布在磴口县水域。

- 保护级别　列入《世界自然保护联盟（IUCN）濒危物种红色名录》，无危（LC）;《国家重点保护野生动物名录》，二级;《国家保护的有益的或者有重要经济、科学研究价值的陆生野生动物名录》。

- 种群现状　种群数量较少。夏候鸟。

小䴙䴘 *Tachybaptus ruficollis*

小䴙䴘属

- 形态特征　夏羽呈上体黑褐色，部分羽毛尖端苍白色；眼先、颏、上喉等黑褐色；下喉、耳羽、颈侧红栗色；初级、次级飞羽灰褐色，初级飞羽尖端灰黑色，次级飞羽尖端白色；大、中覆羽暗灰黑色，小覆羽淡黑褐色。前胸、两胁、肛周均灰褐色，前胸羽端苍白或白色，后胸和腹丝光白色，沾些与前胸相同的灰褐色，腋羽和翼下覆羽白色。

- 生活习性　多单独或成对活动。善游泳和潜水，在陆地上亦能行走，但行动迟缓而笨拙。飞行力弱，在水面起飞时需要在水面涉水助跑一段距离才能飞起。通常白天活动觅食，食物主要为各种小型鱼类。

- 地理分布　分布在黄河湿地。

- 保护级别　列入《世界自然保护联盟（IUCN）濒危物种红色名录》，无危（LC）;《国家保护的有益的或者有重要经济、科学研究价值的陆生野生动物名录》。

- 种群现状　种群数量较少。夏候鸟。

马学献 / 摄

鸨科 Otididae

大鸨 *Otis tarda*

鸨属

- 形态特征　成鸟两性体形和羽色相似，但雌鸟较小。繁殖期的雄鸟前颈及上胸呈蓝灰色，头顶中央从嘴基到枕部有一黑褐色纵纹，颏、喉及嘴角有细长的白色纤羽，在喉侧向外突出如须，长达 10~12cm。颏和上喉灰白色沾淡锈色。后颈基部栗棕色，上体栗棕色满布黑色粗横斑和黑色虫蠹状细横斑。

- 生活习性　性耐寒、机警，善奔走、不鸣叫。大部分时间都在集群活动。食物很杂，主要吃植物的嫩叶、嫩芽、嫩草、种子以及昆虫、蚱蜢、蛙等动物性食物，有时也在农田中取食散落在地的谷粒等。

- 地理分布　分布在中国林科院沙林中心防沙林场一作业区。

- 保护级别　列入《世界自然保护联盟（IUCN）濒危物种红色名录》，易危（VU）;《国家重点保护野生动物名录》，一级。

- 种群现状　种群数量趋势稳定。旅鸟。

马学献 / 摄

鹤科 Gruidae

灰鹤 *Grus grus*

鹤属

- 形态特征　大型涉禽，后趾小而高位，不能与前三趾对握，因此不能栖息在树上。成鸟两性相似，雌鹤略小。前额和眼先黑色，被有稀疏的黑色毛状短羽，冠部几乎无羽，裸出的皮肤为红色。眼后有一白色宽纹穿过耳羽至后枕，再沿颈部向下到上背，身体其余部分为石板灰色，在背、腰灰色较深，胸、翅灰色较淡，背常沾有褐色。喉、前颈和后颈灰黑色。

- 生活习性　成5~10余只的小群活动。性机警，胆小怕人。活动和觅食时常有一只鹤担任警戒任务。杂食性，但以植物为主，包括根、茎、叶、果实和种子，喜食芦苇的根和叶。

- 地理分布　分布在黄河湿地、碛口县金马湖。

- 保护级别　列入《世界自然保护联盟（IUCN）濒危物种红色名录》，无危（LC）;《国家重点保护野生动物名录》，二级。

- 种群现状　种群数量趋势稳定。旅鸟。

王治贡/摄

白骨顶 *Fulica atra*

骨顶属

- 形态特征　成鸟两性相似，头具
白色额甲，端部钝圆，雌鸟额甲较
小。头和颈纯黑色，辉亮，上体余
部及两翅石板灰黑色，向体后渐沾
褐色。初级飞羽黑褐色，第 1 枚初
级飞羽外翈边缘白色，内侧飞羽羽

马学献 / 摄

端白色，形成明显的白色翼斑。下体浅石板灰黑色，胸、腹中央
羽色较浅，羽端苍白色；尾下覆羽黑色。

- 生活习性　除繁殖期外，常成群活动。善游泳和潜水。通常飞
不多远又落下，而且多贴着水面或苇丛低空飞行。鸣声短促而单
调，似"咔咔咔"，甚为嘈杂。杂食性，主要吃小鱼，虾，水生
昆虫，水生植物嫩叶、幼芽、果实。

- 地理分布　分布在磴口县水域。

- 保护级别　列入《世界自然保护联盟（IUCN）濒危物种红色
名录》，无危（LC）。

- 种群现状　种群数量趋势稳定。夏候鸟。

马学献 / 摄

马瑞平 / 摄

黑水鸡 *Gallinula chloropus*

黑水鸡属

- 形态特征　成鸟两性相似，雌鸟稍小。额甲鲜红色，端部圆形。头、颈及上背灰黑色，下背、腰至尾上覆羽和两翅覆羽暗橄榄褐色。飞羽和尾羽黑褐色，第 1 枚初级飞羽外翈及翅缘白色。下体灰黑色，向后逐渐变浅，羽端微缀白色：下腹羽端白色较大，形成黑白相杂的块斑；两胁具宽的白色条纹；尾下覆羽中央黑色，两侧白色。翅下覆羽和腋羽暗褐色，羽端白色。幼鸟上体棕褐色，飞羽黑褐色。头侧、颈侧棕黄色，颏、喉灰白色，前胸棕褐色，后胸及腹灰白色。

- 生活习性　常成对或成小群活动。善游泳和潜水，频频游泳和潜水于临近芦苇和水草边的开阔深水面上，遇人立刻游进苇丛或草丛，或潜入水中到远处再浮出水面，能仅将鼻孔露出水面进行呼吸而将整个身体潜藏于水下。游泳时身体浮出水面很高，尾常常垂直竖起，并频频摆动。主要吃水生植物嫩叶、幼芽、根茎以及水生昆虫、蠕虫、蜘蛛、软体动物、蜗牛和昆虫幼虫等食物，其中以动物性食物为主。

- 地理分布　分布在黄河湿地。
- 保护级别　列入《世界自然保护联盟（IUCN）濒危物种红色名录》，无危（LC）；《国家保护的有益的或者有重要经济、科学研究价值的陆生野生动物名录》。
- 种群现状　种群数量趋势稳定。夏候鸟。

马瑞平 / 摄

马瑞平 / 摄

鸻形目 **CHARADRIIFORMES**

鸻科 Charadriidae

灰头麦鸡 *Vanellus cinereus*

麦鸡属

马学献 / 摄

● 形态特征 两性相似。成鸟头顶及后颈灰褐色；肩、背及翼覆羽赭褐色，小覆羽色淡，大覆羽端部白色；初级飞羽黑色，次级飞羽纯白；尾羽白色，具宽阔的黑色次端斑，次端斑由内向外渐小；最外侧 1 对几乎纯白色，中央尾羽的黑色次端斑前缘和羽端渲染淡褐色，外侧尾羽羽端白色；头顶两侧和喉或缀烟灰色，颏灰白色；胸褐灰色，其下缘以黑色形成半圆形胸斑。下体余部白色。眼先具一小形黄色肉垂。

● 生活习性 多成双或结小群活动于开阔的沼泽、水田、耕地、草地、河畔。善飞行，常在空中上下翻飞，飞行速度较慢，两翅迟缓地扇动，飞行高度亦不高。有时亦栖息于水边或草地上，当

马学献 / 摄

人接近时，伸颈注视，发现有危险则立即起飞。主要吃甲虫、天牛幼虫、蚂蚁、蝼蛄、蝗虫、蚱蜢。也吃虾、蜗牛、蚯蚓等小型无脊椎动物和大量杂草种子及植物嫩叶。

- 地理分布　分布在磴口县天鹅湖。
- 保护级别　列入《世界自然保护联盟（IUCN）濒危物种红色名录》，无危（LC）。
- 种群现状　种群数量稀少。夏候鸟。

凤头麦鸡　*Vanellus vanellus*

麦鸡属

- 形态特征　雄鸟夏羽额、头顶和枕黑褐色，头上有黑色反曲的长形羽冠。眼先、眼上和眼后灰白色和白色，并混杂有白色斑纹。眼下黑色，少数个体形成一黑纹。耳羽和颈侧白色，并混杂有黑斑。背、肩和三级飞羽暗绿色或辉绿色，具棕色羽缘和金属光泽。飞羽黑色，最外侧三枚初级飞羽末端有斜行白斑，肩羽末端沾紫色。尾上覆羽棕色，尾羽基部为白色，端部黑色并具棕白色或灰白色羽缘，外侧一对尾羽纯白色。雌鸟和雄鸟基本相似，但头部羽冠稍短，喉部常有白斑。

- 生活习性　常成群活动，善飞行，常在空中上下翻飞，飞行速度较慢，两翅迟缓地扇动，飞行高度亦不高。有时亦栖息于水边或草地上，当人接近时，伸颈注视，发现有危险则立即起飞。主要吃甲虫、蚂蚁、石蛾、蝼蛄等昆虫和幼虫。
- 地理分布　分布在磴口县冬青湖。
- 保护级别　列入《世界自然保护联盟（IUCN）濒危物种红色名录》，近危（NT）；《国家重点保护野生动物名录》，二级。
- 种群现状　种群数量趋势稳定。夏候鸟。

马学献／摄

马学献／摄

金眶鸻　*Charadrius dubius*

鸻属

- **形态特征**　小型涉禽，夏羽前额和眉纹白色，额基和头顶前部绒黑色，头顶后部和枕灰褐色，眼先、眼周和眼后耳区黑色，并与额基和头顶前部黑色相连。眼睑四周金黄色。后颈具一白色环带，向下

马学献／摄

与额、喉部白色相连，紧接此白环之后有一黑领围绕着上背和上胸，其余上体灰褐色或沙褐色。

- **生活习性**　常单只或成对活动，偶尔也集成小群，常活动在水边或砂石地上，活动时行走速度甚快，常边走边觅食，并伴随着一种单调而细弱的叫声。通常急速奔走一段距离后稍微停停，然后再向前走。主要吃昆虫、昆虫幼虫、蠕虫、蜘蛛、甲壳类、软体动物等小型水生无脊椎动物。
- **地理分布**　分布在磴口县天鹅湖。
- **保护级别**　列入《世界自然保护联盟（IUCN）濒危物种红色名录》，无危（LC）。
- **种群现状**　种群数量趋势稳定。夏候鸟。

马学献／摄

马学献 / 摄

环颈鸻 *Charadrius alexandrinus*

鸻属

- 形态特征　雄性成鸟额前和眉纹白色；头顶前部具黑色斑，且不与黑褐色贯纹相连。头顶后部、枕部至后颈沙棕色或灰褐色。后颈具一条白色领圈。上体余部，包括背、肩、翅上覆羽、腰、尾上覆羽灰褐色，腰的两侧白色。雌性成鸟缺少黑色，在雄性是黑色的部分，在雌性则被灰褐色或褐色所取代。

- 生活习性　受到的主要威胁来自当地居民毁巢和拣蛋，田鼠和黄鼬也会偷食鸟蛋和雏鸟。自然灾害（如大雨）也对鸟巢和卵产生较大的破坏。以蠕虫、昆虫、软体动物为食，兼食植物种子、植物碎片，觅食小型甲壳类、软体动物、昆虫、蠕虫等，也食植物的种子和叶片。

- 地理分布　分布在碻口县天鹅湖。

- 保护级别　列入《世界自然保护联盟（IUCN）濒危物种红色名录》，无危（LC）;《国家保护的有益的或者有重要经济、科学研究价值的陆生野生动物名录》。

- 种群现状　种群数量趋势稳定。夏候鸟。

王斌/摄

铁嘴沙鸻 *Charadrius leschenaultii*

鸻属

- 形态特征　中小型涉禽。体重 55~86g，体长 19.1~22.7cm；羽毛的颜色为灰色、褐色及白色。嘴短。常随季节和年龄而变化。上体暗沙色，下体白色。嘴较长，黑色，额白色，额上部有一黑色横带

王斌/摄

横跨于两眼之间，眼先和一条贯眼纹经眼到耳羽黑色，后颈和颈侧淡棕栗色。胸栗棕红色，往两侧延伸与后颈棕栗色相连，飞翔时白色翼带明显。虹膜暗褐色；嘴黑色。腿和脚灰色，或常带有肉色或淡绿色。

- 生活习性　具有极强的飞行能力，常成 2~3 只的小群活动，偶尔也集成大群。主要以软体动物、小虾、昆虫、杂草等为食。
- 地理分布　分布在阿拉善盟。
- 保护级别　列入《世界自然保护联盟（IUCN）濒危物种红色名录》，无危（LC）。
- 种群现状　种群数量趋势稳定。

反嘴鹬科 Charadriidae

反嘴鹬 *Recurvirostra avosetta*

反嘴鹬属

- 形态特征　眼先、前额、头顶、枕和颈上部绒黑色或黑褐色，形成一个经眼下到后枕，然后弯下后颈的黑色帽状斑。其余颈部、背、腰、尾上覆羽和整个下体白色。有的个体上背缀有灰色。肩和翕两侧黑色。尾白色，末端灰色，中央尾羽常缀灰色。

马学献 / 摄

- 生活习性　常单独或成对活动和觅食，但栖息时却喜成群。常活动在水边浅水处，步履缓慢而稳健，边走边啄食。也常将嘴伸入水中或稀泥里面，左右来回扫动觅食。也善游泳。主要以小型甲壳类、水生昆虫、昆虫幼虫、蠕虫和软体动物等小型无脊椎动物为食。觅食主要在水边浅水处和烂泥地上。觅食方式主要通过长而上翘的嘴，不断地在泥表面左右来回扫动觅食。

马学献 / 摄

- 地理分布　分布在磴口县天鹅湖。
- 保护级别　列入《世界自然保护联盟（IUCN）濒危物种红色名录》，无危（LC）;《国家保护的有益的或者有重要经济、科学研究价值的陆生野生动物名录》。
- 种群现状　种群数量趋势稳定。夏候鸟。

马学献 / 摄

黑翅长脚鹬　*Himantopus himantopus*　反嘴鹬属

- 形态特征　一种修长的黑白色涉禽。体长约37cm。特征为细长的嘴黑色，两翼黑，长长的腿红色，体羽白色。颈背具黑色斑块。幼鸟褐色较浓，头顶及颈背沾灰色。栖息于开阔平原草地中的湖泊、浅水塘和沼泽地带。非繁殖期也出现于河流浅滩、水稻田、鱼塘和海岸附近之淡水或盐水水塘和沼泽地带。
- 生活习性　常单独、成对或成小群在浅水中或沼泽地上活动，主要以软体动物、虾、甲壳类、环节动物、昆虫、昆虫幼虫，以及小鱼和蝌蚪等动物性食物为食。

- 地理分布　分布在阿拉善盟、磴口县。
- 保护级别　列入《世界自然保护联盟（IUCN）濒危物种红色名录》，无危（LC）；《国家保护的有益的或者有重要经济、科学研究价值的陆生野生动物名录》。
- 种群现状　种群数量趋势稳定。

矶鹬　*Actitis hypoleucos*　　　　矶鹬属

- 形态特征　头、颈、背、翅覆羽和肩羽橄榄绿褐色，具绿灰色光泽。各羽均具细而闪亮的黑褐色羽干纹和端斑，其中尤以翅覆羽、三级飞羽、肩羽、下背和尾上覆羽最为明显。眉纹白色，眼先黑褐色。头侧灰白色具细的黑褐色纵纹。颏、喉白色，颈和胸侧灰褐色，前胸微具褐色纵纹，下体余部纯白色。腋羽和翼下覆羽亦为白色，翼下具两道显著的暗色横带。

- 生活习性　常单独或成对活动，非繁殖期亦成小群。性机警，行走时步履缓慢轻盈。受惊后立刻起飞，通常沿水面低飞，飞行时两翅朝下扇动，身体呈弓形，也能滑翔，特别是下落时。主要以昆虫为食，也吃蝌蚪等小型脊椎动物。常在湖泊、水塘及河边浅水处觅食，有时亦见在草地和路边觅食。

- 地理分布　分布在磴口县沙金苏木。

- 保护级别　列入《世界自然保护联盟（IUCN）濒危物种红色名录》，无危（LC）。

- 种群现状　种群数量趋势稳定。夏候鸟。

马学献／摄

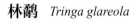

马学献 / 摄

林鹬 *Tringa glareola*

鹬属

- 形态特征　夏羽头和后颈黑褐色、具细的白色纵纹；背、肩黑褐色，具白色或棕黄白色斑点。下背和腰暗褐色，具白色羽缘。尾上覆羽白色，最长尾上覆羽具黑褐色横斑。中央尾羽黑褐色，具白色和淡灰黄色横斑，外侧尾羽白色，具黑褐色横斑。眉纹白色，眼先黑褐色；头侧、颈侧灰白色，具淡褐色纵纹。颏、喉白色。前颈和上胸灰白色而杂以黑褐色纵纹。

- 生活习性　常单独或成小群活动，出入于水边浅滩和沙石地上。活动时常沿水边边走边觅食，时而在水边疾走，时而站立于水边不动，或缓步边觅食边前进。性胆怯而机警。主要以软体动物和甲壳类等小型无脊椎动物为食。偶尔也吃少量植物种子。

- 地理分布　分布在巴彦高勒镇水域。

- 保护级别　列入《世界自然保护联盟（IUCN）濒危物种红色名录》，无危（LC);《国家保护的有益的或者有重要经济、科学研究价值的陆生野生动物名录》。

- 种群现状　种群数量趋势稳定。夏候鸟。

红脚鹬 *Tringa totanus*

马学献 / 摄

● 形态特征 夏羽头及上体灰褐色，具黑褐色羽干纹。后头沾棕。背和两翅覆羽具黑色斑点和横斑。下背和腰白色。尾上覆羽和尾也是白色，但具窄的黑褐色横斑。自上嘴基部至眼上前缘有一白斑。额基、颊、颏、喉、前颈和上胸白色，具细密的黑褐色纵纹，下胸、两胁、腹和尾下覆羽白色。两胁和尾下覆羽具灰褐色横斑。腋羽和翅下覆羽也是白色。

● 生活习性 常单独或成小群活动。休息时则成群。性机警，飞翔力强，受惊后立刻冲起，从低至高成弧状飞行，边飞边叫。主要以螺、甲壳类、软体动物、环节动物、昆虫和昆虫幼虫等各种小型无脊椎动物为食。个体间有占领和保卫觅食领域行为。

● 地理分布 分布在磴口县水域。

● 保护级别 列入《世界自然保护联盟（IUCN）濒危物种红色名录》，无危（LC）。

● 种群现状 种群数量趋势稳定。旅鸟。

马学献 / 摄

马学献 / 摄

马学献 / 摄

丘鹬 *Scolopax rusticola*

丘鹬属

- 形态特征　前额灰褐色，杂有淡黑褐色及赭黄色斑。头顶和枕绒黑色。上体锈红色，杂有黑色、黑褐色、灰褐色横斑和斑纹；上背和肩具大型黑色斑块。飞羽、覆羽黑褐色，具锈红色横斑和淡灰黄色端斑。头两侧灰白色或淡黄白色，杂有少许黑褐色斑点。自嘴基至眼有一条黑褐色条纹。颏、喉白色，其余下体灰白色，略沾棕色，密布黑褐色横斑。

- 生活习性　多夜间活动。白天常隐伏在林中或草丛中，夜晚和黄昏才到附近的湖畔、河边、稻田和沼泽地上觅食。白天隐伏不出。性孤独，常单独生活，不喜集群。主要以小型无脊椎动物为食，有时也食植物根、浆果和种子。觅食多在晚上、黎明和黄昏。

- 地理分布　分布在磴口县水域。

- 保护级别　列入《世界自然保护联盟（IUCN）濒危物种红色名录》，无危（LC）;《国家保护的有益的或者有重要经济、科学研究价值的陆生野生动物名录》。

- 种群现状　旅鸟。

黑尾塍鹬 *Limosa limosa*

- 形态特征　中型涉禽，体长 36~44cm。嘴、脚、颈皆较长，是一种细高而鲜艳的鸟类。嘴长而直微向上翘，尖端较钝、黑色，基部肉色。夏羽头、颈和上胸栗棕色，腹白色，胸和两胁具黑褐色横斑。

闫卫华/摄

头和后颈具细的黑褐色纵纹，背具粗著的黑色、红褐色和白色斑点。眉纹白色，贯眼纹黑色。尾白色具宽阔的黑色端斑。

- 生活习性　栖息于平原草地、湿地、湖边和附近的草地上，单独或成小群活动。主要以水生和陆生昆虫、昆虫幼虫、甲壳类和软体动物为食。

- 地理分布　分布在磴口县水域。

- 保护级别　列入《世界自然保护联盟（IUCN）濒危物种红色名录》，近危（NT);《国家保护的有益的或者有重要经济、科学研究价值的陆生野生动物名录》。

- 种群现状　种群数量较少。旅鸟。

闫卫华/摄

崔林 / 摄

白腰杓鹬 *Numenius arquata*

杓鹬属

- 形态特征　头顶和上体淡褐色；头、颈、上背具黑褐色羽轴纵纹；飞羽有黑褐色与淡褐色相间横斑，颈与前胸淡褐色，具细的褐色纵纹；下背、腰及尾上覆羽白色；尾羽白色，具黑褐色细横纹；腹、胁部白色，具粗重黑褐色斑点；下腹及尾下覆羽白色。
- 生活习性　栖于水边沼泽地带及湿地草甸和稻田中。以甲壳类、软体动物、小鱼、昆虫、植物种子为食。
- 地理分布　分布在阿拉善盟。
- 保护级别　列入《世界自然保护联盟（IUCN）濒危物种红色名录》，近危（NT）；《国家重点保护野生动物名录》，二级；《国家保护的有益的或者有重要经济、科学研究价值的陆生野生动物名录》。
- 种群现状　种群数量较少。

王斌/摄

青脚滨鹬 *Calidris temminckii*

滨鹬属

- 形态特征　小型涉禽，体长 12~17cm。外形大小和长趾滨鹬相似。嘴黑色，脚黄绿色。夏羽卜体灰黄褐色，头顶至后颈有黑褐色纵纹。背和肩羽有

王斌/摄

黑褐色中心斑和栗红色羽缘及淡灰色尖端。眉纹白色，颊至胸黄褐色具黑褐色纵纹，其余下体白色，外侧尾羽纯白色。

- 生活习性　栖息于河流和农田地带，特别喜欢在有水边植物和灌木等隐蔽物的地方，不喜欢裸露的地面。单独或成小群活动。主要以昆虫、昆虫幼虫、蠕虫、甲壳类和环节动物为食。
- 地理分布　分布在阿拉善盟。
- 保护级别　列入《世界自然保护联盟（IUCN）濒危物种红色名录》，无危（LC）。
- 种群现状　种群数量趋势稳定。

红嘴鸥 *Chroicocephalus ridibundus*

彩头鸥属

• 形态特征 夏羽头至颈上部咖啡褐色，羽缘微沾黑，眼后缘有一星月形白斑。额中央白色。颈下部、上背、肩、尾上覆羽和尾白色，下背、腰及翅上覆羽淡灰色。翅前缘，后缘和初级飞羽白色。嘴暗红色，先端黑色。

马学献 / 摄

• 生活习性 常 3~5 成群活动，常停栖于水面或陆地上。于陆地时，停栖于水面或地上。主要以小鱼、虾、水生昆虫、甲壳类、软体动物等水生无脊椎动物为食，也吃蝇、鼠类、蜥蜴等小型陆栖动物和死鱼，以及其他小型动物尸体。

• 地理分布 分布在磴口县水域。

• 保护级别 列入《世界自然保护联盟（IUCN）濒危物种红色名录》，无危（LC）;《国家保护的有益的或者有重要经济、科学研究价值的陆生野生动物名录》。

• 种群现状 种群数量趋势稳定。夏候鸟。

马学献 / 摄

马学献 / 摄

银鸥 *Larus argentatus*

鸥属

- 形态特征　夏羽头、颈白色。背、肩、翅上覆羽和内侧飞羽鼠灰色，肩羽具宽阔的白色端斑，腰、尾上覆羽和尾羽白色。初级飞羽黑褐色，羽端白色。内翈基部具灰白色楔状斑，依次往后初级飞羽基部灰白色楔状斑变为蓝灰色，且扩展到内外翈，到最内一枚初级飞羽全为灰色，仅具黑色次端斑和白色端斑。

- 生活习性　夏季栖息于荒漠和草地上的河流、湖泊、沼泽，主要以鱼和水生无脊椎动物为食，也在陆地上啄食鼠类、蜥蜴、动物尸体，有时也偷食鸟卵和雏鸟。常成对或成小群活动在水面上，或不断地在水面上空飞翔。休息时多栖于悬岩或地上。

- 地理分布　分布在磴口县天鹅湖。

- 保护级别　列入《世界自然保护联盟（IUCN）濒危物种红色名录》，无危（LC）;《国家保护的有益的或者有重要经济、科学研究价值的陆生野生动物名录》。

- 种群现状　种群数量趋势稳定。旅鸟。

黑尾鸥 *Larus crassirostris*

- 形态特征　夏羽两性相似。头、颈、腰和尾上覆羽以及整个下体全为白色；背和两翅暗灰色。翅上初级覆羽黑色，其余覆羽暗灰色，大覆羽具灰白色先端。外侧初级飞羽黑色，从第3枚起微具白色先端，内侧初级飞羽灰黑色，先端白色，次级飞羽暗灰色，尖端白色，形成翅上白色后缘。尾基部白色，端部黑色，并具白色端缘。

马学献／摄

- 生活习性　主要栖息于草地以及邻近的湖泊、河流和沼泽地带。常成群活动。主要以虾、软体动物和水生昆虫等为食。
- 地理分布　分布在黄河湿地。
- 保护级别　列入《世界自然保护联盟（IUCN）濒危物种红色名录》，无危（LC）;《国家保护的有益的或者有重要经济、科学研究价值的陆生野生动物名录》。
- 种群现状　种群数量趋势稳定。旅鸟。

马学献 / 摄

鸥嘴噪鸥　*Gelochelidon nilotica*

噪鸥属

- 形态特征　夏羽额、头顶、枕和头的两侧从眼和耳羽以上黑色。背、肩、腰和翅上覆羽珠灰色。后颈、尾上覆羽和尾白色，中央一对尾羽珠灰色。尾呈深叉状。幼鸟后头和后颈赭褐色。背、肩、翅覆羽灰色，具赭色尖端。有些在肩后部具褐色亚端斑。初级飞羽似成鸟，但较暗。内侧初级飞羽具白色羽缘和尖端，次级飞羽灰色，具白色尖端，有时具褐色亚端斑。其余似成鸟。

- 生活习性　单独或成小群活动。常出入于河口和泥地。飞行轻快而灵敏。两翅振动缓慢。频繁的在水面低空飞翔。发现水中食物时，则突然垂直插入水中捕食，而后又直线升起。主要以昆虫、昆虫幼虫、蜥蜴和小鱼为食，也吃甲壳类和软体动物。

- 地理分布　分布在磴口县北海公园。

- 保护级别　列入《世界自然保护联盟（IUCN）濒危物种红色名录》，无危（LC）;《国家保护的有益的或者有重要经济、科学研究价值的陆生野生动物名录》。

- 种群现状　种群数量趋势稳定。夏候鸟。

红嘴巨燕鸥 *Hydroprogne caspia*

巨鸥属

- 形态特征　夏羽前额、头顶、枕和冠羽黑色。后颈、尾上覆羽和尾白色，尾呈叉状。背、肩和翅上覆羽银灰色。眼先和眼及耳羽以下头侧白色；颏、喉和整个下体也为白色。幼鸟头顶白色，具黑色纵纹。眼前和眼后具有黑色斑。后颈白色，具灰色纵纹。
- 生活习性　常单独或成小群活动。频繁的在水面低空飞翔。飞行敏捷而有力，两翅煽动缓慢而轻。主要以小鱼为食。
- 地理分布　分布在磴口县北海公园。
- 保护级别　列入《世界自然保护联盟（IUCN）濒危物种红色名录》，无危（LC）;《国家保护的有益的或者有重要经济、科学研究价值的陆生野生动物名录》。
- 种群现状　种群数量趋势稳定。夏候鸟。

马学献 / 摄

白额燕鸥 *Sterna albifrons*

燕鸥属

- **形态特征** 成鸟自上嘴基沿眼先上方达眼和头顶前部的额为白色，头顶至枕及后颈均黑色；背、肩、腰淡灰色，尾上覆羽和尾羽白色；眼先及穿眼纹黑色，在眼后与头及枕部的黑色相连；眼以下头侧、颈侧白色；翼上覆羽灰色，与背同色。颏、喉及整个下体包括腋羽和翼下覆羽全为白色。

- **生活习性** 常成群结队活动，与其他燕鸥混群。振翼快速，常作徘徊飞行，潜水方式独特，入水快，飞升也快。搜觅水中食物。主要以鱼虾、水生昆虫、水生无脊椎动物为食。

- **地理分布** 分布在磴口县水域。

- **保护级别** 列入《世界自然保护联盟（IUCN）濒危物种红色名录》，无危（LC);《国家保护的有益的或者有重要经济、科学研究价值的陆生野生动物名录》。

- **种群现状** 种群数量趋势稳定。夏候鸟。

马学献 / 摄

马瑞平 / 摄

普通燕鸥 *Sterna hirundo*

燕鸥属

- 形态特征　夏羽从前额经眼到后枕的整个头顶部黑色，背、肩和翅上覆羽鼠灰色或蓝灰色。颈、腰、尾上覆羽和尾白色。外侧尾羽延长，外侧黑色。在翅折合时长度达到尾尖。尾呈深叉状。眼以下的颊部、嘴基、颈侧、颏、喉和下体白色，胸、腹沾葡萄灰褐色。

- 生活习性　常呈小群活动。频繁的飞翔于水域和沼泽上空。主要以小鱼、虾、甲壳类、昆虫等小型动物为食。常在水面上空飞行，发现食物，则急速扎入水中捕食，也常在水面或飞行中捕食飞行的昆虫。

- 地理分布　分布在磴口县三盛公水利枢纽。

- 保护级别　列入《世界自然保护联盟（IUCN）濒危物种红色名录》，无危（LC）;《国家保护的有益的或者有重要经济、科学研究价值的陆生野生动物名录》。

- 种群现状　种群数量趋势稳定。夏候鸟。

犀鸟目 **BUCEROTIFORMES**

戴胜科 Upupidae

戴胜 *Upupa epops*

戴胜属

● 形态特征 头、颈、胸淡棕栗色。羽冠色略深且各羽具黑端，在后面的羽黑端前更具白斑。胸部还沾淡葡萄酒色；上背和翼上小覆羽转为棕褐色；下背和肩羽黑褐色而杂以棕白色的羽端和羽缘；上、下背间有黑色、棕白色、黑褐色三道带斑及一道不完整的白色带斑，并连成的宽带向两侧围绕至翼弯下方；腰白色；尾上覆羽基部白色，端部黑色，部分羽端缘白色；尾羽黑色，各羽中部向两侧至近端部有一白斑相连成一弧形横带。

马学献 / 摄

马学献 / 摄

● 生活习性 多单独或成对活动。常在地面上慢步行走，边走边觅食。停歇或在地上觅食时，羽冠张开，形如一把扇，遇惊后则立即收贴于头上。主要以昆虫和幼虫为食，也吃蠕虫等其他小型无脊椎动物。觅食多在草地或耕地中，常把长长的嘴插入土中取食。

● 地理分布 分布在磴口县水域。

● 保护级别 列入《世界自然保护联盟（IUCN）濒危物种红色名录》，无危（LC）。

● 种群现状 种群数量趋势稳定。夏候鸟。

翠鸟科 Alcedinidae

普通翠鸟 *Alcedo atthis*

翠鸟属

● 形态特征 上体金属浅蓝绿色，体羽艳丽而具光辉，头顶布满暗蓝绿色和艳翠蓝色细斑。眼下和耳后颈侧白色，体背灰翠蓝色，肩和翅暗绿蓝色，翅上杂有翠蓝色斑。喉部白色，胸部以下呈鲜明的栗棕色。颈侧具白色点斑；下体橙棕色，颏白。

马瑞平 / 摄

● 生活习性 常单独活动，一般多停息在河边树桩和岩石上，有时也在临近河边小树的低枝上停息。通常将猎物带回栖息地，在树枝上或

马瑞平 / 摄

石头上摔打，待鱼死后，再整条吞食。

● 地理分布 分布在磴口县三盛公荷花岛水域。

● 保护级别 列入《世界自然保护联盟（IUCN）濒危物种红色名录》，无危（LC）;《国家保护的有益的或者有重要经济、科学研究价值的陆生野生动物名录》。

● 种群现状 种群数量趋势稳定。夏候鸟。

鸮形目 STRIGIFORMES

鸱鸮科 Strigidae

长耳鸮 *Asio otus*

耳鸮属

- **形态特征**　中型鸟类，体长33~40cm。面盘显著，中部白色杂有黑褐色，面盘两侧为棕黄色而羽干白色，羽枝松散，前额为白色与褐色相杂状。眼内侧和上下缘具黑斑。皱领白色而羽端缀黑褐色，耳羽发达，长约5cm，位于头顶两侧，显著突出于头上，状如两耳、黑褐色，羽基两侧棕色，内翈边缘有一棕白色斑。

- **生活习性**　以鼠类等啮齿动物为食，也吃小型鸟类、哺乳类和昆虫。如雀类、蝙蝠、金龟子、蝗虫、蝼蛄等。夜行性，白天多躲藏在树林中，常垂直地栖息在树干近旁侧枝上或林中空地上草丛中，黄昏和晚上才开始活动。

- **地理分布**　分布在磴口县水域。

- **保护级别**　列入《国家重点保护野生动物名录》，二级；《世界自然保护联盟（IUCN）濒危物种红色名录》，无危（LC）。

- **种群现状**　种群数量趋势稳定。夏候鸟。

茜华/摄

雕鸮 *Bubo bubo*

- 形态特征　夜行猛禽，嘴坚强而钩曲，嘴基蜡膜为硬须掩盖。脚强健有力，常全部被羽，第4趾能向后反转，以利攀援。爪大而锐。尾脂腺裸出。雏鸟晚成性。耳孔周缘有明显的耳状簇羽，有助于夜间分辨声响与夜间定位。胸部体羽多具显著花纹。

- 生活习性　多栖息于人迹罕至的地方，全天可活动，飞行时缓慢而无声，通常贴着地面飞行。食性很广，主要以各种鼠类为食，也吃兔类、蛙、刺猬、昆虫、雉鸡和其他鸟类。叫声深沉。

- 地理分布　分布在磴口县。

- 保护级别　列入《世界自然保护联盟（IUCN）濒危物种红色名录》，无危（LC）;《国家重点保护野生动物名录》，二级。

- 种群现状　种群数量趋势稳定。被评价为无生存危机的物种。

苗华 / 摄

隼科 Falconidae

红脚隼 *Falco amurensis*

隼属

- 形态特征 体长 26~
30cm，体重 124~190g。
雄鸟和雌鸟体色有差
异。雄鸟上体大都为石
板黑色；额、喉、颈、
侧、胸、腹部淡石板灰
色，胸具黑褐色羽干
纹；肛周、尾下覆羽、
腿覆羽棕红色。雌鸟上
体大致为石板灰色，具
黑褐色羽干纹，下背、
肩具黑褐色横斑；额、喉、颈侧乳白色，其余下体淡黄白色或棕

刘永平 / 摄

白色，胸部具黑褐色纵纹，腹中部具点状或矢状斑，腹两侧和两
胁具黑色横斑。

- 生活习性 多白天单独活动，飞翔时两翅快速煽动，间或进行
一阵滑翔，也能通过两翅的快速煽动在空中作短暂的停留。主要
以蝗虫、蚱蜢、蝼蛄、蟋蟀等昆虫为食，有时也捕食小型鸟类、
蜥蜴、蛙、鼠类等小型脊椎动物，其中害虫占其食物的 90% 以
上，在消灭害虫方面功绩卓著。

- 地理分布 分布在磴口县。

- 保护级别 列入《世界自然保护联盟（IUCN）濒危物种红色名
录》，无危（LC）;《国家重点保护野生动物名录》，二级。

- 种群现状 种群数量稀少。夏候鸟。

红隼 *Falco tinnunculus*

隼属

崔林 / 摄

- 形态特征　小型猛禽。体重 173~335g，体长 30.5~36cm。翅狭长而尖，尾亦较长。雄鸟头蓝灰色，背和翅上覆羽砖红色，具三角形黑斑；腰、尾上覆羽和尾羽蓝灰色，尾具宽阔的黑色次端斑和白色端斑，眼下有一条垂直向下的黑色髭纹。雌鸟上体从头至尾棕红色，具黑褐色纵纹和横斑，下体乳黄色，除喉外均被黑褐色纵纹和斑点，具黑色眼下纵纹。脚、趾黄色，爪黑色。

- 生活习性　栖息于旷野中，多单个或成对活动，飞行较高。以猎食时有翱翔习性而著名。吃大型昆虫、鸟和小哺乳动物。

- 地理分布　分布在阿拉善盟。

- 保护级别　列入《世界自然保护联盟（IUCN）濒危物种红色名录》，无危（LC）;《国家重点保护野生动物名录》，二级。

- 种群现状　种群数量稀少。

崔林 / 摄

鹗科 Pandionidae

鹗 *Pandion haliaetus*

鹗属

- 形态特征　中型猛禽，头部白色，头顶具有黑褐色的纵纹，枕部的羽毛稍微呈披针形延长，形成一个短的羽冠。头的侧面有一条宽阔的黑带，从前额的基部经过眼睛到后颈部，并与后颈的黑色融为一体。上体为沙褐色或灰褐色，略微具有紫色的光泽。下体为白色，颏部、喉部微具细的暗褐色羽干纹，胸部具有赤褐色的斑纹。

- 生活习性　常单独或成对活动，多在水面缓慢的低空飞行，有时也在高空翱翔和盘旋。多在于水域的岸边枯树上或电线杆上停息。性情机警，叫声响亮。鹗在猛禽中由于所食动物而不同寻常，它们的饮食几乎只包括鱼（≥ 99% 的猎物）。

- 地理分布　分布在磴口县小沙湖。

- 保护级别　列入《世界自然保护联盟（IUCN）濒危物种红色名录》，无危（LC）;《国家重点保护野生动物名录》，二级。

- 种群现状　种群数量趋势稳定。夏候鸟。

刘永平 / 摄

白尾海雕 *Haliaeetus albicilla*

海雕属

马学献 / 摄

- 形态特征　头、颈淡黄褐色或沙褐色，具暗褐色羽轴纹，前额基部尤浅；肩部羽色亦稍浅淡，多为土褐色，并杂有暗色斑点；后颈羽毛较长，为披针形；背以下上体暗褐色，腰及尾上覆羽暗棕褐色，具暗褐色羽轴纹和斑纹，尾上覆羽杂有白斑，尾较短，呈楔状，纯白色，翅上覆羽褐色，呈淡黄褐色羽缘，飞羽黑褐色。

- 生活习性　白天活动，单独或成对在大的湖面和上空飞翔。飞翔时两翅平直，常轻轻扇动飞行一阵后接着又是短暂的滑翔，有时亦能快速地扇动两翅飞翔。主要以鱼为食。

- 地理分布　分布在磴口县二十里柳子。

- 保护级别　列入《世界自然保护联盟（IUCN）濒危物种红色名录》，无危（LC）;《国家重点保护野生动物名录》，一级。

- 种群现状　种群数量趋势稳定。冬候鸟。

马学献 / 摄

马学献 / 摄

白尾鹞 *Circus cyaneus*

鹞属

- 形态特征　中型猛禽，体长 41~53cm。雄鸟上体蓝灰色，头和胸较暗，翅尖黑色，尾上覆羽白色，腹、两胁和翅下覆羽白色。雌鸟上体暗褐色，尾上覆羽白色，下体皮黄白色或棕黄褐色，杂以粗的红褐色或

马学献 / 摄

暗棕褐色纵纹；常贴地面低空飞行，滑翔时两翅上举成 V 字形，并不时地抖动。

- 生活习性　栖息于平原和低山丘陵地带。主要以小型鸟类、鼠类、蛙、蜥蜴和大型昆虫等动物性食物为食。

- 地理分布　分布在黄河湿地。

- 保护级别　列入《世界自然保护联盟（IUCN）濒危物种红色名录》，无危（LC）;《国家重点保护野生动物名录》，二级。

- 种群现状　种群数量趋势稳定。夏候鸟。

鹊鹞 *Circus melanoleucos*

- 形态特征　中型猛禽。体重 250~380g，体长 42~48cm。体色比较独特，与其他鹞类不同，头部、颈部、背部和胸部均为黑色，尾上的覆羽为白色，尾羽为灰色，翅膀上有白斑，下胸部至尾下覆羽和腋羽为白色，站立时外形很像喜鹊，所以得名。

- 生活习性　常常单独活动，多在林边草地和灌丛上空低空飞行。主要以小鸟、鼠类、林蛙、蜥蜴、蛇、昆虫等小型动物为食。常在林缘和疏林中的灌丛、草地上捕食。

- 地理分布　分布在乌兰布和沙漠。

- 保护级别　列入《世界自然保护联盟（IUCN）濒危物种红色名录》，无危（LC）;《国家重点保护野生动物名录》，二级。

- 种群现状　种群数量趋势稳定。

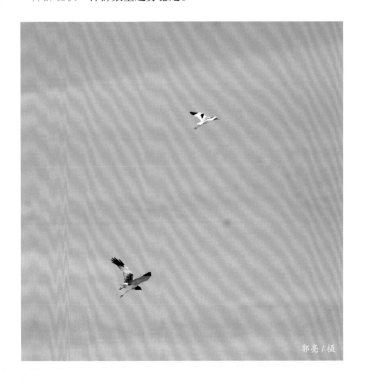

郭亮 / 摄

大鵟 *Buteo hemilasius*

- 形态特征　大型猛禽，体长 57~76cm。头顶和后颈白色，各羽贯以褐色纵纹。头侧白色，有褐色髭纹，跗跖前面通常被羽，飞翔进翼下有白斑。虹膜黄褐色，嘴黑色，蜡膜黄绿色，跗跖和趾黄色，爪黑色。

- 生活习性　平时白天活动。常单独或小群活动，飞翔时两翼鼓动较慢，常在天气暖和的时候在空中作圈状翱翔。主要以啮齿动物、蛙、蜥蜴、野兔、蛇、黄鼠、鼠兔、雉鸡、石鸡、昆虫等动物性食物为食。

- 地理分布　分布在磴口县。

- 保护级别　列入《世界自然保护联盟（IUCN）濒危物种红色名录》，无危（LC）;《国家重点保护野生动物名录》，二级。

- 种群现状　种群数量趋势稳定。留鸟。

苗华 / 摄

苗华 / 摄

金雕 *Aquila chrysaetos*

雕属

- 形态特征　大型猛禽。全长 76~102cm，翼展达 2.3m，体重 2~6.5kg。头顶黑褐色，后头至后颈羽毛尖长，呈柳叶状，羽基暗赤褐色，羽端金黄色，具黑褐色羽干纹。上体暗褐色，肩部较淡，背肩部微缀紫色光泽；尾上覆羽淡褐色，尖端近黑褐色，尾羽灰褐色，具不规则的暗灰褐色横斑或斑纹和一宽阔的黑褐色端斑；翅上覆羽暗赤褐色，羽端较淡，为淡赤褐色。

- 生活习性　通常单独或成对活动。善于翱翔和滑翔，常在高空中一边呈直线或圆圈状盘旋，一边俯视地面寻找猎物，两翅上举 V 字形，用柔软而灵活的两翼和尾的变化来调节飞行的方向、高度、速度和飞行姿势。它捕食的猎物有数十种之多，如雁鸭类、松鼠、狍子、鹿、山羊、狐狸、野兔等，有时也吃鼠类等小型兽类。

- 地理分布　分布在碛口县沙金苏木。

- 保护级别　列入《世界自然保护联盟（IUCN）濒危物种红色名录》，无危（LC）;《国家重点保护野生动物名录》，一级。

- 种群现状　种群数量趋势稳定。留鸟。

刘永平 / 摄

草原雕 *Aquila nipalensis*

雕属

- 形态特征　体羽以褐色为
主，上体土褐色，头顶较暗
浓。头显得较小而突出，两
翼较长，翼展开度较宽。飞
行时两翼平直，滑翔时两翼
略弯曲。雌雄相似，雌鸟体
形较大。

刘永平 / 摄

- 生活习性　白天活动，或长时间地栖息于电线杆上、孤立的树
上和地面上，或翱翔于草原和荒地上空。主要以黄鼠、跳鼠、沙
土鼠、鼠兔、旱獭、野兔、沙蜥、蛇和鸟类等小型脊椎动物和昆
虫为食，有时也吃动物尸体和腐肉。

- 地理分布　分布在磴口县。

- 保护级别　列入《世界自然保护联盟（IUCN）濒危物种红色
名录》，无危（LC）。

- 种群现状　种群数量趋势稳定。留鸟。

秃鹫 *Aegypius monachus*

秃鹫属

• 形态特征　体形大，是体格高大的猛禽。成年秃鹫额至后枕被有暗褐色绒羽，后头较长而致密，羽色亦较淡，头侧、颊、耳区具稀疏的黑褐色毛状短羽，眼先被有黑褐色纤羽，后颈上部赤裸无羽，铅蓝色，颈基部具长的淡褐色至暗褐色羽簇形成的皱翎，有的皱翎缀有白色。嘴强大，鼻圆形。

• 生活习性　在猛禽中，秃鹫的飞翔能力比较弱，它会

马学献 / 摄

一种节省能量的飞行方式——滑翔。飞翔时，两翅伸成一直线，翅很少鼓动，当发现地面上的尸体时，飞至附近取食。常单独活动，在高空悠闲地翱翔和滑翔，有时也低空飞行。秃鹫吃的大多是哺乳动物的尸体。

• 地理分布　分布在磴口县。

• 保护级别　列入《世界自然保护联盟（IUCN）濒危物种红色名录》，近危（NT）；《国家重点保护野生动物名录》，二级。

• 种群现状　种群数量趋势稳定。留鸟。

杜鹃科 Cuculidae

中杜鹃 *Cuculus saturatus*

杜鹃属

刘永平/摄

- 形态特征　体长 26cm。腹部及两胁多具宽的横斑。雄鸟及灰色雌鸟胸及上体灰色，尾纯黑灰色而无斑，下体皮黄色具黑色横斑。

- 生活习性　常单独活动，多站在高大的树上不断鸣叫。有时也边飞边叫和在夜间鸣叫，鸣声低沉。性较隐匿，常仅闻其声。主要以昆虫为食。

- 地理分布　分布在磴口县。

- 保护级别　列入《世界自然保护联盟（IUCN）濒危物种红色名录》，无危（LC）;《国家保护的有益的或者有重要经济、科学研究价值的陆生野生动物名录》。

- 种群现状　种群数量趋势稳定。留鸟。

大杜鹃 *Cuculus canorus*

- 形态特征　额浅灰褐色，头顶、枕至后颈暗银灰色，背暗灰色，腰及尾上覆羽蓝灰色，中央尾羽黑褐色，羽轴纹褐色，沿羽轴两侧白色细斑点，且多成对分布，末端具白色先斑，两侧尾羽浅黑褐色，羽干两侧也具白色斑点，且白斑较大，内侧边缘也具一系列白斑和白色端斑。两翅内侧覆羽暗灰色，外侧覆羽和飞羽暗褐色。

- 生活习性　性孤独，常单独活动。飞行快速而有力，常循直线前进。飞行时两翅震动幅度较大，但无声响。繁殖期间喜欢鸣叫，常站在乔木顶枝上鸣叫不息。主要以蝗虫、步行甲、蜂等为食。

- 地理分布　分布在磴口县。

- 保护级别　列入《世界自然保护联盟》（IUCN）濒危物种红色名录》，无危（LC）;《国家保护的有益的或者有重要经济、科学研究价值的陆生野生动物名录》。

- 种群现状　种群数量趋势稳定。夏候鸟。

马瑞平 / 摄

啄木鸟科 Picidae

大斑啄木鸟 *Dendrocopos major*

斑啄木鸟属

- 形态特征　额棕白色，眼先、眉、颊和耳羽白色，头顶黑色而具蓝色光泽，枕具一辉红色斑，后枕具一窄的黑色横带。后颈及颈两侧白色，形成一白色领圈。肩白色，中央尾羽黑褐色，外侧尾羽白色并具黑色横斑。颏、喉、前颈至胸以及两胁污白色，腹亦为污白色，略沾桃红色，下腹中央至尾下覆羽辉红色。

马学峻/摄

- 生活习性　常单独或成对活动。主要以各种昆虫、昆虫幼虫为食。多在树干和粗枝上觅食。觅食时常从树的中下部跳跃式地向上攀援。

- 地理分布　分布在磴口县。

- 保护级别　列入《世界自然保护联盟（IUCN）2012 年濒危物种红色名录》，无危（LC）；《国家保护的有益的或者有重要经济、科学研究价值的陆生野生动物名录》。

- 种群现状　种群数量趋势稳定。留鸟。

灰头绿啄木鸟 *Picus canus*

- 形态特征　额基灰色杂有黑色，额、头顶朱红色，头顶后部、枕和后颈灰色或暗灰色，杂以黑色羽干纹，眼先黑色，眉纹灰白色。背和翅上覆羽橄榄绿色，腰及尾上覆羽绿黄色。中央尾羽橄榄褐色，两翈具灰白色半圆形斑，端部黑色。

- 生活习性　常单独或成对活动，很少成群。飞行迅速，成波浪式前进。平时很少鸣叫，叫声单纯。主要以蚂蚁、天牛幼虫等昆虫为食。

- 地理分布　分布在磴口县三盛公荷花岛。

- 保护级别　列入《世界自然保护联盟（IUCN）濒危物种红色名录》，无危（LC）。

- 种群现状　种群数量趋势稳定。留鸟。

马瑞平 / 摄

鸽形目 COLUMBIFORMES

鸠鸽科 Columbidae

灰斑鸠 *Streptopelia decaocto*

斑鸠属

- 形态特征　额和头顶前部灰色，向后逐渐转为浅粉红灰色。后颈基处有一道半月形黑色领环，其前后缘均为灰白色或白色，使黑色领环衬托得更为醒目。背、腰、两肩和翅上小覆羽均为淡葡萄色，尾上覆羽也为淡葡萄灰褐色。颏、喉白色，其余下体淡粉红灰色，胸更带粉红色，尾下覆羽和两胁蓝灰色，翼下覆羽白色。

- 生活习性　群居物种，在谷类等食物充足的地方会形成相当大的群落。成年灰斑鸠在树上筑巢，在树枝编织的巢中产下白色的蛋。

- 地理分布　分布在磴口县。

- 保护级别　列入《世界自然保护联盟（IUCN）濒危物种红色名录》，无危（LC）；《国家保护的有益的或者有重要经济、科学研究价值的陆生野生动物名录》。

- 种群现状　种群数量趋势稳定。留鸟。

马学献 / 摄

苗华 / 摄

太平鸟科 Bombycillidae

太平鸟 *Bombycilla garrulus*

太平鸟属

- 形态特征　雄性成鸟额及头顶前部栗色，愈向后色愈淡，头顶后部及羽冠灰栗褐色；上嘴基部、眼先、围眼至眼后形成黑色纹带，并与枕部的宽黑带相连构成一环带；背、肩羽灰褐色；腰及尾上覆羽褐灰色至灰色，愈向后灰色愈浓；翅覆羽灰褐色。雌性成鸟羽色似雄鸟，但颏、喉的黑色斑较小，并微杂有褐色。

- 生活习性　除繁殖期成对活动外，其他时候多成群活动。通常活动在树木顶端和树冠层，常在枝头跳来跳去、飞上飞下，有时也到林边灌木上或路上觅食。主要以昆虫为食。

- 地理分布　分布在磴口县水域。

- 保护级别　列入《世界自然保护联盟（IUCN）濒危物种红色名录》，无危（LC）;《国家保护的有益的或者有重要经济、科学研究价值的陆生野生动物名录》。

- 种群现状　种群数量趋势稳定。夏候鸟。

马瑞平 / 摄

燕科 Hirundinidae

崖沙燕 *Riparia riparia*

沙燕属

● 形态特征　雌雄羽色相似。上体从头顶、肩至上背和翅覆羽深灰褐色，下背、腰和尾上覆羽稍淡呈灰褐色具不甚明显的白色羽缘。飞羽黑褐色，内侧羽缘较淡。尾呈浅叉状，颜色与背同，但较暗，除中央两对尾羽外，其余尾羽均具不甚

马学献 / 摄

明显的白色羽缘。眼先黑褐色，耳羽灰褐色或黑褐色。颏、喉白色或灰白色，有时此白色扩延到颈侧；胸有灰褐色环带。

● 生活习性　常成群生活，群体大小多为 30~50 只，有时亦见数百只的大群。一般不远离水域，常成群在水面或沼泽地上空飞翔，有时亦见与家燕、金腰燕混群飞翔于空中。主要以昆虫为食。

● 地理分布　分布在磴口县沙金苏木。

● 保护级别　列入《世界自然保护联盟（IUCN）濒危物种红色名录》，无危（LC）;《国家保护的有益的或者有重要经济、科学研究价值的陆生野生动物名录》。

● 种群现状　种群数量趋势稳定。夏候鸟。

马学献 / 摄

马学献／摄

家燕 *Hirundo rustica*

燕属

- 形态特征　雌雄羽色相似。前额深栗色，上体从头顶一直到尾上覆羽均为蓝黑色而富有金属光泽。两翼小覆羽、内侧覆羽和内侧飞羽亦为蓝黑色而富有金属光泽。初级飞羽、次级飞羽和尾羽黑褐色微具蓝色光泽，飞羽狭长。尾长、呈深叉状。最外侧一对尾羽特形延长，其余尾羽由两侧向中央依次递减，除中央一对尾羽外，所有尾羽内翈均具一大型白斑，飞行时尾平展，其内翈上的白斑相互连成 V 字形。颏、喉和上胸栗色或棕栗色，其后有一黑色环带，有的黑环在中段被侵入栗色中断，下胸、腹和尾下覆羽白色或棕白色，也呈淡棕色和淡赭桂色，随亚种而不同，但均无斑纹。

- 生活习性　善飞行，大多数时间都成群地在村庄及其附近的田野上空飞翔，飞行迅速敏捷，没有固定飞行方向，有时还不停地发出尖锐而急促的叫声。活动范围不大，通常在栖息地 2km^2 范围内活动。每日活动时间较长，中午常做短暂休息。主要以昆虫为食。

- 地理分布　分布在磴口县。

- 保护级别　列入《世界自然保护联盟（IUCN）濒危物种红色名录》，无危（LC）;《国家保护的有益的或者有重要经济、科学研究价值的陆生野生动物名录》。

- 种群现状　种群数量趋势稳定。夏候鸟。

白鹡鸰 *Motacilla alba*

鹡鸰属

马学献/摄

- **形态特征** 额头顶前部和脸白色，头顶后部、枕和后颈黑色。背、肩黑色或灰色，飞羽黑色。翅上小覆羽灰色或黑色，中覆羽、大覆羽白色或尖端白色，在翅上形成明显的白色翅斑。尾长而窄，尾羽黑色，最外两对尾羽主要为白色。颏、喉白色或黑色，胸黑色，其余下体白色。虹膜黑褐色，嘴和跗跖黑色。

- **生活习性** 常单独成对或呈 3~5 只的小群活动。多栖于地上，有时也栖于小灌木或树上，多在水边或水域附近的草地、农田、荒坡或路边活动。主要以昆虫为食，此外也吃蜘蛛等其他无脊椎动物，偶尔也吃植物种子、浆果等植物性食物。

- **地理分布** 分布在磴口县。

- **保护级别** 列入《世界自然保护联盟（IUCN）濒危物种红色名录》，无危（LC）；列入《国家保护的有益的或者有重要经济、科学研究价值的陆生野生动物名录》。

- **种群现状** 种群数量趋势稳定。夏候鸟。

马学献/摄

马学献 / 摄

黄鹡鸰 *Motacilla tschutschensis*

鹡鸰属

- **形态特征**　上体主要为橄榄绿色或草绿色，有的较灰。头顶和后颈多为灰色、蓝灰色、暗灰色或绿色，额稍淡，眉纹白色、黄色或无眉纹。有的腰部较黄，翅上覆羽具淡色羽缘。尾较长，主要为黑色，外侧两对尾羽主要为白色。下体鲜黄色，胸侧和两胁有的沾橄榄绿色，有的颏为白色。两翅黑褐色，中覆羽和大覆羽具黄白色端斑，在翅上形成两道翅斑。

- **生活习性**　多成对或成 3~5 只的小群。喜欢停栖在河边或河心石头上，尾不停地上下摆动。飞行时两翅一收一伸，呈波浪式前进。常边飞边叫，主要以昆虫为食，多在地上捕食，有时亦见在空中飞行捕食。

- **地理分布**　分布在磴口县。

- **保护级别**　列入《世界自然保护联盟（IUCN）濒危物种红色名录》，无危（LC），列入《国家保护的有益的或者有重要经济、科学研究价值的陆生野生动物名录》。

- **种群现状**　种群数量趋势稳定。夏候鸟。

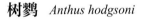

郭崇 / 摄

树鹨 *Anthus hodgsoni*
鹨属

- 形态特征　小型鸣禽，外形和林鹨相似，体长 15~16cm。上体橄榄绿色具褐色纵纹，尤以头部较明显。眉纹乳白色或棕黄色，耳后有一白斑。下体灰白色，胸具黑褐色纵纹。野外停栖时，尾常上下摆动。

- 生活习性　常成对或成 3~5 只的小群活动，迁徙期间亦集成较大的群。多在地上奔跑觅食。性机警，声音尖细。主要以昆虫及其幼虫为主要食物，在冬季兼吃些杂草种子等植物性的食物。

- 地理分布　分布在阿拉善盟苏海图。

- 保护级别　列入《世界自然保护联盟（IUCN）濒危物种红色名录》，无危（LC）;《国家保护的有益的或者有重要经济、科学研究价值的陆生野生动物名录》。

- 种群现状　种群数量趋势稳定。

白顶䳭 *Oenanthe pleschanka*

䳭属

- **形态特征** 中等体形而尾长的䳭。常栖于矮树丛。雄鸟上体全黑，仅腰、头顶及颈背白色，外侧尾羽基部灰白色，下体全白仅颏及喉黑色。雌鸟上体偏褐色，眉纹皮黄色，外侧尾羽基部白色，颏及喉色深，白色羽尖成鳞状纹，胸偏红色，两胁皮黄色，臀白色。

- **生活习性** 栖于多石块而有矮树的荒地、农庄城镇。栖势直，尾上下摇动。从栖处捕食昆虫。雄鸟在高空盘旋时鸣唱，然后突然俯冲至地面。

- **地理分布** 分布在磴口县。

- **保护级别** 列入《世界自然保护联盟（IUCN）濒危物种红色名录》，无危（LC）。

- **种群现状** 种群数量趋势稳定。留鸟。

马瑞平 / 摄

郭亮 / 摄

北红尾鸲 *Phoenicurus auroreus*

红尾鸲属

- 形态特征　小型鸟类，体长 13~15cm。雄鸟头顶至背石板灰色，下背和两翅黑色具明显的白色翅斑，腰、尾上覆羽和尾橙棕色，中央一对尾羽和最外侧一对尾羽外翈黑色。前额基部、头侧、颈侧、颏喉和上胸概为黑色，其余下体橙棕色。雌鸟上体橄榄褐色，两翅黑褐色具白斑，眼圈微白，下体暗黄褐色。

- 生活习性　常单独或成对活动。行动敏捷，频繁地在地上和灌丛间跳来跳去啄食虫子，偶尔也在空中飞翔捕食。主要以昆虫为食。

- 地理分布　分布在阿拉善盟。

- 保护级别　列入《世界自然保护联盟（IUCN）濒危物种红色名录》，无危（LC）;《国家保护的有益的或者有重要经济、科学研究价值的陆生野生动物名录》。

- 种群现状　种群数量趋势稳定。

文须雀 *Panurus biarmicus*

文须雀属

- **形态特征** 小型鸟类，体长 15~18cm。嘴黄色、较直而尖，脚黑色。上体棕黄色，翅黑色具白色翅斑，外侧尾羽白色。雄鸟头灰色，眼先和眼周黑色并向下与黑色髭纹连在一起，形成一粗著的黑斑，在淡色的头部极为醒目。下体白色，腹皮黄白色，雄鸟尾下覆羽黑色。

- **生活习性** 常成对或成小群活动，有时集成数十只的大群。性活泼，行动敏捷，不时地在芦苇丛间跳跃或攀爬在芦苇秆上，尤其喜欢在靠近水面的芦苇下部活动。主要以昆虫、蜘蛛和芦苇种子与草籽为食。繁殖期间主要以昆虫为食，其他大部分时间则多以芦苇种子和草籽为食。

- **地理分布** 分布在磴口县。

- **保护级别** 列入《世界自然保护联盟（IUCN）濒危物种红色名录》，无危（LC）。

- **种群现状** 种群数量趋势稳定。夏候鸟。

宫荫梧 / 摄

虎斑地鸫 *Zoothera dauma*

地鸫属

- 形态特征　鸫类中最大的一种，体长可达 30cm，翅长超过 15cm。上体金橄榄褐色满布黑色鳞片状斑。下体浅棕白色，除颏、喉和腹中部外，亦具黑色鳞状斑。

- 生活习性　地栖性，常单独或成对活动，多在林下灌丛中或地上觅食。性胆怯，见人即飞。多贴地面在林下飞行，有时亦飞到附近树上。主要以昆虫和无脊椎动物为食，此外也吃少量植物果实、种子和嫩叶等植物性食物。

- 地理分布　分布在磴口县。

- 保护级别　列入《世界自然保护联盟（IUCN）濒危物种红色名录》，无危（LC）;《国家保护的有益的或者有重要经济、科学研究价值的陆生野生动物名录》。

- 种群现状　种群数量稀少。旅鸟。

磴口县森林公安/提供

马学献 / 摄

白眉鸫 *Turdus obscurus*

鸫属

- 形态特征　雄鸟额、头顶、枕、后颈灰褐色，头顶略沾橄榄褐色，其余上体，包括肩、背、腰、尾上覆羽以及两翅内侧表面概为橄榄褐色。眼先黑褐色，眉纹白色，长而显著，眼下有一白斑，其余头侧和颈侧灰色沾褐，耳羽灰褐色具细的白色羽干纹。羽基边缘缀有橄榄褐色，腋羽和翼下覆羽灰色。雌鸟上体概为橄榄褐色，颏、喉白色具暗褐色纵纹，胸和两胁橙棕色或橙黄色，腋羽和翼下覆羽浅橙黄色沾灰，其余似雄鸟。

- 生活习性　常单独或成对活动。性胆怯，常躲藏。主要以昆虫和昆虫幼虫为食，也吃其他小型无脊椎动物和植物果实与种子。

- 地理分布　分布在巴彦高勒镇。

- 保护级别　列入《世界自然保护联盟（IUCN）濒危物种红色名录》，无危（LC）。

- 种群现状　种群数量稀少。旅鸟。

马学献 / 摄

赤颈鸫 *Turdus ruficollis*

鸫属

- 形态特征　雄鸟上体白头
顶至尾上覆羽灰褐色，头顶
具矛形黑褐色羽干纹，眉
纹、颊栗红色，眼先黑色，
耳覆羽、颈侧灰色，耳覆羽
具淡色羽缘。中央一对尾羽

马学献 / 摄

黑褐色或暗灰色，其余尾羽栗红色。翅上大覆羽和飞羽暗褐色，
羽缘银灰色。颏、喉、胸栗红色或栗色，颏和喉两侧有少许黑色
斑点；腹至尾下覆羽白色，尾下覆羽微缀棕栗色。胸侧和两胁杂
有暗灰色，腋羽和翅下覆羽栗棕色。雌鸟和雄鸟相似。

- 生活习性　平时多成群活动，有时也见和斑鸫混群。常在林下
灌木上或地上跳跃觅食，飞行迅速，但一般不远飞。主要以甲
虫、蚂蚁等昆虫及昆虫幼虫为食，也吃虾、田螺等其他无脊椎动
物，以及沙枣等灌木果实和草籽。

- 地理分布　分布在磴口县人民公园。

- 保护级别　列入《世界自然保护联盟（IUCN）濒危物种红色
名录》，无危（LC）。

- 种群现状　种群数量稀少。旅鸟。

斑鸫 *Turdus eunomus*

鸫属

- 形态特征　中型鸟类，体长 20~24cm。其羽色变化较大，上体从头至尾暗橄榄褐色杂有黑色；下体白色，喉、颈侧、两胁和胸具黑色斑点，有时在胸部密集成横带；两翅和尾黑褐色，翅上覆羽和内侧飞羽具宽的棕色羽缘；眉纹白色，翅下覆羽和腋羽辉棕色。
- 生活习性　主要以昆虫为食。所吃食物主要有鳞翅目幼虫，双翅目、鞘翅目、直翅目昆虫和幼虫。
- 地理分布　分布在阿拉善盟。
- 保护级别　列入《世界自然保护联盟（IUCN）濒危物种红色名录》，无危（LC);《国家保护的有益的或者有重要经济、科学研究价值的陆生野生动物名录》。
- 种群现状　种群数量趋势稳定。

郭亮 / 摄

苇鹀 *Emberiza pallasi*

鹀属

- 形态特征　小型鸟类。体重 11~16g，体长 13~16cm。头顶、头侧、颏、喉一直到上胸中央黑色，其余下体乳白色，自下嘴基沿喉侧有一条白带，往后与胸侧和下体色相连，并在颈侧向背部延伸，在后形成一条宽阔的白色颈环，在黑色的头部极为醒目。背、肩黑色具有窄的白色和皮黄色羽缘，腰和尾上覆羽白色，羽缘皮黄色，翅上小覆羽灰色，中覆羽、大覆羽黑色，具棕色或栗皮黄白色羽缘。

- 生活习性　繁殖期间成对或单独活动。性极活泼，常在草丛或灌丛中反复起落飞翔。常在地面或在树枝上觅食，其食物主要是芦苇种子、杂草种子、植物嫩芽等植物性食物。

- 地理分布　分布在磴口县奈伦湖。

- 保护级别　列入《世界自然保护联盟（IUCN）濒危物种红色名录》，无危（LC）;《国家保护的有益的或者有重要经济、科学研究价值的陆生野生动物名录》。

- 种群现状　种群数量趋势稳定。夏候鸟。

马学献 / 摄

东方大苇莺 *Acrocephalus orientalis*

苇莺属

- 形态特征　体长 18~19cm，体重 22~29g。体形略大的褐色苇莺。具显著的皮黄色眉纹。上体呈橄榄褐色。下体乳黄色。第 1 枚初级飞羽长度不超过初级覆羽。虹膜褐色；上嘴褐色，下嘴偏粉色；脚灰色。

- 生活习性　主要栖息于河边、水塘、芦苇沼泽等水域或水域附近的植物丛、芦苇与草丛中。常单独或成对活动，性活泼，常频繁的在草茎或灌丛枝间跳跃、攀援。以甲虫、鳞翅目幼虫、蚂蚁和水生昆虫等为食，也吃蜘蛛、蜗牛等无脊椎动物和少量植物果实和种子。

- 地理分布　分布在磴口县。

- 保护级别　列入《世界自然保护联盟（IUCN）濒危物种红色名录》，无危（LC）。

- 种群现状　种群数量趋势稳定。夏候鸟。

马学献 / 摄

黄腰柳莺 *Phylloscopus proregulus* 柳莺属

- 形态特征　体长 8~11cm，小型鸟类，上体橄榄绿色；头顶中央有一道淡黄绿色纵纹，眉纹黄绿色。两翅和尾黑褐色，外翈羽缘黄绿色。腰部有明显的黄带；翅上两条深黄色翼斑明显；腹面近白色。第 2 枚飞羽大都等于第 7 或第 8 枚。

- 生活习性　常活动于树顶枝叶层中，易与其他柳莺种类混淆。主要栖息于针叶林和针阔叶混交林，从山脚平原一直到山上部林缘疏林地带皆有栖息。单独或成对活动在高大的树冠层中。性活泼、行动敏捷，常在树顶枝叶间跳来跳去寻觅食物，食物主要为昆虫。

- 地理分布　分布在阿拉善盟苏海图。

- 保护级别　列入《世界自然保护联盟（IUCN）濒危物种红色名录》，无危（LC）。

- 种群现状　种群数量趋势稳定。

楔尾伯劳　*Lanius sphenocercus*

伯劳属

- 形态特征　体长 26~32cm，嘴强健具钩和齿，黑色贯眼纹明显，是伯劳中最大的个体。上体灰色，中央尾羽及飞羽黑色，翼表具大型白色翅斑。尾特长，凸形尾。

- 生活习性　常单独或成对活动。喜站在高的树冠顶枝上守候，伺机捕猎附近出现的猎物。食物主要为蝗虫、甲虫等昆虫及其幼虫，除昆虫外，常捕食小型脊椎动物。性凶猛。

- 地理分布　分布在黄河湿地。

- 保护级别　列入《世界自然保护联盟（IUCN）濒危物种红色名录》，无危（LC）；《国家保护的有益的或者有重要经济、科学研究价值的陆生野生动物名录》。

- 种群现状　种群数量趋势稳定。夏候鸟。

马学林／摄

灰伯劳 *Lanius excubitor*

伯劳属

- **形态特征** 上体灰色或灰褐色，有黑色眼先，过眼至耳羽；中央尾羽黑色，外侧尾羽黑色具白端；翅黑色或黑褐色，具白色翅斑。下体近白色或淡棕白色，有黑褐色鳞纹。

马瑞平 / 摄

- **生活习性** 性凶猛，喜吃小型兽类、鸟类、蜥蜴、各种昆虫以及其他活动物。常栖于树顶，到地面捕食，捕到后飞回树枝。巢呈杯状，置于有刺的树木或灌丛间。卵上常具有略呈暗褐色的、大小不等的杂斑。

- **地理分布** 分布在黄河湿地。

- **保护级别** 列入《世界自然保护联盟（IUCN）濒危物种红色名录》，无危（LC）。

- **种群现状** 种群数量稀少。旅鸟。

马瑞平 / 摄

马学献 / 摄

红尾伯劳 *Lanius cristatus*

伯劳属

- 别名　褐伯劳。
- 形态特征　体长 18~21cm。上体棕褐色或灰褐色，两翅黑褐色，头顶灰色或红棕色，具白色眉纹和粗著的黑色贯眼纹。尾上覆羽红棕色，尾羽棕褐色，尾呈楔形。颏、喉白色，其余下体棕白色。
- 生活习性　常单独或成对活动，性活泼，常在枝头跳跃或飞上飞下。主要以昆虫等动物性食物为食。
- 地理分布　分布在磴口县。
- 保护级别　列入《世界自然保护联盟（IUCN）濒危物种红色名录》，无危（LC）；《国家保护的有益的或者有重要经济、科学研究价值的陆生野生动物名录》。
- 种群现状　种群数量趋势稳定。夏候鸟。

麻雀　*Passer montanus*

麻雀属

....

- 形态特征　小型鸟类。一般上体呈棕色、黑色的斑杂状，因而俗称麻雀。初级飞羽 9 枚，外侧飞羽的淡色羽缘在羽基和近端处，形稍扩大，互相骈缀，略成两道横斑状，在飞翔时尤见明显。嘴短粗而强壮，呈圆锥状，嘴峰稍曲。闭嘴时上下嘴间没有缝隙。雌雄鸟羽毛的颜色常有区别。

- 生活习性　多活动在有人类居住的地方，性极活泼，胆大易近人，但警惕性却非常高，好奇心较强。多营巢于人类的房屋处，如屋檐、墙洞，有时会占领家燕的窝巢，在野外，多筑巢于树洞中。杂食性鸟类，夏、秋主要以禾本科植物种子为食。

- 地理分布　分布在磴口县。

- 保护级别　列入《世界自然保护联盟（IUCN）濒危物种红色名录》，无危（LC）。

- 种群现状　种群数量趋势稳定。留鸟。

马学献／摄

苗华/摄

黑顶麻雀 *Passer ammodendri*

麻雀属

● 形态特征　体重 24~35g，体长 14~17cm，是一种中等体形的麻雀。繁殖期雄鸟头顶有黑色的冠顶纹至颈背，眼纹及颏黑色，眉纹及枕侧棕褐色，脸颊浅灰色。上体褐色而密布黑色纵纹。雌鸟

马学献/摄

色暗但上背的偏黑色纵纹以及中覆羽和大覆羽的浅色羽端明显。虹膜深褐色；雄鸟嘴黑色，雌鸟嘴黄色，嘴端黑色；脚粉褐色。

● 生活习性　栖于沙漠绿洲、河床及贫瘠山麓地带等生有梭梭树的地方。甚惧生。

● 地理分布　分布在乌兰布和沙漠。

● 保护级别　列入《世界自然保护联盟（IUCN）濒危物种红色名录》，无危（LC）。

● 种群现状　种群数量趋势稳定。留鸟。

金翅雀 *Chloris sinica*

金翅雀属

- 别名　金翅、绿雀。
- 形态特征　小型鸟类，体长 12~14cm。嘴细直而尖，基部粗厚，头顶暗灰色。背栗褐色具暗色羽干纹，腰金黄色，尾下覆羽和尾基金黄色，翅上翅下都有一块大的金黄色块斑，无论站立还是飞翔时都醒目。
- 生活习性　常单独或成对活动，秋冬季节也成群，有时集群多达数十只甚至上百只。休息时多停栖在树上，也停落在电线上长时间不动。飞翔迅速，主要以植物果实、种子、草籽和谷粒等农作物为食。
- 地理分布　分布在磴口县。
- 保护级别　列入《世界自然保护联盟（IUCN）濒危物种红色名录》，无危（LC）;《国家保护的有益的或者有重要经济、科学研究价值的陆生野生动物名录》。
- 种群现状　种群数量趋势稳定。留鸟。

马学献 / 摄

马学献 / 摄

巨嘴沙雀 *Rhodospiza obsoleta*

沙雀属

- 形态特征 体长约 15cm。两翼粉红色，嘴亮黑色，翼及尾羽黑色而带白色及粉红色羽缘，具厚大的黄色嘴，两翼及眼周绯红色。雄鸟头顶黑褐色，背褐色有黑色纵纹，腰褐色而沾粉红色；眼周绯红色，颊褐色。雌鸟似雄鸟但色暗且绯红色较少，雄鸟眼先黑色而雌鸟眼先无黑色。

马学献 / 摄

- 生活习性 栖于半干旱的、有稀疏矮丛的地带。不喜干燥多石或多沙的荒漠。也见于花园及耕地。飞行迅速而有起伏。
- 地理分布 分布在乌兰布和沙漠。
- 保护级别 列入《世界自然保护联盟（IUCN）濒危物种红色名录》，无危（LC）。
- 种群现状 种群数量趋势稳定。留鸟。

鸦科 *Corvidae*

喜鹊 *Pica pica*

喜鹊属

- 形态特征　体长 40~50cm，雌雄羽色相似，头、颈、背至尾均为黑色，并自前往后分别呈现紫色、绿蓝色、绿色等光泽，双翅黑色而在翼肩有一大型白斑，尾远较翅长，呈楔形，嘴、腿、脚纯黑色，腹面以胸为界，前黑后白。
- 生活习性　除繁殖期间成对活动外，常成 3~5 只的小群活动，秋冬季节常集成数十只的大群。白天常到农田等开阔地区觅食，傍晚飞至附近高大的树上休息，有时亦见与乌鸦、寒鸦混群活动。性机警。食性较杂，食物组成随季节和环境而变化。
- 地理分布　分布在磴口县。
- 保护级别　列入《世界自然保护联盟（IUCN）濒危物种红色名录》，无危（LC）;《国家保护的有益的或者有重要经济、科学研究价值的陆生野生动物名录》。
- 种群现状　种群数量趋势稳定。留鸟。

马学献 / 摄

苗华/摄

黑尾地鸦 *Podoces hendersoni*

地鸦属

- 形态特征　体羽沙褐色，额、头顶以至后颈呈发金属紫蓝辉的黑色。头侧乳黄色。整个背面，包括两肩葡萄褐色。翅的中、小覆羽与背同色，最外侧的小翼羽白色；大覆羽呈发紫蓝色光辉的黑色；初级飞羽白色，近基部和近先端的 1/3 黑色，愈向内侧的飞羽，近端的黑色逐渐缩小；次级飞羽黑色，呈发紫蓝色光泽；三级飞羽同背色。尾上覆羽乳色，尾羽同头色。颏和喉乳白色，下体余部均呈乳黄色，肛周及尾下覆羽变淡近白色。

- 生活习性　栖于开阔多岩石的地面及稀疏的盐生灌木和半灌木内的地面。适应于干旱、荒漠植被环境。常单独或成对活动，很少成群，多在灌丛中觅食。主要以蝗虫、蚱蜢、鞘翅目甲虫、蚂蚁等昆虫和昆虫幼虫为食。

- 地理分布　分布在乌兰布和沙漠东北部。

- 保护级别　列入《世界自然保护联盟（IUCN）濒危物种红色名录》，无危（LC）；《国家重点保护野生动物名录》，二级。

- 种群现状　种群数量趋势稳定。

凤头百灵　*Galerida cristata*

凤头百灵属

- 形态特征　在雀形目中体形略大，体长 17~18cm。具羽冠，冠羽长而窄。上体沙褐色，具近黑色纵纹，尾覆羽皮黄色。下体浅皮黄色，胸密布近黑色纵纹。看似矮墩而尾短，嘴略长而下弯。飞行时两翼宽，翼下锈色；尾深褐色而两侧黄褐色。

马学献 / 摄

- 生活习性　非繁殖期多结群生活；常于地面行走或振翼作柔弱的波状飞行。于地面或于飞行时，或在空中振翼同时缓慢垂直下降时鸣唱。平时在地上寻食昆虫和种子。主要以植物性食物为食，也吃昆虫等动物性食物，属杂食性。主要食物有禾本科、沙草科、蓼科和胡枝子等植物性食物，也吃少量麦粒、豆类等农作物。也捕食昆虫，如甲虫、蚱蜢、蝗虫等。

- 地理分布　分布在磴口县沙金苏木。

苗华 / 摄

- 保护级别 列入《世界自然保护联盟（IUCN）濒危物种红色名录》，无危（LC）;《国家保护的有益的或者有重要经济、科学研究价值的陆生野生动物名录》。
- 种群现状 种群数量趋势稳定。留鸟。

苗华 / 摄

短趾百灵 *Alaudala cheleensis*

短趾百灵属

- 形态特征 上体羽浅沙棕色，略沾粉红色，尾上覆羽浅红棕色，各羽均具黑褐色纵纹，多而密，甚显著。中央尾羽棕褐色，羽缘浅棕色；最外侧一对尾羽白色，羽基和内翈近端羽缘黑褐色；外侧第 2 对尾羽外翈白色，内翈黑褐色。飞羽淡黑褐色，羽缘棕白色。翅上覆羽与背同色。眉纹、眼周棕白色。颊部棕栗色。下体羽在颏喉部污灰白色；前胸灰白色，缀栗褐色纵纹；腹部和尾下覆羽白色；腹侧和两胁具栗褐色纵纹和浅棕色羽缘。虹膜褐色；嘴黄褐色；跗跖和趾肉色。

- **生活习性** 喜栖息于砂质环境的草原和半荒漠，常成十几只小群活动于芨芨草沙地和白刺沙地。喜鸣叫，鸣声婉转动听。常垂直起飞，边飞边鸣，有时也呈波浪形往前飞；主要以杂草种子为食，有时也吃少量昆虫。

- **地理分布** 分布在阿拉善盟。

- **保护级别** 列入《世界自然保护联盟（IUCN）濒危物种红色名录》，无危（LC）。

- **种群现状** 种群数量趋势稳定。

郭亮/摄

灰椋鸟 *Spodiopsar cineraceus*

丝光椋鸟属

- 形态特征 体形较北椋鸟稍大，头顶至后颈黑色，额和头顶杂有白色，颊和耳覆羽白色微杂有黑色纵纹。上体灰褐色，尾上覆羽白色。嘴橙红色，尖端黑色；脚橙黄色。

- 生活习性 性喜成群，除繁殖期成对活动外，其他时候多成群活动。常在草甸、河谷、农田等潮湿地上觅食，休息时多栖于电线上、电柱上和树木枯枝上。飞行迅速，整群飞行。鸣声低微而单调。主要以昆虫为食，也吃少量植物果实与种子。

- 地理分布 分布在磴口县治沙站。

- 保护级别 列入《世界自然保护联盟（IUCN）濒危物种红色名录》，无危（LC）。

- 种群现状 种群数量趋势稳定。夏候鸟。

马学献 / 摄

紫翅椋鸟 *Sturnus vulgaris*

椋鸟属

- 形态特征　全长约 20~24cm，是中等体形的椋鸟。体羽新时为矛状，羽缘锈色而成扇贝形纹和斑纹，旧羽斑纹多消失。闪辉黑色、紫色、绿色。具不同程度白色点斑。虹膜深褐色；嘴黄色；脚略红。
- 生活习性　数量多，平时结小群活动。喜栖息于树梢或较高的树枝上，在阳光下沐浴、理毛和鸣叫。杂食性，以蝗虫等害虫为食。
- 地理分布　分布在磴口县治沙站。
- 保护级别　列入《世界自然保护联盟（IUCN）濒危物种红色名录》，无危（LC）;《国家保护的有益的或者有重要经济、科学研究价值的陆生野生动物名录》。
- 种群现状　种群数量趋势稳定。夏候鸟。

马学献 / 摄

犬科 Canidae

沙狐 *Vulpes corsac*

狐属

- 形态特征　典型的狐属动物，为中国狐属中最小者。四肢和耳朵比火狐略小。毛色呈浅沙褐色或浅棕灰色，带有明显花白色调。背部浅银灰色或红灰色，腹部白杂黄色，下颌白色，全身皮毛厚而软，耳朵大而尖，耳根宽阔。体长 50~60cm（不含尾部），尾长 25~35cm。

- 生活习性　白天非常活跃，也有夜间活动的报道。善攀爬、速度中等，不及其他慢速犬类。听觉、视觉、嗅觉皆灵敏。相比其他狐属，更具群居性，甚至多只个体共住同一洞穴。肉食性，齿细小，以啮齿类动物为主要食物，鸟类和昆虫次之。

- 地理分布　分布在乌兰布和沙漠。

- 保护级别　列入《世界自然保护联盟（IUCN）濒危物种红色名录》，无危（LC）;《国家保护的有益的或者有重要经济、科学研究价值的陆生野生动物名录》。

- 种群现状　种群数量大幅缩减。

虎鼬 *Vormela peregusna*

虎鼬属

- 形态特征　一般体长约 12~40cm，体躯细长均匀，鼻吻部短缩，耳椭圆形，四肢短粗有力，脚底的趾垫和掌垫裸露，前脚爪较后脚爪长而锐利，稍弯曲。体背黄白色，散布许多褐色或粉棕色斑纹，体后部斑纹繁密，而且颜色较深。尾长约为体长之半。

- 生活习性　性机警，凶猛，嗅觉灵敏，视觉较差，能攀树。春夏季节，喜晨昏和夜间活动。平时单独活动，即使成对外出，也多见分散在附近活动。能两只后脚直立坐地吃食。食物种类比较少，主要捕食荒漠中各种鼠类、蜥蜴和小鸟。

- 地理分布　分布在磴口县沙林中心第四实验场。

- 保护级别　列入《世界自然保护联盟（IUCN）濒危物种红色名录》，易危（VU）。

- 种群现状　种群密度低，历来数量十分稀少。

宋立民 / 摄

牛科 Bovidae

鹅喉羚 *Gazella subgutturosa*

瞪羚属

- 形态特征 典型的荒漠、半荒漠区域生存的动物，体形似黄羊，因雄羚在发情期喉部肥大，状如鹅喉，故得名"鹅喉羚"。颈细而长，雄兽颈下有甲状腺肿，上体毛色沙黄或棕黄，吻鼻部由上唇到眼平线白色，有的个体略染棕黄色，额部、眼间至角基及枕部均棕灰色，其间杂以少许黑毛，耳外面沙黄色，下唇及喉中线亦为白色，而与胸部、腹部及四肢内侧之白色相连。

- 生活习性 多白天活动。常结成几只至几十只的小群，善于奔跑，以青草等植物为食。由于干旱胁迫，春季、夏季和秋季吸食含水量较高的多葱根、粗枝猪毛菜等非禾本科草本植物。

- 地理分布 分布在乌兰布和沙漠。

- 保护级别 列入《世界自然保护联盟（IUCN）濒危物种红色名录》，濒危（EN）;《国家重点保护野生动物名录》，二级。

- 种群现状 种群数量趋势稳定。

辛智鸣 / 摄

岩羊 *Pseudois nayaur*

- **形态特征** 体形中等，形态介于野山羊与野绵羊之间。两性具角，雄羊角粗大似牛角，但仅微向下后上方弯曲。

- **生活习性** 善于攀登险峻陡峭的山崖，性喜群居，常十多只或几十只在一起活动，有时也可结成数百只的大群。主要以蒿草、苔草、针茅等高山荒漠植物为食，取食时间不十分固定，白天常时而取食时而休息。

- **地理分布** 分布在磴口县阿贵庙。

- **保护级别** 列入《世界自然保护联盟（IUCN）濒危物种红色名录》，无危（LC）;《国家重点保护野生动物名录》，二级。

- **种群现状** 种群数量在减少，影响种群增长的主要因素是普遍的任意猎杀。

马媛 / 摄

骆驼科　Camelidae

双峰驼　*Camelus bactrianus*

骆驼属

- 形态特征　大型偶蹄类，其体重可达 500kg。躯短肢长，体形呈典型的高方型。颈长呈乙字形大弯曲如鹅颈，头较小，头颈高昂过体，颈有毛，耳小尾短，鼻能开闭。上唇中裂如兔唇，下唇较长。前躯大后躯小，背短腰长，其上附有两个圆锥形的脂峰，四肢细长。偶蹄胼足，以指（趾）着地，成软蹄盘。
- 生活习性　常栖息在草原、荒漠、戈壁地带，随季节变化而有迁移。主食灌丛和半灌丛的盐碱植物，昼夜游动，午间休息。
- 地理分布　分布在乌兰布和沙漠。
- 保护级别　列入《世界自然保护联盟（IUCN）濒危物种红色名录》，极危（CR）;《国家重点保护野生动物名录》，一级。
- 种群现状　种群数量趋势稳定。

苗华 / 摄

猬形目 ERINACEOMORPHA

猬科 Erinaceidae

大耳猬 *Hemiechinus auritus*

大耳猬属

- 形态特征　体形较小，耳大、尖、钝圆，尾短，耳后至尾基部的体背覆以坚硬的棘刺，棘刺自基部至刺尖依次为暗褐色、白色、暗褐色、白色的节环，少数棘刺全为白色。

- 生活习性　昼伏夜出、胆小怕光、多疑孤僻，冬眠，以家族群落为单位栖息和繁殖，杂食性，主要以昆虫为主，年产1胎，每胎3~6仔，常栖息于农田、庄园、乱石、荒漠等处。

- 地理分布　分布在乌兰布和沙漠。

- 保护级别　列入《世界自然保护联盟（IUCN）濒危物种红色名录》，无危（LC）。

- 种群现状　种群数量趋势稳定，物种分布范围广。

辛智鸣／摄

兔科 Leporidae

蒙古兔 *Lepus tolai*

兔属

- **别名** 野兔、中亚兔、草原兔。
- **形态特征** 体形较大，尾较长，尾长约占后足长的80%，为国内野兔最长的种类，其尾背中央有一条长而宽的大黑斑，其边缘及尾腹面毛色纯白，直到尾基。耳中等长，是后足长的83%，上门齿沟极浅，齿内几乎无白色沉淀，吻粗短。全身背部为沙黄色，杂有黑色。头部颜色较深，在鼻部两侧面颊部，各有一圆形浅色毛圈，眼周围有白色窄环。耳内侧有稀疏的白毛。腹毛纯白色。臀部沙灰色。
- **生活习性** 昼夜皆活动，但以黄昏时分最为活跃。食植物性食料，种类相当多，青草、树苗、嫩枝、树皮以及各种农作物、蔬菜与种子都可充当它们的食物。
- **地理分布** 分布在磴口县。
- **保护级别** 列入《世界自然保护联盟（IUCN）濒危物种红色名录》，无危（LC）。
- **种群现状** 种群数量趋势稳定。

苗华 / 摄

辛智鸣 / 摄

藏兔 *Lepus tibetanus*

王斌 / 摄

- 形态特征 　在同类的动物中体形较大，体重 1.6~2.5kg，体长 40~76cm。身体纤细，头部较小。它们的背面毛色有变异，为沙黄色和黑色。在冬天，随着皮毛变厚，它们变成灰褐色或沙棕色。下体浅黄色至白色。尾巴黑褐色。两只眼睛有光环眼圈环绕。具有长的上颌前骨，但鼻骨短。颅骨眶上突，前后凹刻均明显。鼻骨后端稍超过前颌骨后端，颧弓宽，有大的听泡和大的平卧门齿。乳头 3 对。

- 生活习性 　居住在许多不同的生境中，包括沙漠、半沙漠和草原等栖息地的灌木丛和草原地区。主要夜间活动。听觉、视觉都很发达。终生生活于地面，不掘洞，善于奔跑。主要吃植物种子、浆果、根、树皮、嫩枝及树苗等。也以人类种植的玉米、豆类、种子、蔬菜为食，对农作物及苗木有危害。

- 地理分布 　分布在阿拉善盟。

- 保护级别 　列入《世界自然保护联盟（IUCN）濒危物种红色名录》，无危（LC）。

- 种群现状 　种群数量趋势稳定。

崔林 / 摄

仓鼠科 Circetidae

子午沙鼠 *Meriones meridianus*

沙鼠属

- **别名**　黄耗子、黄尾巴鼠、中午沙鼠、午时沙土鼠。
- **形态特征**　小型地栖啮齿动物。体长11~16cm，尾长略短于或略超过体长，体躯背面毛色变异亦较大，从沙黄色至深棕色。腹面从毛基到毛尖全白色。尾毛上下一色棕黄，近尾端处生有黑色或黑褐色长毛，后足被满白色毛，或在踵部有点状小裸露区。
- **生活习性**　杂食性。以草本植物、旱生灌木、小灌木的茎叶和果实为主要食物。一些带刺的灌丛，如狭叶锦鸡儿和沙蓝刺头等亦为其所采食。
- **地理分布**　分布在乌兰布和沙漠。
- **保护级别**　列入《世界自然保护联盟（IUCN）濒危物种红色名录》，易危（VU）;《国家保护的有益的或者有重要经济、科学研究价值的陆生野生动物名录》。
- **种群现状**　种群数量趋势稳定，物种分布范围广。

苗华/摄　　平智鸣/摄

予智鸣 / 摄

大沙鼠 *Rhombomys opimus*

大沙鼠属

- 形态特征　沙鼠亚科中体形较大的种类。体长大于 15cm，耳短小，不及后足长之半。头和背部中央毛色较长爪沙鼠略浅，呈淡沙黄色，微带光泽。耳壳前缘列生长毛，耳内侧仅靠顶端被有短毛。趾端有强而锐的爪，后肢跖部及掌部被有密毛，前肢掌部裸露。尾粗大，几乎接近体长，上被密毛，尾后段的毛较长，一直伸达尾末端形成毛笔状的"毛束"。

- 生活习性　常白天活动，不冬眠。听觉和视觉非常敏锐。常营群落生活，为植食性动物，主要有梭梭、猪毛菜、盐爪爪、白刺、假木贼、锦鸡儿、芦苇等。冬季主要依靠夏秋贮粮越冬，也采食种子和植物茎皮。不喝水，完全依赖食物中的水分维持生命。

- 地理分布　分布在乌兰布和沙漠。

- 保护级别　列入《世界自然保护联盟（IUCN）濒危物种红色名录》，无危（LC）。

- 种群现状　种群数量趋势稳定，物种分布范围广。

罗伯罗夫斯基仓鼠 *Phodopus roborovskii* 　毛足鼠属

- 别名　小毛足鼠。
- 形态特征　仓鼠科中体形较小的种类，四肢短。尾短，稍露出体外。前后肢的掌、蹠部具白色密毛。体背灰驼色。腹面白色。体侧的背腹色分界明显而略直。

郭亮/摄

- 生活习性　性温顺，灵敏，擅奔跑。多夜间活动。以种子、果实、植物的根茎叶为食，有贮粮习性。主要栖息在荒漠、半沙漠及干草原植被稀疏的沙丘，或沙丘间的灌丛。
- 地理分布　分布在阿拉善盟。
- 保护级别　列入《世界自然保护联盟（IUCN）濒危物种红色名录》，无危（LC）。
- 种群现状　种群数量趋势稳定。

刘思远/摄

阿拉善黄鼠　*Spermophilus alaschanicus*

黄鼠属

- 形态特征　小型地栖松鼠科动物。略似家鼠，但眼大而突出，外耳退化，四肢均衡，前爪锐利。体形细长，体长约20cm。头大，个颊囊。大而圆。耳壳很小，略露于被毛之外。尾显然较短，其长约6cm，接近体长1/3。尾毛稍蓬松，尾梢具毛束。前足具5指，拇指特小，而中指特长，除拇指外，其余4指具爪，爪发达而弯曲，长而尖锐，适应控气活动。

- 生活习性　主要栖息于荒漠、半荒漠草原、农田附近、坟地和沟谷堤岸。一般昼间活动，清晨和黄昏活动频繁，喜温暖而避炎热，冬季休眠。出洞后善直立瞭望。以草本植物的绿色部分为食，亦吃农作物的幼苗，有时吃草根和某些昆虫的幼虫。

- 地理分布　分布在贺兰山。

- 保护级别　列入《世界自然保护联盟（IUCN）濒危物种红色名录》，易危（VU）;《国家保护的有益的或者有重要经济、科学研究价值的陆生野生动物名录》。

- 种群现状　种群数量趋势稳定。

崔林/摄

三趾跳鼠 *Dipus sagitta*

三趾跳鼠属

- 形态特征　体形中等，体长约 10~16cm，尾长超过体长 1/3 以上。头大、眼大，耳较短，前折不超过眼的前缘。耳壳前方有一排栅栏状白色硬毛。前肢 5 趾，第 1 趾具短而宽的爪，其余 4 趾的爪都细长而锐利，后肢特别发达，其长度约为前肢的 3~4 倍。后足只有中间 3 趾，两侧趾完全退化，趾下面具有梳状硬毛。第 2 趾和第 4 趾的爪特别发达，侧扁，呈刀状。尾末端有黑白相间的"尾穗"。

- 生活习性　夜间活动，白天藏身在洞中，并用细沙掩埋洞口。傍晚出洞活动觅食。以植物的茎、果实和根部为食，也吃一些昆虫，其不需专门饮水，植物中的水分已足够其新陈代谢的需要。

- 地理分布　分布在阿拉善盟。

- 保护级别　列入《世界自然保护联盟（IUCN）濒危物种红色名录》，无危（LC）。

- 种群现状　种群分布不零散。

郭亮/摄

游蛇科 Colubridae

花条蛇 *Psammophis lineolatus*

花条蛇属

- 形态特征　头形狭长，眼大，瞳孔圆形；身体细长，背面灰褐色，有 4 条黑褐色纵线纹，腹面黄白色。轻毒。
- 生活习性　身体细长，每小时能爬行 10~15km，多生活在沙漠、荒壁地带。
- 地理分布　分布在乌兰布和沙漠。
- 保护级别　列入《世界自然保护联盟（IUCN）濒危物种红色名录》，无危（LC);《国家保护的有益的或者有重要经济、科学研究价值的陆生野生动物名录》。
- 种群现状　种群数量趋势稳定。

鬣蜥科 Agamidae

沙蜥 *Phrynocephalus guttatus*

- 形态特征 成体的头体长均为 5~6cm，背部大多呈现黄褐色或灰褐色并饰有深色斑纹，与沙地背景协调一致，起着隐蔽保护作用；腹面洁白色或黄白色。头形似蟾，鼻孔位于吻前或两侧；颅背后部有圆珠状的半透明顶眼；眼周的上、下睑鳞外缘尖出呈锯齿形；鼓膜隐于皮下或消失；口大，两颌长有端生齿，并有初步分化的雏形。颈部有明显的喉褶。尾是维持蜥体平衡和控制运动方向的器官，受挤、压、拉等外力作用时不会发生断尾现象，尾的长度因蜥种的生态类型不同而异，也与其活范围及强度有关。

- 生活习性 具有适于荒漠、半荒漠及草原生活的生活习性。在运动过程中停歇时，有甩尾到背部上下卷绕的习性，似有可能以此向同类展示不同尾色的性别标志。无需饮水，可直接从捕食的大量蚁类和昆虫中获得生理所需的水分。

- 地理分布 分布在乌兰布和沙漠。

辛智鸣／摄

- 保护级别　列入《世界自然保护联盟（IUCN）濒危物种红色名录》，无危（LC）;《国家保护的有益的或者有重要经济、科学研究价值的陆生野生动物名录》。
- 种群现状　种群数量趋势稳定。

变色沙蜥　*Phrynocephalus versicolor*

沙蜥属

- 形态特征　爬行动物，体平扁而宽阔，颈侧褶和体侧褶发达。背鳞大，往两侧逐渐变小，鳞端尖出上翘。胸部和前腹部的鳞片平滑或带弱棱。四肢背面均被棱鳞，

大小与脊鳞相仿，上臂腹面和胫部外侧被棱鳞；前肢贴体前伸时中间 3 指超过吻端，指长顺序 4、3、2、5、1，爪尖长而弯。
- 生活习性　因风寒低温常匍匐在枯萎的灌丛下，行动极其缓

慢，仅于中午气温升高后才增加活动强度。主要以地面蚂蚁为食，几乎占全部食源的 90% 以上。

- 地理分布　分布在乌兰布和沙漠。
- 保护级别　列入《世界自然保护联盟（IUCN）濒危物种红色名录》，无危（LC）;《国家保护的有益的或者有重要经济、科学研究价值的陆生野生动物名录》。
- 种群现状　种群数量趋势稳定。

王斌 / 摄

郭亮 / 摄

荒漠沙蜥 *Phrynocephalus przewalskii*

- 形态特征　爬行动物。背鳞和腹鳞有强棱。无腋斑。须、胸、腹部常有黑点所成的斑块。

- 生活习性　生活在荒漠或半荒漠地区，营穴居生活，一般筑洞于较板结的砂砾地斜面、沙丘和土埂上，亦有在砾石下者。同栖一地的还有虫纹麻蜥、荒漠麻蜥和沙蟒等。主要以各类小昆虫等为食。
- 地理分布　分布在乌兰布和沙漠。
- 保护级别　列入《世界自然保护联盟（IUCN）濒危物种红色名录》，近危（NT）；《国家保护的有益的或者有重要经济、科学研究价值的陆生野生动物名录》。
- 种群现状　种群数量趋势稳定。

郭亮 / 摄

蜥蜴科 Lacertidae

密点麻蜥 *Eremias multiocellata*

麻蜥属

- 形态特征　体形粗壮或较纤长，略为平扁，颈与头宽大致相等或稍粗大，后肢短，体色及斑纹变异较大，背面灰黄色或褐黄色，腹面黄白色。
- 生活习性　昼行性，冬眠，全年以动物性食物为主，食性差异与其年龄、蜥体大小及自然界昆虫数量消长规律有密切关系，5 月进行交尾，繁殖产仔期可延续到 8 月，主要栖息于荒漠草原和荒漠。
- 地理分布　分布在乌兰布和沙漠。
- 保护级别　列入《世界自然保护联盟（IUCN）濒危物种红色名录》，无危（LC）;《国家保护的有益的或者有重要经济、科学研究价值的陆生野生动物名录》。
- 种群现状　种群数量趋势稳定，物种分布范围广。

丽斑麻蜥 *Eremias argus*

麻蜥属

- 形态特征　体形圆长而略平扁，尾圆长，头略扁平而宽，背棕灰夹青、棕绿、棕褐、黑灰等色，腹部乳白色。

- 生活习性　昼行性，性机敏，行动敏捷，攻击力强，活动范围不大，属变温动物，具冬眠习性，食性广泛，以多种昆虫为食。

- 地理分布　分布在乌兰布和沙漠。

- 保护级别　列入《世界自然保护联盟（IUCN）濒危物种红色名录》，近危（NT）;《国家保护的有益的或者有重要经济、科学研究价值的陆生野生动物名录》。

- 种群现状　种群数量较少。

王斌 / 摄

虫纹麻蜥 *Scincella doriae*

滑蜥属

- 形态特征　头细长，大小适中。吻尖，其长度短于眼耳间距；鼻鳞突出，体背灰褐色，满布纵行的浅色虫纹状纵条纹。头背大鳞具深色斑纹，四肢背面为浅色圆斑，腹面为白色，沿肩至尾两侧各有一条深色纵纹。背部正中有纵条，两侧有斑点纹。

- 生活习性　栖息于荒漠地带梭梭林之间的固定沙丘上，生活环境极其严酷。有时也集群在开垦地附近的草丛中。在午前气温升高时，在灌丛和草堆里活动，也常在山前冲积扇的戈壁滩进行索食，大量捕食同翅目昆虫的幼虫和若虫，还吃半翅目和膜翅目昆虫。

- 地理分布　分布在乌兰布和沙漠。

- 保护级别　列入《世界自然保护联盟（IUCN）濒危物种红色名录》，近危（NT）；《国家保护的有益的或者有重要经济、科学研究价值的陆生野生动物名录》。

- 种群现状　种群数量趋势稳定。

乌 兰 布 和 沙 漠 动 植 物 手 册

节肢动物门
Arthropoda

鳃金龟科 Melolonthidae

华南大黑鳃金龟 *Holotrichia sauteri*

鳃金龟属

- 形态特征 臀板较狭小，隆凸顶点在上半部或近中部；体长 18.5~19.5mm，宽 9.5~10mm。全体赤褐色带黑色，头、前胸背板颜色常稍深，相当油亮。

- 生活习性 翌春 3 月下旬至 4 月中旬大量出土，傍晚活动，交尾，成虫趋光性不强，卵散产于表土层中，每雌平均产卵 65.9 粒，卵期 15~31 天，幼虫期 106~156 天；蛹期 12~35 天；成虫寿命：雌虫 227.3 天，雄虫 217.6 天。老熟幼虫在土中 25cm 深处作土室化蛹，成虫羽化后，当年不出土，即在土室中越冬。

- 地理分布 分布在乌兰布和沙漠。

苗华 / 摄

凤蝶科　Papilionidae

金凤蝶　*Papilio machaon*　　　　　　　凤蝶属

- 别名　黄凤蝶、茴香凤蝶、胡萝卜凤蝶。
- 形态特征　成虫翅展 9~12cm。体黑色或黑褐色，胸背有 2 条八字形黑带。翅黑褐色至黑色，斑纹黄色或黄白色。前翅基部的 1/3 有黄色鳞片；中室端半部有 2 个横斑；中后区有 1 纵列斑，从近前缘开始向后缘排列，除第 3 斑及最后 1 斑外，大致是逐斑递增大；外缘区有 1 列小斑。后翅基半部被脉纹分隔的各斑占据，亚外缘区有不十分明显的蓝斑，亚臀角有红色圆斑，外缘区有月牙形斑；外缘波状，尾突长短不一。翅反面基本被黄色斑占据，蓝色斑比正面清楚。
- 生活习性　寄主为伞形花科植物（茴香、胡萝卜、芹菜等）的花蕾、嫩叶和嫩芽梢。
- 地理分布　分布在巴彦浩特。

王斌／摄

蛱蝶科　Nymphalidae

小红蛱蝶　*Vanessa cardui*

红蛱蝶属

- 形态特征　色彩鲜艳，花纹相当复杂。体较细小；翅较大；触角笔直，呈棒状；前足相当退化，短小无爪。前翅径脉 5 条，常共柄。卵呈多种形状，如半圆球形、馒头形、香瓜形或钵形。幼虫头上常有突起，体节上有枝刺，腹足趾钩 1~3 序中列式，不纺茧。蛹为垂蛹，有角。

- 生活习性　广泛分布且有长距离迁飞的能力。成蝶在多种植物上吸蜜，特别是菊科植物。幼虫以超过 100 种植物为食，包含菊科、紫草科、豆科、马鞭草科、蔷薇科、蓼科、伞形科、鼠李科、蓟类和荨麻等植物。

- 地理分布　分布在巴彦浩特。

王斌／摄

中文名索引

—————— 下篇·动物 ——————

学名索引

———— 下篇 · 动物 ————